U0240233

6G丛书

6G
重塑世界

刘光毅　黄宇红　◎编著
崔春风　王启星

人民邮电出版社
北　京

图书在版编目（CIP）数据

6G重塑世界 / 刘光毅等编著. -- 北京 ：人民邮电
出版社，2021.6（2023.7重印）
（6G丛书）
ISBN 978-7-115-56277-7

Ⅰ．①6… Ⅱ．①刘… Ⅲ．①无线电通信－移动通信
－通信技术 Ⅳ．①TN929.5

中国版本图书馆CIP数据核字(2021)第058169号

内 容 提 要

5G 与云计算、大数据、人工智能和物联网等技术的结合正在加速整个社会的数字化转型，推动着整个社会走向数字孪生。本书提出面向 2030 年的"数字孪生"和"智慧泛在"的社会发展愿景，阐述在该社会形态下的全新移动通信应用场景，包括通感互联、全息交互、智能交互、超能交通、孪生医疗、孪生工/农业等，并以此推导出在这些典型应用场景下的通信需求，总结出 6G 移动通信网络端到端的技术需求指标。围绕 6G 需求指标，详细对比分析了 5G 及其演进系统在技术指标上的差距，以及为了满足这些技术指标可能采纳的关键技术，介绍技术原理、发展现状、未来发展方向和面临的挑战。最后，提炼出未来 6G 网络所需要具备的按需服务、至简、柔性、智慧内生、数字孪生和安全内生等特征，并给出了"3 层 4 面"的逻辑网络架构建议。

本书可作为 5G、6G 研发人员的参考书、高校研究生的启蒙教材，也可作为企业布局未来与移动通信相关业务的参考著作。

◆ 编　著　刘光毅　黄宇红　崔春风　王启星
　　责任编辑　李　文　李彩珊
　　责任印制　陈　犇
◆ 人民邮电出版社出版发行　　北京市丰台区成寿寺路 11 号
　　邮编　100164　电子邮件　315@ptpress.com.cn
　　网址　https://www.ptpress.com.cn
　　北京捷迅佳彩印刷有限公司印刷
◆ 开本：720×960　1/16
　　印张：20.75　　　　　　　　2021 年 6 月第 1 版
　　字数：357 千字　　　　　　 2023 年 7 月北京第 7 次印刷

定价：169.80 元

读者服务热线：(010)81055493　印装质量热线：(010)81055316
反盗版热线：(010)81055315
广告经营许可证：京东市监广登字 20170147 号

序

在看到《6G 重塑世界》这本新书时，不禁感慨技术进步如此迅速，5G 商用方兴未艾，6G 研发已风起云涌。作为在信息通信领域工作近四十年的"老兵"，我有幸见证了我国移动通信从 1G 空白、2G 跟随、3G 突破、4G 并跑到 5G 引领的历史性跨越，深刻感受到通信行业不忘初心、砥砺前行的责任担当。

目前全球 6G 研发已全面启动，并正在成为科技创新的新高地。2019 年 6 月，工业和信息化部成立了 IMT-2030（6G）推进组，同年 11 月，科技部牵头成立国家 6G 技术研发推进工作组和总体专家组，积极布局 6G 的研发工作。我国"十四五"规划也明确提出要前瞻布局 6G 网络技术储备。为抢占全球移动通信行业下一轮技术、标准和产业发展的制高点，落实国家战略部署，中国移动确立了强化应用基础研究的技术战略，成立了未来研究院，建立与高校科研机构深度合作的载体，加大交叉学科、基础技术的联合研发，努力成为原创技术策源地。

让我特别自豪的是，中国移动的 6G 团队在这两年迅速成长到近百人的规模，团队成员平均年龄 32 岁，这些年轻人充满了朝气与活力、富有想象力与创造力，敢于挑战技术权威；他们凭着自己的无限想象，从无到有地勾勒出了 6G 的模样，并在关键技术研究上"多点开花"，为 6G 的创新下好了"先手棋"。我相信这样一支朝气蓬勃的团队，定能点燃 6G 源头创新希望的火种。

那什么是 6G 呢？这本书取名为《6G 重塑世界》，是认为 6G 将推动社会走向"数字孪生"和"智慧泛在"，真正实现虚拟世界和物理世界的融合交互。6G 将通过多学科、跨领域核心技术融合，构建一个智慧内生、安全内生、空天地一体的网络，全面支撑人机物智联、数字孪生、全息通信、通感互联、智慧交互等能力，实现智享生活、智赋生产和智焕社会。

6G 的研究和未来发展还会面临很多挑战与不确定性，需要全球产业共同努力。一是基础理论创新尚需突破，现有通信技术已逼近香农定理和摩尔定律极限，6G 呼唤更多源头技术创新；二是技术标准面临分化风险，各个国家都在加速研发 6G 移动通信技术，提出了不同的技术发展路径，6G 能否形成类似 5G 的全球统一标准，目前依然存在不确定性；三是产业模式存在不确定性，"水平整合"和"垂直整合"的产业组织模式孰优孰劣有待验证；四是生态构建难度进一步加大，与 5G 相比，6G 将拓展更多场景、融合更多领域、赋能更多行业，对商业模式、产业生态的要求更高。只有全球科研力量精诚合作，才能共克新挑战，开拓新未来。

挺进 6G 无人区的征程已经开始，本书的出版恰逢其时，从中国移动 6G 团队的研究视角，全面展望了 2030 年以后"数字孪生、智慧泛在"的宏伟愿景，深入分析了 6G 驱动下的移动通信全新应用场景和潜在关键技术，为 6G 的产业发展和 2030年以后的社会发展描绘了宏伟蓝图。希望本书中对 6G 的构想，能够帮助读者深入理解 6G 的发展愿景和技术趋势，为全球 6G 研究的推进出一份力，为移动通信产业的持续繁荣尽一份心。

在庆祝中国共产党成立 100 周年大会上，习近平总书记将伟大建党精神总结为"坚持真理、坚守理想，践行初心、担当使命，不怕牺牲、英勇斗争，对党忠诚、不负人民"，而我国通信行业几十年来波澜壮阔的奋斗历程，也彰显了通信人坚守理想信念、践行初心使命，披荆斩棘、奋力前行，于危机中育先机、于变局中开新局的担当精神。百舸争流、奋楫者先，千帆进发、勇进者胜！6G 的号角已经吹响，新的征程已经扬帆起航。4G 改变生活、5G 改变社会，展望未来，我们满怀信心。在全球创新链、产业链的共同努力下，我们相信 6G 重塑世界的美好愿景必然会照进现实！

中国移动通信集团公司副总经理

2021 年 7 月

前　言

4G 移动通信技术和智能手机的快速普及带来了移动互联网业务的空前繁荣，手机导航、手机购物、手机支付、手机点餐、手机游戏、微信、抖音和快手等，各种应用层出不穷，在给人们日常生活带来极大便利的同时，潜移默化地改变着人们生活、工作和娱乐的模式。知识付费和体验付费已经成为 2000 年后出生的年轻人的消费行为习惯，很多新的互联网业务模式诞生，这使得中国一跃成为电子商务非常发达的国家之一。大量的互联网公司诞生，有些公司的市值甚至远远超过了中国电信基础设施运营商的市值总和。不断增长的信息消费、数字经济成为整个国民经济的重要组成部分，移动通信成为社会发展非常重要的基础设施。

另外，随着 4G 的发展进入成熟期，免费的互联网语音给传统运营商的语音业务收入带来巨大的冲击，传统靠流量收费的资费模式也难以带动运营商的 ARPU（每用户平均收入）值进一步快速增长，移动通信产业的发展出现了瓶颈。如何进一步增加产业的价值空间，带来移动通信新一轮的增长，成为移动通信产业亟待解决的问题。

在体验到电子商务带来的便捷生活之后，人们希望在日常生活和工作中得到更多的便利，政府也希望城市治理等变得更加智能化，由此出现了巨大的物-物连接的需求。这推动了"物联网"这个名词变得备受瞩目，物联网带来了移动通信行业开辟新价值空间的新机遇。除了传统的移动通信设备制造商和运营商之外，阿里巴巴、腾讯等互联网公司从中看到了巨大的商业机会，也希望抢占新的信息入口，由此催生出了各种各样的互联网技术。面向典型的低成本、低功耗、广覆盖的物联网应用场景，先后诞生出 LoRA、Sigfox、eMTC、NB-IoT、低等级的 LTE 终端等众多解决方案，这些解决方案在实际网络中得到了部署，其中 NB-IoT 和 eMTC 成为运营商的主流选择。但是，由于物联网的应用主要面向 2B 场景，其商业模式与传统的 2C 完全不同，产业生态间存在严重的壁垒，同时不同行业之间的业务需求差异巨大，物联网应用并没有如人们预期的那般迅速发展。

在推动 NB-IoT 和 eMTC 产业化与商业部署的同时，移动通信产业面向 2030 年，也在进行着新一代移动通信技术的标准制定和产业化的推进，希望将移动通信技术渗透到社会的各行各业，实现万物互联，由此催生 eMBB、uRLLC、mMTC 等全新应用场景，带来 2C 业务体验的升级和物联网 2B 应用的进一步丰富。超高速率、超低时延、超大连接的 5G 技术正赋能各行各业的转型和升级，加速整个社会走向数字化，带动整个移动通信行业的再次腾飞。5G 支持的 MEC 和网络切片有望满足垂直行业碎片化的业务需求，通过网络基础设施的共享，降低业务提供成本，加速 5G 在垂直行业的应用。随着全球 5G 商用的铺开，5G 正在加速云计算、大数据、人工智能（AI）和物联网的应用，推动着整个社会走向数字化。

随着整个社会走向数字化，物理世界的每个物体都可能被数字化，并存储于虚拟空间中，所有这些数字化的物体共同构成一个数字世界。如果我们可以通过恰当的模型和数据把物理世界与数字世界进行关联，并通过对物理世界的感知和数字世界的模型来预测和干预物理世界的未来，就实现了物理世界的数字孪生。世界的数字孪生将极大地改变未来社会运行和治理的模式与效率，同时带来人们日常学习和工作的革命，将人类从烦琐的日常事务中解放出来，更好地追求自我价值的实现。另外，随着大数据和 AI 的发展，AI 应用将无处不在，进而实现人与人、物与物、人与物之间的 AI 交互，带来学习和生产的革命。"数字孪生、智慧泛在"将成为未来社会发展的典型形态。

延续十年一代的发展规律，面向 2030 年，移动通信行业正在将注意力转向 6G，新一轮的移动通信技术和标准的竞争将更加激烈。芬兰的奥卢大学在 2018 年启动了芬兰政府支持的 6G 项目；欧盟推出"地平线欧洲计划（2021—2027 年）"，开展包括下一代网络在内的六大关键技术研究，2021 年 1 月正式启动 6G 旗舰项目 Hexa-X。2019 年 3 月，美国决定开放太赫兹频段用于开展 6G 试验；2020 年 5 月，美国标准化组织 ATIS 发布《提升美国 6G 领导力》报告，致力于 6G 标准化和商业化，并于 2020 年 10 月宣布成立 Next G 联盟，目标是建立北美在 5G 演进和 6G 发展中的领先地位。亚洲方面，日本总务省 2020 年 6 月发布《Beyond 5G 推进战略纲要》，提出快速推进 6G 研发及强化日本 6G 国际竞争力的发展目标，力争 5 年内突破相关关键技术，实现 6G 时代日本设备商的基础设施全球份额达到 30% 的目标；2020 年 8 月，韩国科学技术信息通信部发布《引领 6G 时代的未来移动通信研发战略》，计划 2028 年实现全球第一个 6G 商业化，争取实现全球首次 6G 核心标准专利、全球第一智能手机市场份额、全球第二设备市场份额。2019 年 6 月，我国工业和信息化部成立了 6G 研究组，围绕 6G 愿景与需求、频谱、关键技术等展开研究；2019 年 11 月，我国成立了由科技部等部委主导的 6G 推进组，并在 2020 年启动了第一批 6G 项目。全球运营商联盟 NGMN 于 2020 年启动了 6G 愿景与需求的研究，ITU-R 也从 2020 年 10 月开始启动了 6G 技术趋势的研究，预计 3GPP 将在 2025 年左右开始 6G 的标准制定。4G 正在改变生活，5G 即将改变社会，我们期待着 6G 重塑一个全新的数字孪生世界！

感谢人民邮电出版社的组织和邀请，活跃在移动通信技术研究前沿的专家们能够有机会将研究成果汇编成书，为全球 6G 研究厘清思路和方向贡献绵薄之力，共同推进 6G 关键技术的突破，为 ICDT 行业的未来发展再添辉煌。

本书由刘光毅、黄宇红、崔春风、王启星编著，第 1 章、第 2 章由刘光毅、黄宇红、崔春风编写，第 3 章由刘光毅、程执天、孔磊、李亚、黄宇红、崔春风编写，第 4 章由金婧编写，第 5 章由郑智民、孔磊编写，第 6 章由李可、滕瑞、李雅茹编写，第 7 章由王笑千、郑智民编写，第 8 章由顾琪、郑智民编写，第 9 章由楼梦婷编写，第 10 章由王菡凝编写，第 11 章由董静编写，第 12 章由赵殊伦、郑智民编写，第 13 章由董静编写，第 14 章由夏亮、王笑千、赵殊伦、王菡凝、王启星编写，第 15 章由刘光毅、李娜编写。

本书的内容仅代表作者的个人学术观点，不代表任何公司的观点和立场，特此申明。另外，由于作者的水平所限，且 6G 研究仍处于早期阶段，有些观点难免偏颇，恳请读者批评指正。

作　者
2021 年 1 月

目　录

第 1 章　移动通信发展概述 ·· 001

1.1　移动通信技术的特点与面临的挑战 ······································ 002

1.2　移动通信系统的发展历程 ·· 003

1.2.1　语音通信的时代 ·· 005

1.2.2　移动数据的萌芽 ·· 007

1.2.3　4G 改变生活 ··· 009

1.2.4　5G 改变社会 ··· 013

1.2.5　6G 的出现 ·· 018

1.3　本章小结 ··· 023

参考文献 ··· 024

第 2 章　5G 加速社会的数字化转型 ·· 025

2.1　社会经济的数字化发展趋势 ·· 026

2.2　5G 的全新能力 ·· 028

2.2.1　全新空口能力 ·· 028

2.2.2　服务化和网络切片 ··· 030

2.2.3　移动边缘计算 ·· 032

2.2.4 能力开放 ·· 034

2.3 5G 赋能垂直行业 ·· 034

2.3.1 5G 与垂直行业结合面临的挑战 ······················ 036

2.3.2 5G 服务于垂直行业的模式 ·························· 037

2.3.3 打造 5G 的能力开放平台和应用平台 ·················· 039

2.3.4 5G 改变社会：全连接的世界 ······················ 040

2.4 本章小结 ·· 041

参考文献 ·· 041

第 3 章 移动通信发展推动社会走向数字孪生 ·················· 043

3.1 数字孪生 ·· 044

3.1.1 概念的提出 ·· 046

3.1.2 数字孪生的应用 ······································ 050

3.2 社会发展的下一阶段：数字孪生世界 ···················· 055

3.3 本章小结 ·· 058

参考文献 ·· 058

第 4 章 2030+愿景与需求畅想 ································ 061

4.1 2030+生活畅想 ·· 062

4.2 6G 愿景：数字孪生，智慧泛在 ·························· 073

4.3 6G 应用新场景与新业务 ·································· 075

4.3.1 智享生活 ·· 076

4.3.2 智赋生产 ·· 080

4.3.3 智焕社会 ·· 082

4.4 2030 年业务和应用发展趋势及网络技术需求指标 ········ 085

4.5 本章小结 ·· 087

参考文献 ·· 088

第 5 章 全息投影 ·· 089

5.1 过程原理分类 ·· 090

5.1.1 传统光学全息 ·· 090

5.1.2 数字全息 ·· 091

5.1.3　计算全息 ··· 092

5.2　全息应用场景及关键技术 ··· 093

5.3　呈现方式分类 ··· 093

  5.3.1　蒸汽投影 ··· 094

  5.3.2　激光爆破投影 ··· 094

  5.3.3　360°全息显示屏 ··· 095

  5.3.4　边缘消隐 ··· 095

  5.3.5　佩珀尔幻象 ·· 096

5.4　典型应用 ··· 096

  5.4.1　全息通信 ··· 096

  5.4.2　全息医疗 ··· 097

  5.4.3　全息驾驶 ··· 098

  5.4.4　全息航空 ··· 098

5.5　未来发展方向——全息交互 ·· 099

  5.5.1　全息交互关键技术 ·· 099

  5.5.2　全息交互应用场景 ·· 100

5.6　网络性能指标需求分析 ·· 101

5.7　本章小结 ··· 102

参考文献 ·· 102

第6章　沉浸式体验 XR ·· 105

6.1　VR/AR 的发展与进步 ··· 106

  6.1.1　VR/AR 技术发展及现状 ··· 107

  6.1.2　VR/AR 的应用领域 ··· 109

  6.1.3　VR/AR 面临的挑战 ··· 111

6.2　本地处理到云端处理的演进 ··· 112

  6.2.1　云 AR ·· 113

  6.2.2　云 VR ·· 115

6.3　6G 云 VR/AR 展望 ·· 116

  6.3.1　新场景 ··· 118

  6.3.2　新技术 ··· 119

6.4　通信能力需求 ··· 120

6.4.1 时延、带宽分析 ·· 120

6.4.2 可靠性分析 ··· 121

6.5 本章小结 ·· 121

参考文献 ·· 121

第 7 章 孪生医疗 ·· **123**

7.1 孪生医疗 ·· 124

7.2 体域网概述 ··· 128

7.2.1 早期的体域网应用 ·· 128

7.2.2 当前的体域网应用 ·· 129

7.2.3 当前的体域网架构与标准 ······································ 130

7.2.4 当前体域网面临的挑战 ··· 131

7.3 未来体域应用潜在关键技术 ····································· 131

7.3.1 潜在关键技术 ··· 132

7.3.2 未来体域网发展方向 ··· 134

7.4 通信能力需求 ·· 135

7.5 体域网的多级异构组网 ··· 137

7.6 本章小结 ·· 138

参考文献 ·· 139

第 8 章 通感互联 ·· **141**

8.1 引言 ·· 142

8.2 通感互联网概念 ··· 143

8.3 通感互联应用场景 ·· 145

8.4 通感互联的需求 ··· 148

8.5 本章小结 ·· 150

参考文献 ·· 150

第 9 章 超能交通 ·· **153**

9.1 交通工具的发展与展望 ··· 154

9.1.1 全自动驾驶 ··· 155

9.1.2 低真空管（隧）道高速列车 ···································· 155

9.1.3 空中高铁 ·· 156

9.1.4 飞行汽车、空中巴士、空中的士 ············· 157

9.1.5 海底真空隧道列车 ···························· 158

9.1.6 太空出行 ···································· 158

9.2 ITS 到 V2X 演进历程 ·································· 159

9.2.1 国外 ITS 到 V2X 的演进历程 ················ 162

9.2.2 国内 ITS 到 V2X 的演进历程 ················ 163

9.3 超能交通 ·· 164

9.3.1 超能交通的概念 ·························· 165

9.3.2 超能交通架构及关键技术 ·············· 165

9.3.3 超能交通的潜在影响 ···················· 170

9.4 通信能力需求 ·· 170

9.5 本章小结 ·· 172

参考文献 ··· 173

第 10 章 孪生工业 ··· 175

10.1 传统工业发展历程 ·································· 176

10.1.1 第一次工业革命 ························ 176

10.1.2 第二次工业革命 ························ 178

10.1.3 第三次工业革命 ························ 179

10.2 第四次工业革命——工业 4.0 ··················· 181

10.2.1 工业 4.0 概念 ···························· 181

10.2.2 发展现状和挑战 ························ 182

10.3 后工业 4.0 展望 ····································· 185

10.3.1 孪生工业的定义 ························ 185

10.3.2 孪生工业应用的关键环节 ············· 187

10.3.3 孪生工业对通信能力的需求 ··········· 189

10.4 本章小结 ··· 190

参考文献 ··· 190

第 11 章 孪生农业 ··· 193

11.1 农业发展历程 ·· 194

11.1.1　农业 1.0：以人力和畜力为主的传统农业 ……………………194

11.1.2　农业 2.0：以机械化为主的小规模农业 ……………195

11.1.3　农业 3.0：以信息化为主的自动化农业 ……………196

11.1.4　农业 4.0：以无人化为主的智慧化农业 ……………198

11.2　智慧农业发展现状与问题 ……………………………………200

11.2.1　国外智慧农业发展现状 ……………………………200

11.2.2　国内智慧农业发展现状 ……………………………201

11.2.3　智慧农业发展问题 …………………………………203

11.2.4　新型农业展望 ………………………………………204

11.3　孪生农业展望 ………………………………………………206

11.3.1　规划 …………………………………………………207

11.3.2　生产 …………………………………………………207

11.3.3　流通 …………………………………………………211

11.3.4　智能装备 ……………………………………………212

11.3.5　销售与溯源 …………………………………………212

11.4　孪生农业对通信能力的需求 ………………………………214

11.5　本章小结 ……………………………………………………215

参考文献 ………………………………………………………………215

第 12 章　智能交互 …………………………………………………217

12.1　引言 …………………………………………………………218

12.2　机器人的发展与进步 ………………………………………220

12.2.1　机器人技术发展现状 ………………………………220

12.2.2　机器人应用领域分析及面临挑战 …………………221

12.2.3　机器人技术未来发展趋势 …………………………223

12.3　智能体的定义与分类 ………………………………………224

12.3.1　智能体概述 …………………………………………224

12.3.2　智能交互的主体 ……………………………………225

12.4　智能体间的交互 ……………………………………………226

12.4.1　智能体间的交互形式 ………………………………226

12.4.2　智能体间的交互内容 ………………………………234

12.5　智能交互对通信能力的需求 ………………………………235

12.5.1　时延分析 ·· 235

12.5.2　用户体验速率分析 ·· 236

12.5.3　可靠性分析 ·· 236

12.6　本章小结 ··· 237

参考文献 ··· 237

第 13 章　2030 年的发展需求与 5G 能力的差距 ··········· 239

13.1　2030 年的需求指标归纳 ······································· 240

13.2　5G 的能力差距分析 ·· 243

13.2.1　5G 关键能力 ·· 244

13.2.2　5G 的能力差距 ··· 245

13.3　本章小结 ··· 247

参考文献 ··· 247

第 14 章　6G 关键候选技术概述 ······························· 249

14.1　可见光通信技术 ·· 250

14.1.1　可见光通信发展与应用 ···································· 250

14.1.2　国内外发展现状 ·· 251

14.1.3　可见光应用场景 ·· 252

14.1.4　可见光通信关键技术 ······································· 253

14.1.5　可见光通信的未来展望 ···································· 259

14.2　太赫兹通信 ·· 260

14.2.1　太赫兹通信发展现状 ······································· 261

14.2.2　太赫兹通信应用场景 ······································· 263

14.2.3　太赫兹通信关键问题 ······································· 265

14.2.4　太赫兹通信发展方向 ······································· 267

14.3　过采样虚拟 MIMO ·· 268

14.3.1　过采样虚拟 MIMO 技术背景 ····························· 268

14.3.2　过采样虚拟 MIMO 技术发展情况 ························ 269

14.3.3　过采样虚拟 MIMO 技术中的关键问题 ·················· 274

14.3.4　过采样虚拟 MIMO 技术未来展望 ························ 276

14.4　轨道角动量 ·· 276

14.4.1 轨道角动量技术背景 ················· 277

14.4.2 轨道角动量技术的发展情况 ············· 280

14.4.3 轨道角动量技术中的关键问题 ············ 282

14.4.4 轨道角动量技术的展望 ··············· 283

14.5 本章小结 ······················ 284

参考文献 ························ 284

第 15 章 ICDT 融合驱动的 6G 无线网络架构 ·········· 287

15.1 6G 网络架构变革的驱动力 ·············· 288

15.1.1 新业务和新场景的驱动 ·············· 290

15.1.2 ICDT 深度融合 ················· 291

15.1.3 5G 网络发展面临的问题与挑战 ·········· 294

15.2 6G 网络架构总体特征 ··············· 295

15.2.1 按需服务 ··················· 295

15.2.2 至简网络 ··················· 295

15.2.3 柔性网络 ··················· 297

15.2.4 智慧内生 ··················· 298

15.2.5 数字孪生 ··················· 300

15.2.6 安全内生 ··················· 300

15.3 6G 网络逻辑架构 ················· 302

15.4 本章小结 ····················· 304

参考文献 ······················· 304

名词索引 ························· 307

第 1 章

移动通信发展概述

人类诞生之初，就有了通信的需求。从本质上看，通信就是人与人之间的相互沟通。通信技术的进步，就是人类不断突破空间与时间的限制、不断丰富沟通的形式和内容、不断加强相互之间联系的过程。电报的出现，使得文字信息可以迅速传递数百乃至数千千米的距离；电话的发明，使得人类可以进行及时的语言沟通；而开始于 20 世纪 70 年代的移动通信，更是使人类真正向随时随地沟通的理想迈进了一大步，使信息沟通的渠道前所未有地通畅。移动通信作为一个高度技术化的产业，先进技术的高效应用和国际标准化在其发展历程中起到了至关重要的作用。本章首先分析移动通信技术的特点与面临的挑战，然后简单回顾了移动通信系统的发展历程。

|1.1 移动通信技术的特点与面临的挑战[1]|

移动通信的发展非常迅速,智能手机已经成为人们不可或缺的通信工具和社交平台。移动通信能够提供随时随地通信的便利,但相对于具有稳定传输介质的有线通信,它也面临着许多独有的技术挑战,必须适应移动通信的技术特点,才能真正提供令人满意的服务。

第一,移动通信技术必须适应复杂多变的移动通信传播环境。

由于通信的一方、双方或多方是移动的,使用无线电波作为媒介进行传输就成为了唯一可行的方法。电磁波在通信的各方之间传输,遇到障碍物会产生反射、折射和衍射等现象,穿透墙壁、窗户等障碍物会使其强度削弱,降雨、汽车和人的走动也会导致传输条件的极大变化。在汽车、火车等高速移动的交通工具上的通信则使得这些变化更加迅速和剧烈。移动通信技术要在所有可能的环境中正常工作,就必须具有很强的适应性与稳健性。

第二,无线频谱资源是开放和共享的,干扰控制就成为移动通信系统设计的重中之重。

同一区域内所有的移动通信用户使用同一个媒介:相同或不同频率的电磁波。不同系统和用户间不可避免地会产生相互干扰。为了使通信顺畅地进行,就必须把干扰控制在一个可接受的范围内。如何给尽可能多的用户提供服务，同时使每个用户所遭受的干扰又不至于影响其通信质量，是移动通信系统设计的一个难题。

第三，适合进行移动通信的频谱资源非常有限。

如果观察一下各国管制机构对无线电频谱的划分，就可以发现真正能够用于移动通信的频谱资源并不充裕。适合移动通信的频率主要分布在 6GHz 以下，且很大部分已分配给无线电导航、雷达、卫星、工业科学医疗和 GPS 等应用。更低的频率大多已经被更早出现的无线电技术（如广播、电视和对讲机等）占据。通信的频段越高，可用的带宽越大，能提供的通信速率就越高，但是传播损耗也会越大，不能覆盖很长的距离，甚至一堵墙就能把信号完全阻隔，导致建网成本就越高。因此，更高频率的频谱在蜂窝移动通信系统中的应用受到限制。

此外，移动通信还受到其他方面因素的限制，如需考虑对人体健康的影响，移动通信设备的发射功率必须保证不对人体健康产生危害。

综上所述，使用有限的频谱资源，为尽可能多的用户提供有吸引力的服务，是移动通信技术发展的核心目标。在多重限制条件下进行优化设计，则是移动通信必须面对的挑战。

|1.2　移动通信系统的发展历程|

通信需求与技术发展，是一个相互促进的过程。先进技术提供了便利，使人与人之间的联系更为紧密，同时催生了更高层次的需求；更高的需求反过来推动了技术的进一步发展。从移动通信传递的信息内容来看，从最初的语音、文字，到高质量音频、图像、邮件等中等数据量业务，再到视频和丰富多彩的互联网业务，以及用户可以随时随地产生大量信息的社交网络等新型媒体，对移动通信数据量的要求在以"指数速度"提高。

与服务需求相对应，移动通信技术的发展，也经历了几个主要的阶段，一般习惯于用"代"进行区分，基本延续了十年一代的发展规律。移动通信系统的发展历程如图 1-1 所示。

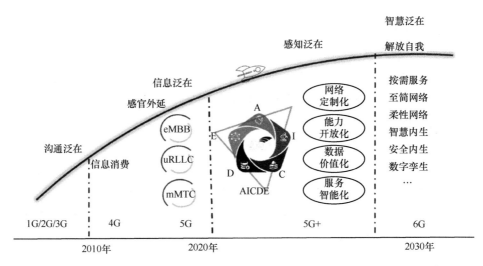

图 1-1 移动通信系统的发展历程

迄今出现的移动通信系统主要有第一代（1G）移动通信系统、第二代（2G）移动通信系统、第三代（3G）移动通信系统、第四代（4G）移动通信系统以及第五代（5G）移动通信系统。从通信的内容和形式的变化来看，移动通信系统的发展又可以划分为 4 个阶段：沟通泛在、信息泛在、感知泛在和智慧泛在。1G 主要实现了从无到有的沟通泛在，也就是可以在移动中进行语音的通信；2G 解决的是语音通信的质量和普遍性问题，使得移动通信在全球大规模应用，同时也开启了短信这种非实时沟通模式；3G 进一步提升了通信的容量，同时促进了宽带通信的萌芽，特别是在3G 的后期，随着智能手机的出现，高速移动数据通信成为迫切的需求；4G 解决了高速移动数据通信的问题，在通信的质量、容量和效率上取得了巨大的进步，同时在后期也触发了物联网的应用需求，带来了信息消费的空前繁荣；5G 将移动通信的范畴进行了前所未有的拓展，希望实现万物互联，涵盖了增强型移动宽带（enhanced Mobile Broadband，eMBB）、超可靠低时延通信（ultra-Reliability and ultra Low-Latency Communication，uRLLC）和大规模机器型通信（massive Machine Type Communication，mMTC）等典型应用场景，努力将人类的感知能力延伸到万事万物，实现万物互联。

随着 5G 的发展，5G 必将加速与云计算、大数据、人工智能（AI）、边缘计算的结合，实现网络定制化、能力开放化、数据价值化和服务智能化，带来信息泛在和感知泛在，加速整个社会走向数字化。

6G 的目标则是进一步推动整个社会的数字化，全面走向数字孪生，通过无处不在的智能，全面赋能整个社会的智能化，极大提升整个社会运行和治理的效率，提升人们的生活、工作和生产的效率和质量，从而实现人类对自我的解放。为此，6G 网络需要具备按需服务、至简、柔性、智慧内生、安全内生和数字孪生的特征。

1.2.1　语音通信的时代

最早的语音通信出现在第二次世界大战的军事通信中，但由于成本高昂、体积庞大，并没有应用于民用领域。1976 年，美国摩托罗拉公司的工程师马丁·库珀首先制造出第一个移动电话。同年，世界无线电通信大会批准了 800/900MHz 频段用于移动电话的频率分配方案。在此之后一直到 20 世纪 80 年代中期，许多国家都开始建设基于频分多址（Frequency Division Multiple Access，FDMA）技术和模拟调制技术的第一代移动通信系统。

1978 年年底，美国贝尔试验室研制成功了全球第一个移动蜂窝电话系统——高级移动电话系统（Advanced Mobile Phone System，AMPS）。5 年后，这套系统在芝加哥正式投入商用并迅速在全美推广，获得了巨大成功。

同一时期，欧洲各国也不甘示弱，纷纷建立起自己的第一代移动通信系统。瑞典等北欧四国在 1980 年研制成功了 NMT-450 移动通信网并投入使用；联邦德国在 1984 年完成 C 网络（C-Netz）；英国则于 1985 年开发出频段在 900MHz 的全接入通信系统（Total Access Communications System，TACS）。

在各种 1G 系统中，美国发明的 AMPS 制式的移动通信系统在全球的应用最为广泛，它曾经在超过 72 个国家和地区运营，直到 1997 年还在一些地方使用。同时，也有近 30 个国家采用英国 TACS 制式的 1G 系统。这两种移动通信系统是世界上最具影响力的 1G 系统。

中国的第一代模拟移动通信系统于 1987 年 11 月 18 日在广东第六届中华人民共和国全国运动会（全运会）前夕开通并正式商用，采用的是英国 TACS 制式。从中国电信 1987 年 11 月开始运营模拟移动电话业务到 2001 年 12 月底中国移动关闭模拟移动通信网，1G 系统在中国的应用长达 14 年，用户数最多时曾达到了 660 万。如今，1G 时代那像砖头一样的手持终端——大哥大，已经成为了很多人的回忆。

由于采用的是模拟技术，1G 系统的容量十分有限。此外，干扰严重，安全性也存在较大的问题。1G 系统的"先天不足"，使得它无法真正大规模普及和应用，价格更是非常高，成为当时奢侈品和财富的一种象征。与此同时，不同国家的"各自为政"也使得 1G 的技术标准各不相同，即只有"国家标准"，没有"国际标准"，国际漫游成为一个突出的问题。这些缺点都随着 2G 移动通信系统的到来得到了很大的改善。

1982 年，欧洲成立了"移动专家组"（Groupe Spécial Mobile，GSM，法语），负责起草和制定移动通信标准。1989 年，欧洲电信标准组织（European Telecommunications Standards Institute，ETSI）正式接手了 2G 标准的制定工作。1990 年，第一版 GSM 标准制定完成并正式发布。1992 年 1 月，芬兰运营商 Oy Radiolinja Ab 公司第一个将 GSM 系统正式投入商用，这标志着 GSM 系统开始正式向广大公众开放。后来，欧洲各国为了便于在全球推广这一技术标准，将 GSM 赋予了新的含义，即"全球移动通信系统"（Global System for Mobile communications，GSM）。

2G 发展初期，移动通信系统旨在满足更多用户的纯语音通话需求，设计者着重考虑的是如何扩大系统所能容纳的用户总量。随着技术的不断发展以及 GSM 系统的逐步成熟，同时也为了满足人们对手机上网等数据业务的需求，GSM 系统在后期引入了通用分组无线服务（General Packet Radio Service，GPRS）技术和 GSM 增强数据速率演进（Enhanced Data rate for GSM Evolution，EDGE）技术，使用部分语音信道提供低速数据服务。

在欧洲商用 GSM 系统几年之后，美国通信工业协会（Telecommunications Industry Association，TIA）也正式推出了其第二代移动通信系统——窄带码分多址接入（Narrowband-Code Division Multiple Access，N-CDMA）系统，其中第一个广泛商用的标准为 IS-95-A。中国香港于 1995 年正式开通了第一个商用 CDMA 网络，此后美国、韩国也相继开通了 CDMA 商用网络。

除了 GSM 和 CDMA（IS-95），日本的 PDC（Personal Digital Cellular）、PHS（Personal Handy-phone System）和美国的 D-AMPS（Digital-AMPS

IS-54/IS-136）等系统也属于 2G 移动通信系统。

截止到 2010 年 9 月，全球 51 亿移动通信用户中，有 40 亿是 GSM 用户，占总数的 78%[1]。GSM 成为全球最成功的 2G 移动通信系统，第一次实现了"全球通"的梦想。

GSM 系统的技术在不断演进，如倍增语音容量的单时隙自适应多用户语音业务（Voice services over Adaptive Multi-user channels on One Slot，VAMOS）、提供更高数据速率的 EGPRS 以及先进接收机等技术，使 GSM 这棵"老树"不断绽放出新的花朵，但是由于 3G 发展速度的不断加快，这些新的技术并没有在 GSM 网络中实现商业化应用。

1.2.2　移动数据的萌芽

3G 移动通信系统的概念最早于 1985 年由国际电信联盟（International Telecommunication Union，ITU）提出，是首个以"全球标准"为目标的移动通信系统。在 1992 年的世界无线电通信大会（World Radiocommunication Conference，WRC）上，为 3G 分配了 2GHz 附近约 230MHz 的频带。考虑到该系统的工作频段在 2 000MHz，最高业务速率为 2Mbit/s，而且将在 2000 年左右商用，于是 ITU 在 1996 年将其正式命名为 IMT-2000（International Mobile Telecommunication-2000）。特别值得注意的是，在 3G 时代，中国提出了自己的标准 TD-SCDMA（Time Division-Synchronous Code Division Multiple Access），并推动其成为 ITU 认定的 3G 国际标准之一。

3G 系统最初的目标是在静止环境、中低速移动环境、高速移动环境分别支持 2Mbit/s、384kbit/s、144kbit/s 的数据传输，其设计目标是提供比 2G 更大的系统容量、更优良的通信质量，并使系统能提供更丰富多彩的业务。

3G 真正投入商业运营是在 21 世纪初。2001 年，日本运营商 NTT DoCoMo 率先向用户提供 3G 业务。2002 年，日本运营商 KDDI、韩国运营商 SKT 和 KTH 也开始了 3G 网络的运营。和记电讯"3"公司则在 2003 年开通了欧洲的第一个 3G 网

1　数据来源：Informa Telecoms & Media, WCIS+, 2010 年 9 月

络，同年 Verizon 也在美国开通了 3G 服务。2003—2004 年欧洲运营商 Vodafone（沃达丰）、Orange（法国电信）等相继在英国、法国、德国、意大利等主要国家开通了 3G 服务。

3G 系统的三大主流标准分别是 WCDMA（即宽带 CDMA）、cdma2000 和 TD-SCDMA（时分双工同步 CDMA）。这 3 种标准的基础技术参数比较见表 1-1。

表 1-1　3G 的 3 种标准的基础技术参数比较

对比项	WCDMA	cdma2000	TD-SCDMA
采用该技术的国家和地区	欧洲、美国、中国、日本、韩国等	美国、韩国、中国等	中国
继承基础	GSM	窄带 CDMA（IS-95）	GSM
双工方式	FDD/TDD	FDD	TDD
同步方式	异步/同步	同步	同步
码片速率	3.84Mchip/s	1.228 8Mchip/s	1.28Mchip/s
信号带宽	2×5MHz/5MHz	2×1.25MHz	1.6MHz
峰值速率	384kbit/s	153kbit/s	384kbit/s
核心网	GSM MAP	ANSI-41	GSM MAP
标准化组织	3GPP	3GPP2[2]	3GPP

从表 1-1 中可以看出，WCDMA（FDD）和 cdma2000 属于频分双工（Frequency Division Duplex，FDD）方式，而 WCDMA（TDD）和 TD-SCDMA 属于时分双工（Time Division Duplex，TDD）方式。FDD 是上下行独享相应的带宽，上下行之间需要频率间隔以避免干扰；TDD 是上下行使用同一频谱，上下行之间需要时间间隔以避免干扰。

从 1G 到 3G，演进的过程可以由图 1-2 简略地描述。

3G 初期的商用并不成功，其语音业务的质量甚至不如 2G，经过大量的技术优化与完善之后才逐步为用户所接受。随着手机操作系统与手机技术的发展，触屏式智能手机的出现加速了高速移动上网需求的发展，3GPP/3GPP2 针对高速数据应用进行了一系列的增强，分别推出了高速下行/上行分组接入

2　Third Generation Partnership Project 2，开发 cdma1x、cdma2000 及后续演进的标准化组织

HSDPA/HSUPA（High Speed Downlink/Uplink Packet Access）及其演进 HSPA+，以及 cdma2000 EV-DO 等技术标准，大大增强了 3G 系统提供数据的能力，拉开了移动互联网高速发展的大幕。

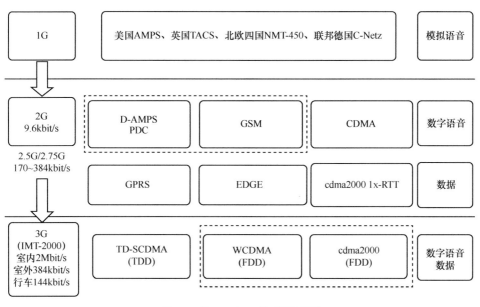

图 1-2　从 1G 到 3G 的系统演进[1]

1.2.3　4G 改变生活[2]

随着移动通信在宽带化、高速率等方面的逐步演进，其与互联网之间呈现出相辅相成的发展趋势。特别是智能手机的出现和普及，加速了移动互联网业务与应用的普及与发展，移动互联网已毋庸置疑地成为最具市场潜力的发展领域。随着智能手机的快速普及以及互联网应用的不断革新，3G 网络的能力已经不能满足业务发展的需求，面向移动互联网业务应用的新一代移动通信系统（4G）呼之欲出，但 4G 的出现和发展相当具有戏剧性。

在 3G 发展的初期，3G 网络并没有给运营商和用户带来其所期待的能力和业务质量，特别是在初期，3G 语音的质量远远达不到 2G 的水平，运营商对 3G 的发展产生了动摇。直到后期，运营商应用了基于分组交换的数据业务解决方案（HSPA 或者 EV-DO），带来数据业务的快速发展和增长，才给运营商带来了新的希望。但由于全球大多数运营商为获得 3G 的频率而向管制机构支付了巨额的频率许可费用，再加上 3G 网络建设的巨额成本，全球主要运营商并没有积极性去研究和部署更新一代的移动通信技术，特别是在 3GPP HSPA 的研究和制定中，更是否定了相对于 CDMA 来说革命性的 OFDM 技术。

2004 年下半年，随着移动互联网的发展前景逐渐明朗，以 Intel 为首的 IEEE Wi-Fi 阵营面向移动互联网应用推出了竞争性新技术——全球微波接入互操作性（Worldwide Interoperability for Microwave Access，WiMAX），并在全球的新兴运营商中得到普遍支持和快速应用，这给 3GPP 自身的技术发展和传统蜂窝移动通信运营商的市场发展带来了严峻的挑战。

所以，全球蜂窝移动通信运营商和设备商不得不开始就 3G 之后的全新技术演进展开讨论，以应对 WiMAX 带来的威胁。2004 年 11 月，3GPP 在加拿大举办研讨会，讨论下一代移动通信技术的发展。中国移动、NTT DoCoMo、AT&T、Vodafone、T-Mobile 和 Orange 等主要运营商和各主要设备商在内的参会各方畅所欲言、各抒己见，提出了对下一代移动通信系统的看法和建议，达成了"3GPP 需要马上开始进行下一代演进技术的研究与标准化、以保证未来竞争力"的共识。此处的下一代移动通信系统被暂定名为"长期演进"（Long Term Evolution，LTE）。

为此，3GPP 首先定义了 LTE 需要满足的各种条件和指标需求，主要有以下几个方面[1]。

- 较之 3G 系统，LTE 极大提高系统的带宽和峰值速率——最高支持 20MHz 带宽，上行峰值速率达到 50Mbit/s，下行峰值速率达到 100Mbit/s。
- 有效提高频谱的利用效率：单位带宽吞吐量达到 3GPP Release 6 版本 HSPA 的 2~4 倍，同时保证小区边缘数据速率，降低每比特数据的成本，改善用户实际体验。
- 支持 TDD 和 FDD 两种双工方式，并尽可能保持这两种双工方式的技术一致性，避免市场分化。
- 支持从 1.4MHz 到 20MHz 的系统带宽，以支持运营商的各种频谱部署场景，包括对 GSM/CDMA 等窄带系统占用频谱的再利用。

- 支持从静止到高速移动的全部陆地应用场景：终端移动速度在 0～15km/h 时，系统的性能保持最优；当移动速度在 15～120km/h 时，系统性能不能有明显下降；当终端以 350km/h 速度移动时，连接不能中断。

- 取消电路交换（Circuit Switch，CS）业务，对包交换业务提供端到端服务质量（Quality of Service，QoS）保障。

- 能够与其他系统进行互操作。LTE 系统可以与 2G/3G 系统进行交互，从而当 LTE 没有实现完全覆盖时，仍然能够保障用户在使用移动互联网时的业务连续性。

- 通过扁平化的网络架构，极大地降低无线接入网络的时延。无线网空载时的单向传输 IP 空包所需时间不能超过 5ms，相对 3G 的百毫秒量级时延，是一个巨大的改进，有利于提高交互式在线游戏、高清视频会议等众多实时业务的服务质量。

之后，3GPP 经过艰苦的可行性研究和详细的规范制定，最终制定了 LTE 标准，在 2009 年发布了 Release 8，并在后续的版本中不断完善和发展，先后推出了 LTE-Advanced 和 LTE-Advanced-Pro 的演进标准。在 3GPP 中，无线电接入网技术规范组（Technical Specification Group Radio Access Network，TSG RAN）负责无线电接入网络标准制定，系统架构技术规范组（Technical Specification Group System Architecture，TSG SA）负责整体架构制定，分别对应于无线电接入网层面的演进（即 LTE）和系统架构演进（即 SAE），在后来的标准化过程中改称为"演进的分组核心网/系统（Evolved Packet Core/System，EPC/EPS）"。

相对于过去几代系统，LTE 是真正面向数据业务的全新一代移动通信系统，完全基于分组交换，采用了更大的带宽（单载波最大 20MHz）、全新的多址和复用技术（下行采用正交频分多址（Orthogonal Frequency Division Multiplexing/Orthogonal Frequency Division Multiple Access，OFDM/OFDMA），上行采用单载波频分多址（Single Carrier-Frequency Division Multiple Access，SC-FDMA））以及 MIMO 技术，使系统的传输效率大幅提升。同时 LTE 还对其多个 TDD 制式进行了融合，仅保留了一个 TDD 制式（TD-LTE），使得标准归于统一。同时，在全球主流运营商和设备商的共同努力下，全球运营商联盟 NGMN 将 WiMAX 排除在了其 4G 候选技术之外，再加上以美国的 Verizon 和中国电信为代表的 3GPP2 运营商纷纷宣布放弃 cdma2000 的后续演进技术 UMB，使得 LTE 成为移动通信行业的事实唯一 4G 标准，全球移动通信行业第一次实现了标准的统一，如图 1-3 所示。

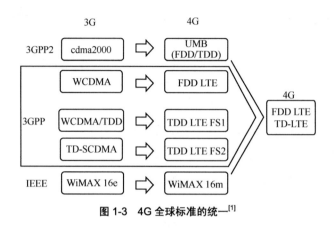

图 1-3　4G 全球标准的统一[1]

　　2010 年，瑞典的运营商率先开始了 4G 的商用部署，由此拉开了 LTE 商用的序幕。截至 2019 年 12 月，全球共部署 LTE 基站超过 672 万个，仅中国移动就部署 4G 基站 270 万个，中国联通和中国电信部署规模总数和中国移动相当，所以中国的 4G 发展给全球的 4G 发展提供了很好的参考和强劲动力。在整个 4G 的发展中，可以看到，TDD 的发展异军突起。由于在大带宽频率、灵活的时隙配比、智能天线技术等方面的天然优势，TDD 非常适合于移动互联网业务的非对称数据流量，所以在全球 TD-LTE 发展联盟（Global TD-LTE Initiative，GTI）的推动下，TD-LTE 在全球有超过 228 个网络。

　　2013 年以来，中国 4G 网络一直保持蓬勃发展，云计算、大数据等技术日趋成熟，夯实了移动互联网发展的云、管、端三大基础，助力移动互联网释放活力，开启了移动互联网新时代。目前，移动互联网应用非常丰富，涵盖了社交、支付、出行、直播等方方面面，不论是无形的数字虚拟商品，还是有形的实体商品及服务，都可以通过移动互联网的方式随时随地获取，极大地方便了人们的生活，也深刻地改变了人们的生活方式，具体有以下体现。

一是信息、商品、服务等通过移动互联网的应用和智能硬件的普及实现了数字化和在线化，使人们可以随时随地地自由连接、获取，给生活带来了极大便利。

二是人们可以依靠网络自由连接形成社群，口碑传播影响力大增，加之特有的低搜寻和转移成本，使得人们可以低成本地重新选择产品，带来移动互联网"以用户为中心"的特征，消费者的权益得到极大扩张。

三是移动互联网及智能硬件作为新型生产工具极大地延伸了人的能力。比如现在如火如荼的共享经济，使得人们可以根据需求使用，根据使用付费，变所有权为使用权，极大地降低了生活成本和创新成本。

四是移动互联网带来个体意识的觉醒，人们利用网络平台，可以快速找到认可某种独特价值的共同体，使得该项价值被放大。比如近些年非常火爆的直播应用、网红经济、知识分享应用等。

在 4G 发展的后期，智能手机和移动互联网业务的发展也带动了整个社会的信息化和数字化，物联网的应用开始快速增长，于是 3GPP 基于 LTE 推出了面向低功耗、大连接、低成本、广覆盖应用场景的增强型机器型通信（enhanced Machine Type Communication，eMTC）和窄带物联网（Narrow Band-Internet of Things，NB-IoT）标准，希望帮助运营商开拓基于授权频谱的物联网市场。随着 eMTC 和 NB-IoT 芯片的不断成熟，以及 eMTC 和 NB-IoT 网络覆盖的不断扩展和改善，物联网的应用正在快速增长，共享单车、市政路灯、烟感、智能抄表等应用快速普及。但由于物联网应用市场的碎片化和差异化，目前的 eMTC 和 NB-IoT 解决方案并不能完全满足更多应用场景的需求，新连接、新需求的不断涌现推动着移动通信技术演进。

1.2.4　5G 改变社会

移动互联网和物联网的进一步发展是 5G 移动通信系统发展的两大驱动力，为 5G 提供了广阔的前景。移动互联网颠覆了传统移动通信的业务模式，为用户提供了前所未有的使用体验，深刻影响着人们工作、生活和娱乐的方方面面。面向 2020 年及以后，移动互联网将推动人类社会信息交互方式的进一步升级，为用户提供增强现实、虚拟现实、三维（3 Dimensions，3D）超高清视频、移动云等更加身临其境的极致业务体验。移动互联网的进一步发展将带来未来移动流量超千倍的增长，推动移动通信技术和产业的新一轮变革。物联网扩展了移动通信的服务范围，从人与人通信延伸到物与物、人与物智能互联，使移动通信技术渗透至更加广阔的行业和领域。面向 2020 年及以后，移动医疗、车联网、智能家居、工业控制、环境监测等将会推动物联网应用爆发式增长，数以千亿计的设备将接入网络，实现真正的"万物互联"，并缔造出规模空前的新兴产业，为移动通信带来无限生机。同时，海量的设备连接和多样化的物联网业务也会给移动通信带来新的技术挑战。

5G 作为面向 2020 年及以后的移动通信系统，将深入社会的各个领域，作为基础设施为未来社会的各个领域提供全方位的服务，如图 1-4 所示。

图 1-4　5G 深入移动互联网和物联网的各个领域[2]

5G 典型应用场景包括增强型移动宽带（eMBB）、超可靠低时延通信（uRLLC）和大规模机器型通信（mMTC）3 类。为了满足三大应用场景的需求，5G 将具备比 4G 更高的性能，如图 1-5 所示，包括支持 100Mbit/s 的用户体验速率（4G 的 10 倍）、每平方千米 100 万的连接数密度（4G 的 10 倍）、毫秒级的空口时延（4G 的 1/10）、每平方米 10Mbit/s 的流量密度、每小时 500km 以上的移动速度和下行 20Gbit/s/上行 10Gbit/s 的峰值速率、平均频谱效率和 5%用户频谱效率达到 4G 的 3 倍以上。其中，用户体验速率、连接数密度和时延为 5G 最基本的 3 个性能指标。同时，5G 相比于 4G 还将大幅提高网络部署和运营的效率，网络频谱效率显著提高，能效和成本效率提升百倍以上。

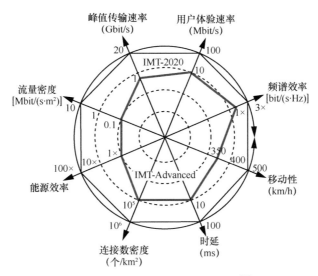

图 1-5 5G 与 4G 关键性能指标比较[2]

表 1-2 简单对比了 ITU 5G 性能需求指标与 3GPP TR38.913 研究报告中定义的 5G 性能需求指标。

表 1-2 ITU 和 3GPP 定义的 5G 关键性能需求指标比较[2]

类别	相关指标	ITU 定义的 5G 性能需求	3GPP 定义的 5G 性能需求
针对 eMBB 业务			
下行	峰值传输速率/(Gbit·s^{-1})	20	20
	用户体验速率/(Mbit·s^{-1})	100	用户体验速率=5%用户频谱效率×系统带宽
	峰值频谱效率/(bit·(s·Hz)$^{-1}$)	30	30
	平均频谱效率/(bit·(s·Hz)$^{-1}$)	分场景	至少为 4G 系统的 3 倍以上
	5%用户频谱效率/(bit·(s·Hz)$^{-1}$)	分场景	至少为 4G 系统的 3 倍以上
上行	峰值传输速率/(Gbit·s^{-1})	10	10
	用户体验速率/(Mbit·s^{-1})	50	用户体验速率=5%用户频谱效率×系统带宽
	峰值频谱效率/(bit·(s·Hz)$^{-1}$)	15	15
	平均频谱效率/(bit·(s·Hz)$^{-1}$)	分场景	至少为 4G 系统的 3 倍以上
	5%用户频谱效率/(bit·(s·Hz)$^{-1}$)	分场景	至少为 4G 系统的 3 倍以上

（续表）

类别	相关指标	ITU 定义的 5G 性能需求	3GPP 定义的 5G 性能需求
系统	用户面时延/ms	4	4
	控制面时延/ms	20	10
	低频小包时延①	未定义	上行时延最大不超过 10 s
	流量密度(Mbit·(s·m²)⁻¹)	10	流量密度=站点密度×系统带宽×平均频谱效率
	移动性	最高 500km/h	最高 500km/h
	小区切换中断时间/ms	0	0
	能源效率	同时看频谱效率和休眠比例指标	网络能源效率=小区平均吞吐量/小区功耗
	系统带宽/MHz	≥100	通过 ITU 需求指标推导出，或者根据后续 RAN1/RAN4 研究成果定义
针对 uRLLC 业务			
系统	用户面时延/ms	1	0.5
	控制面时延/ms	20	10
	可靠性	99.999%	99.999%
	移动中断时间/ms	0	0
针对 mMTC 业务			
系统	连接数密度/(个·km⁻²)	1 000 000	1 000 000
	终端电池寿命②	未定义	超过 10 年

注：① 考虑终端处于"节能态"时，终端发送低频率小包（20byte）时的传输时延。
② 终端电池寿命指的是电量 5W·h 的电池，在小区覆盖边缘（对应于 164dB 的最大路径传播损耗），支持每天发送 200byte 的上行数据，并接收 20byte 的下行数据的移动通信业务时的最长工作时间。

由于 ITU 所定义的 5G 性能指标是 5G 系统的唯一验收标准，因此 3GPP 所研究的 5G 系统将同时满足 ITU 和 3GPP TR38.913 研究报告中所定义的 5G 性能指标要求。而在包括控制面时延和用户面时延在内的一些关键性能指标上，3GPP 所研究的 5G 系统的最低要求将远远优于 ITU 对 5G 系统。

考虑到全球不同区域的市场发展策略需求，3GPP 对 5G 的定义更为宽泛，包含了 5G 演进型空口和 5G 新空口（New Radio，NR）以及下一代核心网（Next Generation

Core Network，NGC）[3]。

　　5G 演进型空口是指通过 4G 网络的持续演进和增强，满足部分场景下的 5G 技术需求，无论是增强型机器型通信（eMTC）、窄带物联网（NB-IoT），还是 LTE-Advanced-Pro 等，都属于 5G 演进型空口的范畴，它们可以满足 mMTC 等场景下的最小需求；而 5G NR 是指不用考虑与 4G 的后向兼容，全新设计 5G 系统并满足所有 3 种典型场景下的全部 5G 技术需求。

　　3GPP RAN 确定了整个 5G 各研究项目的规划[4]，如图 1-6 所示。

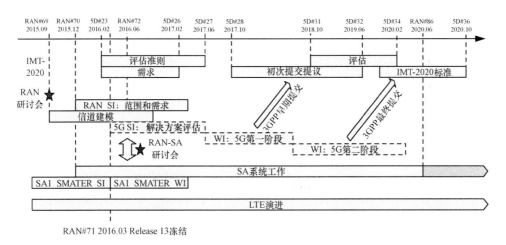

图 1-6　3GPP 的 5G 标准规划

　　3GPP RAN 在 2015 年 12 月启动 5G 需求与应用场景的研究，并在 2016 年 6 月完成；3GPP RAN 各工作组从 2016 年 3 月启动 5G NR 的技术可行性研究，并在 2017 年 6 月完成；2017 年 6 月启动 5G 的 WI，在 2018 年 6 月完成 Release 15 的标准化；2018 年 6 月启动 Release 16 的工作，并在 2019 年年底完成。2019 年年底，由于全球新冠肺炎疫情暴发，3GPP 相关工作不得不采用线上的方式开展，影响了标准推进的节奏，最终在延期一个季度的情况下，2020 年 6 月，3GPP 正式冻结 Release 16 的标准。最终 Release 15 和 Release 16 共同构成了 3GPP 提交给 ITU 的完整 5G 标准。同时，3GPP 也正式启动了 Release17 技术标准的研究工作，规划了 Release17 的主要技术特征和计划时间表，继续对现有版本的标准进行增强和演进。

2020 年 7 月 9 日，国际电信联盟无线通信部门（ITU-R）国际移动通信工作组（WP 5D）第 35 次会议成功闭幕，会议确定 3GPP 系标准成为被 ITU 认可的 5G 标准。本次会议是 IMT-2020（即 5G）技术评估进程的关键会议，各主管部门和产业界代表，对包括 3GPP 5G 标准在内的 7 项候选技术标准进行了深入研究和分析，最终形成结论：3GPP 系的 5G 标准成为被 ITU 认可的 IMT-2020 国际移动通信系统标准。ITU-R WP 5D 于 2020 年 11 月的 36bis 次会议上完成程序性工作，即编制 IMT-2020 标准建议书，并递交至同月举行的第 5 研究组的全会上正式通过和发布。

5G 利用一系列关键技术，如更宽的带宽、大规模天线、Polar 码和 LDPC 码等，实现了对高速率、低时延、高可靠性、海量连接等技术需求的满足。5G 的发展将满足更为多样化的连接需求，实现更为广泛的人与人、人与物、物与物之间的连接，为工业、农业、交通、教育、医疗服务等垂直行业领域的数字化、智能化创新奠定基础，引领万物互联新时代的到来。随着万物被互联，感知连接、智能将泛在化，一个全新的智能社会将出现在人们面前，整个社会，包括技术、生活、工作、商业、思维都将被颠覆和重构。

为此，韩国、中国、日本、欧盟等电信发达经济体均积极加快 5G 的部署。2019 年 4 月，韩国正式宣布 5G NSA 商用，2019 年 11 月，工业和信息化部（以下简称工信部）联合四大运营商，正式宣布 5G NSA 商用。随后，全球运营商纷纷开展 5G 的 NSA 商用部署。2020 年 6 月，中国运营商开始在全国主要的城市开始 5G SA 的商用部署，全面构建端到端的 5G 全新能力。迄今为止，全球有 381 家运营商完成了 5G 网络的试验测试。2019 年，我国已经在 50 多个城市建设超过 19 万个 5G 基站，2020 年年底，我国 5G 基站的数量累计超过了 70 万个，5G 用户规模超过 1.7 亿人。全球 5G 的大规模部署正在加速铺开，必将带来大量全新的个人消费业务和垂直行业应用，带动整个社会的数字化转型，催生新的网络需求和移动通信技术的持续演进。

1.2.5　6G 的出现

移动通信产业一直保持着"使用一代、建设一代、研发一代"的发展节奏。随着 5G 的大规模商用，6G 的研究成为行业新的关注点。当前各国或组织已竞相布局，紧锣密鼓地开展相关工作。

（1）欧洲

2018 年，芬兰宣布了 6Genesis 旗舰项目（6G Flagship），该项目为期 8 年，总投资 2.9 亿美元，旨在开发一个完整的 6G 生态系统。研究内容面向 2030 年的 6G 愿景、挑战、应用和技术方案，成员来自澳大利亚、中国、欧洲、美国等地的高校、企业和科研机构。2019 年 3 月，由 IEEE 发起，全球第一届 6G 无线峰会在芬兰召开，邀请工业界和学术界发表对于 6G 之最新见解和创新，探讨实现 6G 愿景需要应对的理论和实践挑战。基于第一次 6G 峰会内容，奥卢大学于 9 月发布全球首份 6G 白皮书，对 6G 技术趋势进行了系统性介绍，展现出建设"泛在无线智能"的愿景。第二届 6G 无线峰会也已于 2020 年 3 月 17—20 日举行。2020 年 6 月，奥卢大学发布了 12 份白皮书，包括 6G 驱动力与联合国可持续发展目标、6G 业务、面向 2030 的 6G 垂直行业验证和试验、6G 偏远地区连接、6G 网络、6G 无线通信网络中的机器学习、6G 边缘智能、6G 信任安全和隐私的研究挑战、6G 宽带连接、面向 6G 的关键和大规模机器型通信、6G 定位和传感以及射频助力 6G 等内容，该系列白皮书凸显出了 6G 解决方案需要覆盖多领域、涉及多学科的趋势特征。

2019 年 6 月，英国电信集团（BT）首席网络架构师 Neil McRae 预计 6G 将在 2025 年得到商用，特征包括"5G+卫星网络（通信、遥测、导航）"、以"无线光纤"等技术实现的高性价比的超快宽带、广泛部署于各处的"纳米天线"、可飞行的传感器等。德国科学基金会（DFG）在德国高校成立"THz 测量"研究组，研究太赫兹测量方法和通信性能。欧洲科学技术（COST）合作项目在 2020—2024 年将关注在智能环境中提升用户体验的无缝交互式通信。

2020 年，欧盟推出"地平线欧洲计划（2021—2027 年）"，开展包括下一代网络在内的六大关键技术研究，并于 2020 年 12 月正式启动 6G 旗舰项目 Hexa-X。

（2）美国

2019 年 3 月，在美国总统特朗普发推特表示"我希望 5G 乃至 6G 早日在美国落地"后不久，美国联邦通信委员会宣布，决定开放 95 000MHz～3THz 频段，供 6G 实验使用。

美国通过赞助高校开展相关研究项目，包括早期的 6G 技术与芯片的研究。纽约大学无线中心（NYU Wireless）正开展使用太赫兹频率的信道传输速率达100Gbit/s 的无线技术研究。美国加州大学的 ComSenTer 研究中心获得了 2 750 万美元的赞助，开展"融合太赫兹通信与传感"的研究。加州大学欧文分校纳米通信集成电路实验室研发了一种工作频率在 115～135GHz 的微型无线芯片，在 30cm 的距离上能实现 36Gbit/s 的传输速率。弗吉尼亚理工大学的研究认为，6G 将会学习并适应人类用户，智能机时代将走向终结，人们将见证可穿戴设备的通信发展。麻省理工学院计算机科学与 AI 实验室发布"智能天线墙"RFocus，它使用了 3 000 多个天线振子，将信号强度提高了近 10 倍，容量提高 2 倍。

美国在空天地海一体化通信特别是卫星互联网通信方面的研究遥遥领先。美国太空探索技术公司 SpaceX 的"星链（Starlink）计划"将发射 1.2 万颗卫星到地球轨道上，通过这些卫星组成一个环绕地球的信息链。2019 年 5 月，随着"猎鹰 9"运载火箭烈焰升腾、拔地而起，60 颗卫星被一次发射进太空，这是人类历史上单次卫星升空数量最多的一次，代表着 SpaceX 雄心勃勃的"星链计划"终于拉开组网序幕。截至 2020 年 2 月底，SpaceX 已顺利发射近 300 颗"星链"卫星，已成为迄今为止全世界拥有卫星数量最多的商业卫星运营商。该公司在 2020 年中期开始在美国提供卫星互联网宽带服务。

2020 年 5 月，ATIS 发布《提升美国 6G 领导力》报告，致力于 6G 标准化和商业化，并于 10 月宣布成立 Next G 联盟，目标是建立北美在 5G 演进和 6G 发展中的领先地位。

（3）韩国

2019 年 4 月，韩国通信与信息科学研究院举办了 6G 论坛，正式宣布开始 6G 研究并组建 6G 研究小组，任务是定义 6G 及其用例/应用以及开发 6G 核心技术。韩国在国家层面也相当重视 6G 发展，韩国总统文在寅在 2019 年 6 月的北欧诸国国事访问有一项重要议题就是 6G。2019 年 6 月 9 日，文在寅与芬兰总统 Sauli Niinisto（绍利·尼尼斯托）达成协议，韩国将与芬兰合作开发 6G 技术，有可能从 2025 年开始正式开展 6G 的标准化工作。6 月 12 日，韩国顶级国立科研机构 ETRI 与芬兰奥卢大学签署了一项有关"共同开发 6G 技术"的合作协议。

2020 年 1 月，韩国公布了 6G 商用的时间表，宣布将于 2028 年在全球率先商用

6G，要让韩国成为第一个推出 6G 商用服务的国家，领先于中国和其他国家。为此，韩国政府和企业将共同投资 9 760 亿韩元（约 8.034 亿美元），加快推进 6G 的研发。韩国 6G 研发项目目前已通过了可行性调研的技术评估。此外，韩国科学与信息通信技术部公布的 14 个战略课题中把用于 6G 的 100GHz 以上超高频段的无线器件研发列为"首要"课题。

韩国领先的通信企业已经组建了一批企业 6G 研究中心。韩国 LG 在 2019 年 1 月份便宣布设立 6G 实验室。6 月份，韩国最大的移动运营商 SK 宣布与芬兰诺基亚公司和瑞典爱立信公司签署谅解备忘录，将共同提升商用 5G 网络的性能，并开发与 6G 相关的技术。三星电子也在 2019 年设立了 6G 研究中心，计划与 SK 电讯合作开发 6G 核心技术并探索 6G 商业模式，将把区块链、6G、AI 作为未来发力方向。

（4）日本

2019 年，日本的 NTT DoCoMo 公司启动 6G 技术预研，采用轨道角动量技术，成功实现了 11 个电波的叠加传输，且使用 300GHz 频段实现了太赫兹频段的无线通信。

2020 年 1 月，日本设立官民研究会，制定 2030 年实现通信速度是 5G 的 10 倍以上的"后 5G"（6G）技术的综合战略，并计划投入 20.3 亿美元推动 6G 技术研究。与此同时，NTT DoCoMo 发布日本第一份 6G 白皮书，对"5G 演进"和 6G 技术前景进行了展望，讨论了未来 6G 技术的四大发展方向，研究了六大 6G 无线技术需求用例，并给出了 6G 技术的七大研究领域。从白皮书看来，NTT DoCoMo 认为随着大数据和 AI 的逐步普及，人们对网络–物理融合的兴趣日益增强。AI 在网络空间中复制现实世界并对其进行超出现实世界限制的模拟，可以发现"未来预测"和"新知识"。无线通信起到的作用包括对现实世界图像和传感信息的高容量且低时延传输，以及通过高可靠性和低时延控制信令向现实世界反馈。

此外，NTT 集团旗下设备技术实验室的专家发布了一篇文章，介绍了他们刚刚研发成功的面向 6G 太赫兹无线通信的超高速芯片技术。这款 6G 超高速芯片在 300GHz 超高频段进行了无线传输实验，测试过程中获得了 100Gbit/s 的超高速度，相当于 10 万兆有线网络。目前存在的主要问题是传输距离极短，距离真正的商用还有相当长的一段距离。NTT 集团于 2019 年 6 月提出了名为"IOWN"的构想，希望该构想能成为全球标准。同时，NTT 还与索尼、英特尔两家公司在 6G 网络研发上合作，将于 2030 年前后推出这一网络技术。

（5）ITU

2020 年 2 月 19—26 日在瑞士日内瓦召开的 ITU-R WP5D 第 34 次会议上，在中国、韩国、全会主席（AT&T）和副主席（Ericsson）的建议下，ITU 启动面向 2030 年及未来的技术趋势的研究，并计划在 2023 年的 WRC 前完成。此外，ITU 还计划启动"Beyond IMT-2020 愿景建议书"（Vision Beyond IMT-2020）的研究，该建议书将包含面向 2030 年及未来的 IMT 系统的框架和整体目标，如应用场景、主要系统能力等。后续会基于愿景的研究工作制定 6G 技术要求和评估方法等。

（6）中国

2019 年 6 月，工信部成立了 IMT-2030（6G）研究组，包括需求组、无线组、网络组、频谱组、标准组和国际合作组，正式启动中国 6G 研究进程。2020 年 1 月，工信部信息通信发展司司长闻库表示，2020 年要扎实推进 6G 前瞻性愿景需求及潜在关键技术预研，形成 6G 总体发展思路。

2019 年 4 月，中国通信标准化协会（CCSA）无线通信技术工作委员会（TC5）前沿无线技术工作组（WG6）针对《后 5G 系统愿景与需求研究》立项，中国移动牵头。

2019 年 9 月，中国移动通信研究院召开"畅想未来"6G 系列研讨会第一次会议，为业界寻找 6G 研究方向提供了重要的参考。在 2019 中国移动全球合作伙伴大会期间，中国移动通信研究院发布了《2030+愿景与需求报告》，这是中国第一份完整的 6G 报告，提出了"数字孪生、智慧泛在"的社会发展愿景，希望通过 6G 重塑一个全新的世界。2020 年 6 月，北京邮电大学和中国移动成立 6G 联合创新中心，双方将面向 6G 通信网络等重点领域进行联合研究与攻关。

2019 年 11 月，科技部会同国家发展和改革委员会、教育部、工信部、中国科学院、自然科学基金委员会在北京组织召开 6G 技术研发工作启动会，宣布成立中国 6G 技术研发推进工作组和总体专家组。其中，推进工作组由相关政府部门组成，职责是推动 6G 技术研发工作实施；总体专家组由来自高校、科研院所和企业的

37 位专家组成，主要负责提出 6G 技术研究布局建议与技术论证，为重大决策提供咨询与建议。目前涉及下一代宽带通信网络的相关技术研究主要包括无线通信物理层基础理论与技术、太赫兹无线通信技术与系统、超大规模天线与射频技术、兼容 C 波段的毫米波一体化射频前端系统关键技术、基于第三代化合物半导体的射频前端系统技术等。

据加拿大媒体在 2019 年 8 月中旬的报道，华为已经开始在设于加拿大渥太华的研发实验室研发 6G 技术。华为还表示正在与超过 13 所大学和研究机构进行 6G 网络合作研发，该实验室将助力华为引领全球的 6G 发展。华为提出，6G 将拥有更宽的频谱和更高的速率，应该拓展到海陆空甚至水下空间。在硬件方面，天线将更为重要；在软件方面，人工智能在 6G 通信中将扮演重要角色。

中兴通讯组建了 40～50 人的团队来梳理愿景、需求、重要指标、关键技术 4 个方面的工作以推进 6G，系统研究 6G 网络架构、新频谱、新空口以及和人工智能、区块链等技术的结合，并在与 6G 相关的前沿基础材料、器件等领域同样予以关注和布局。

结合各国 6G 研究的布局来看，6G 的发展目标是力争在 2030 年实现大规模商用。6G 的研发将总体分为两个大的阶段。第一阶段（2018—2025 年）：愿景与需求的定义、关键技术研究与早期验证；第二阶段（2025—2030 年）：标准化与产业化。从目前的研究进展来看，全球 6G 的研究还处于愿景和需求的定义阶段，国内外的研究机构还在积极布局相关的关键技术，而相关的技术方向还非常分散，处于百家争鸣的阶段。我国 6G 研发的启动比 5G 更早，基本和国外保持同步。

| 1.3　本章小结 |

人类是社会型动物，人类的基本需求就是沟通。移动通信技术在满足人类不断发展的沟通需求的同时，也在深刻地改变着人类生活和生产方式等，进而不断激发新的通信需求，推动着移动通信系统十年一代的技术更替。面向 2030 年商用的 6G 及其关键技术研究已经成为当下移动通信行业关注的焦点，必将通过技术的变革，给人类社会的发展带来新的推动力，实现 6G 重塑世界的目标。

| 参考文献 |

[1] 李正茂, 王晓云. TD-LTE 技术与标准[M]. 北京: 人民邮电出版社, 2013.

[2] 刘光毅, 方敏, 关皓, 等. 5G 移动通信: 面向全连接的世界[M]. 北京: 人民邮电出版社, 2019.

[3] 王晓云, 刘光毅, 丁海煜, 等. 5G 技术与标准[M]. 北京: 电子工业出版社, 2019.

[4] 3GPP. NR schedule and phase, TSG-RAN: RP-161253[S]. 2020.

第 2 章

5G 加速社会的数字化转型

4G 和智能手机的快速普及带来了移动互联网应用的空前繁荣，深刻地改变着我们的生活。从 4G 的发展现状来看，不限量套餐已经成为主流的资费模式。随着用户月均流量的快速增长，网络不断扩容并不能带来相应的收入增长，个人市场传统的流量经营模式遭遇瓶颈。为了支持自身的持续发展，运营商需要"开源节流"，寻找新的市场空间，培育新的增长模式，同时降低网络运维和建设的成本。NB-IoT/eMTC 是运营商在 4G 时代面向低速率、低成本和低功耗的物联网市场的一次尝试，试图突破一个海量的市场空间。面对差异化和碎片化的物联网应用市场，NB-IoT/eMTC 难以完全满足需求，5G 通过全新的空口能力（低时延、高可靠等）、灵活的网络架构、端到端的网络切片和移动边缘计算等，将进一步深度赋能垂直行业应用，加速社会的数字化转型。

| 2.1 社会经济的数字化发展趋势 |

人类社会的发展经历了机器化、电气化、信息化 3 次工业革命：蒸汽动力技术和铁路建设触发了第一次工业革命（18 世纪 60 年代至 19 世纪 40 年代），这一时期诞生的现代工厂、城市经济及世界新阵营，引领人类进入机器生产时代；电力和内燃机的发明与应用触发了第二次工业革命（19 年纪 70 年代至 20 世纪初），这一时期诞生的大规模工业生产、多样化产业结构新形态，推动人类社会迈入电气时代；计算机、互联网技术和空间通信技术共同触发了第三次工业革命（20 世纪四五十年代至 21 世纪初），这一时期诞生的空前发展的社会交流、新的商业模式及大幅跃升的全要素生产率，推动人类步入信息时代。纵观人类工业革命的历史，我们发现实现工业革命越来越依靠多项技术创新的叠加式主导和浪潮式推进，越来越难以通过个别技术的突破或个别产业的增长实现，集群式技术的融合是工业革命发生的重要催化剂。今天，第三次工业革命方兴未艾，随着移动互联、大数据、人工智能、云计算、物联网、边缘计算等新技术的集体涌现，以数字化、网络化、智能化为主要特征的第四次工业革命已加速向我们袭来，推动着整个社会经济走向数字化[1]。

一般认为，数字经济是指以数字化的知识和信息为生产要素，以现代信息网络为主要载体，以信息通信技术的有效使用为提高效率和促进产业结构升级的重要推手，从而形成的完整、综合、融合并克服了时空限制的现代经济活动。数字经济是新的产业革命下的新型经济形态，是以数据为主要生产要素的先进数字技术与实体经济间的深度融合，是继农业经济和工业经济之后的新型、更高层次的经济阶段。美国经济学家唐·塔斯考特首先在《数字经济时代》一书中提出数字经济的概念。美国商务部先后出版了《浮现中的数字经济》和《数字经济》等研究报告。2016 年中国 G20 峰会，首次将数字经济列为峰会的重要议题，并通过了《G20 数字经济发展与合作倡议》。2018 年阿根廷 G20 峰会上，数字经济被列为主要讨论议题。数字经济正促使全球加速步入数字化社会。我国政府相继出台《国家信息化发展战略纲要》和《"十三五"国家信息化规划》等重大战略规划，作出建设数字中国的战略决策和总体布局，将使得我国步入数字化社会的进程进一步加快。数字经济是随着信息化技术革命的深入发展而产生的现代化经济形态[1]。

经济社会的数字化转型进程正在加速，并呈现出"五纵三横"的新特征[2]。预计到 2025 年，在"五纵"的推动下，中国数字经济规模将达到 60 万亿元；而"三横"将带来国内软件和信息服务业 13 万亿元的收入规模。

"五纵"是当前信息技术向经济社会加速渗透的 5 个典型场景：一是基础设施数字化，信息技术向基础设施建设运营全生命周期渗透赋能，使基础设施更加智能、高效；二是社会治理数字化，基于社会化大数据的应用创新和精细化管理决策贯穿于社会治理各环节，加速治理模式由人治向数治、智治转变；三是生产方式数字化，通过优化重组生产和运营全流程数据，推动产业由局部、刚性的自动化生产运营向全局、柔性的智能化生产运营转型升级；四是工作方式数字化，远程办公应用加速普及，线下集中的传统办公模式将向远程协同常态化的新办公模式不断演进；五是生活方式数字化，数字生活应用沿生活链条不断延展，从满足规模化、基础性的生活需求向满足个性化、高品质的生活体验升级。

随着疫情下经济社会数字化进程加速，线上化、智能化、云化平台逐步成为全面支撑经济社会发展的产业级、社会级平台，并呈现出横向扩张延展的新特征。"三横"是当前经济社会数字化转型的三大共性需求：一是线上化，"永远在线"打破物理空间和网络空间的边界，拉动连接规模持续增长；二是智能化，全量数据挖掘重塑资源配置和生产运营逻辑，成为关键生产要素；三是云化，云基础设施由"中心"向"中心+边缘"结合的立体布局转变，成为产品服务交付的基本载体[2]。

整体来看，"五纵三横"体现了信息技术正由局部相关领域向经济社会各领域广泛深入扩散，将进一步促进社会创新水平的整体跃升和生产力的跨越式发展，也将开启信息通信业发展的新阶段。

4G 依靠其大带宽带来了移动互联、大数据应用等的快速发展，而 5G 由于其多场景、多指标的设计理念，可以作为桥接人工智能、云计算、大数据和边缘计算等技术的中枢，有效催化创新技术的体系化，加速社会经济的数字化转型。

| 2.2　5G 的全新能力 |

5G 标准的第一阶段（Release 15）主要聚焦 5G 商用初期个人和行业的迫切需求，重点关注 eMBB 以及简化的 uRLLC 场景，暂时没有针对 mMTC 场景的设计标准，而主要依靠 NB-IoT 和 eMTC 来提供 mMTC 场景的支持能力。为此，Release 15 定义了 5G 系统的核心构架，包括 5GC（5G 核心网）、SA（独立组网）和 NSA（非独立组网）方案，同时也针对 5G 系统的基本框架和核心功能进行了定义。下面从网络运营和业务提供的角度，全面阐释 5G 的全新空口能力、服务化和网络切片、移动边缘计算（Mobile Edge Computing，MEC）、能力开放等新特征。

2.2.1　全新空口能力[3]

5G 第一次将服务的重点转向了垂直行业，所以从 5G 研发之初，业界就对 5G 需要覆盖的应用场景达成了共识，即包括增强型移动宽带（eMBB）、低成本低功耗的大规模机器型通信（mMTC）、超可靠低时延通信（uRLLC）。针对上述应用场景，ITU-R 和 3GPP 详细定义了相应的性能需求，例如，20Gbit/s 的峰值数据速率、0.5ms 的空口传输时延、比 4G 提高 3～5 倍的频谱效率、每平方千米百万级的连接数密度、每平方千米 10Tbit/s 的业务密度以及 100 倍的能效提升等。为了保持整个生态系统的可持续发展，我们期望 5G 具有极低成本特性，每比特性价比能提高 1 000 倍。

5G 标准的第一个版本（Release 15）通过灵活统一的 5G 新空口设计满足 5G 多场景和多样化的业务需求，与垂直行业应用需求相关的能力如下。

- 低时延：5G 要求达到 0.5ms 单向空口时延，对网络调度时延及系统灵活性提出更高要求。Release 15 标准通过引入灵活帧结构、短时域调度单元、免调度传输、移动边缘计算（端到端时延可降至 10ms）等技术满足低时延需求。
- 高可靠：5G 通过提高编码冗余度、提高调度优先级、降低编码阶数、多次传输等，已可以支持数据包大小小于 32byte 的 99.999% 的高可靠应用。
- 高速率：5G 面临高速率、高容量等要求，频谱效率需提升至 4G 的 3～5 倍以满足用户需求。Release 15 标准通过大带宽（100MHz，400MHz）、大规模天线和 MU-MIMO 增强、取消公共参考信号（CRS）、信道信息反馈设计、Polar/LDPC 编码及毫米波（5G 商用初期未引入）等技术提升 5G 峰值速率和容量，单用户峰值速率可达 10Gbit/s。
- 广覆盖：5G 部署频段较高，基于现网 4G 站址进行建设实现连续覆盖存在一定困难。Release 15 标准通过大规模天线设计、广播信道波束扫描、控制信道覆盖增强、高功率终端等技术扩展了 5G 网络覆盖能力。
- 高速移动：针对高铁等特定场景，抑制 500km/h 高速场景下信道时变快、频率偏移大、切换频繁的影响。Release 15 通过参考信号设计、随机接入流程设计、系统参数优化等技术保证高速移动的性能。

5G 标准的第二个版本（Release 16），对 5G 网络的性能和能力进行了持续的优化和提升，拓展支持更广阔的垂直行业应用。一是解决 5G 网络的个性化问题，如 5G 远端基站的干扰管理、高频无线回传（IAB）、大规模天线增强、终端功耗的降低等；二是增强垂直行业应用，如面向低成本、中高速率的物联网，进一步增强 V2X、uRLLC 和工业物联网（IIoT）应用；三是深度挖潜 5G 网络能力，包括 5G 空口定位、大数据采集与应用等新能力。与垂直行业赋能相关的能力增强包括如下几种：

- 实现米级定位（室外水平定位精度 10m，室内水平定位精度 3m），并与卫星、蓝牙、传感器等技术结合进一步实现亚米级定位；
- 通过终端节能，延长电池工作时间，可以在中等业务负载下，节约空口能耗 35%左右，节约整机能耗 11%左右；
- 移动性增强方面，"0" ms 方案能避免切换中的用户面数据中断，保证 UE 在切换过程中一致性的速率体验，而基于条件切换的鲁棒性增强方案能提升控制面的鲁棒性，提升切换的成功率；
- uRLLC 增强，在满足空口低时延需求（如 0.5～1ms）的同时，增加对更大数据速率的支持，将端到端可靠性从 99.999%提高到 99.999 9%；
- 5G V2X，满足业务 3～10ms 端到端时延、99.999%的可靠性、10～1 000Mbit/s 高速率等需求，实现 5G V2X 与 LTE V2X 的互补共存；
- 空天地一体通信，为后续面向 5G 演进的空天地一体互联网络的关键技术研究打牢基础。

总体而言，Release 16 技术演进将有助于进一步提升 5G 网络服务质量、提升用户体验，扩大 5G 产业规模，更好地赋能各行各业转型和能力升级。

5G Release 17 标准会引入面向垂直行业应用的进一步能力提升，如 V2X 增强、IIoT 增强、空口定位能力增强、NTN 空天一体通信等；另一方面，Release 17 标准也会考虑新增一些新的功能，满足新场景下的新需求，使得 5G 网络功能更加完备、网络性能更加稳健，比如支持更高速率要求的大规模物联网（mMTC）解决方案、轻量级 NR 设计、简化的多播广播传输（MBMS）、无线网络切片增强、公共安全等。

总之，从 5G 新空口的标准发展可以看出，5G 系统对垂直行业的支持正在不断完善和增强，必将能够更好地支持 5G 与垂直行业应用的结合。

2.2.2　服务化和网络切片[4]

传统的 4G 网络是一张结构固化的网络，各个功能一应俱全。但是对于差异化的企业级和垂直行业的应用，对网络功能的要求千差万别，采用这种传统的大而全的网络建设方式，必将导致资源的巨大浪费，以及由于固化的网络结构而不能对时延和路由拓扑等进行必要的优化，难以满足个性化的业务拓展需求。

5G 的新核心网基于服务化架构（Service-Based Architecture，SBA），结合核心网的特点和技术发展趋势，将网络功能划分为可重用的若干个"服务"，"服务"之间使用轻量化接口通信。服务化架构的目标是实现 5G 系统的高效化、软件化、开放化。基于软件定义网络（Software Defined Network，SDN）和网络功能虚拟化（Network Function Virtualization，NFV）的平台，核心网可承载在电信云基础设施上，实现 IT 化运维。所以，核心网设备通常分区域地部署在运营商的电信云机房中。

不同于传统 4G 网络"一条管道、尽力而为"的工作形式，5G 网络切片旨在基于统一的网络基础设施提供不同的、定制化的端到端"逻辑专用网络"，最优适配不同行业用户的不同业务需求。5G 天然具备的泛在化、灵活化、经济化接入特征，结合网络切片独有的"同一网络基础设施、多个逻辑专用网络"技术特点、能够很好地匹配行业用户对于通信网络业务可用、安全可靠、可管可控的核心诉求，从而在行业建网成本和业务体验保障上取得有效平衡。"无切片、不 2B"，网络切片已经成为 5G 区别于 4G 的标志性技术之一。

5G 网络通过功能解耦的模块化设计、控制与承载分离、功能间以服务的方式进行调用、底层云化等颠覆性的设计支持端到端切片能力、能力按需位置部署等，实现网络的定制化、开放化、服务化。服务化的架构使得业务和功能的部署非常灵活，基于 SDN/NFV[5-6]平台的核心网使得网络功能可以按需灵活部署，容量可以弹性伸缩。

网络切片示意图如图 2-1 所示，对于 5G 网络来说，可以根据不同场景下的部署需求和业务需求，选择性地部署相关的网络功能，以及灵活地选择网络功能的部署位置，最佳地适应业务和客户的需求，同时做到网络投资的性价比最高。从图 2-1 中的不同场景的功能选择可以看出，不同场景所需要部署和配置的功能因需求的不同而不同，在优化性能的同时并不需要对整个网络的功能全集进行部署，从而可以实现差异化的服务保证，也节约了网络投资。同时，在同一个物理区域的多个不同的应用场景重叠的情况下，网络基础设施还可以实现动态共享，通过切片的动态生成和按需编排、部署，满足不同业务的需求，避免硬件资源的浪费。

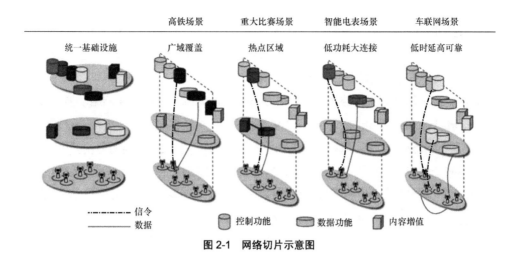

图 2-1　网络切片示意图

2.2.3　移动边缘计算

移动边缘计算（Mobile Edge Computing，MEC）[7]将计算、存储和路由等能力引入网络的边缘（可以是单独的网元，也可以和无线基站合设），如图 2-2 所示，可以为网络带来如下好处。

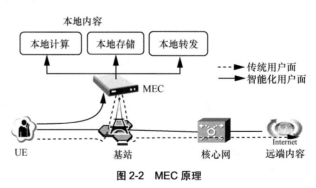

图 2-2　MEC 原理

- 将业务和内容部署在尽可能靠近用户的位置，最小化业务访问的时延。
- 将路由功能下放到距离用户尽可能近的位置，实现用户数据的快速路由和本地交换，缩短数据交互时延。
- 将计算能力部署在靠近用户的位置，从而将用户端的计算转移到云端，同时也可以保证数据和处理结果的快速交互，从而简化终端的实现，降低其尺寸、重量、功耗和成本。比如，对于 VR/AR 类应用，如果将内容处理和渲染的功能上移到 MEC，则可以大大降低 VR/AR 设备开发的门槛，同时也大大降低成本和重量等，使得设备更轻便和易于普及。

- 将核心网的 UPF 功能下放到 MEC，支持必要的计费、安全等功能，可以提供用户数据的高度隔离，实现用户数据的隐私性保护。
- 通过标准的 API，可以实现无线网络的能力开放，如位置定位等，将网络能力开放给第三方，进而培育新的业务和新的商业模式。

边缘计算采用分布式计算模型，将计算和存储功能下沉到网络边缘，将应用托管在高度分布的小规模边缘节点，以靠近设备和终端用户，满足高质量服务交付中对低时延、本地处理、海量数据管理的关键要求，也可以作为第三方应用和服务的托管平台。边缘计算网络旨在以高性价比和高效的方式进行实时数据处理和管理、超低时延连接和本地化内容缓存。边缘网络节点或微数据中心自身拥有计算、处理、存储和管理能力，足以为本地的一个或多个应用提供服务。

所以，MEC 可以根据实际业务部署的需求而灵活配置，其平台能力和位置都可以灵活地按需选择，以适应差异化的部署和业务需求。边缘计算可结合应用的需求来实现边缘计算功能的下沉，部署位置灵活，如可以部署到园区（甚至基站）、地市和省级机房，形成多级部署。边缘计算设备部署位置越高，覆盖用户面越广，同时单用户成本也会大幅下降。边缘计算设备部署到园区（或基站）可满足园区的生产制造所需的极低时延要求和数据不出园区的安全性要求，提供园区生产制造工业云服务，为柔性生产提供基础条件；边缘计算设备部署到地市可满足 VR/AR 业务、园区工业制造生产平台（多厂区互联需求）以及 IoT 数据边缘预处理等需求；边缘计算设备部署到省级重要汇聚机房，可满足 CDN、云存储、智慧城市"大脑"等广域应用场景需求。

边缘计算将在 5G 应用的落地过程中发挥关键作用，是 5G 服务于垂直行业的重要利器之一。边缘计算与 5G 碰撞带来商业创新和新的市场机会，企业对企业（B2B）、企业对消费者（B2C）、企业对家庭（B2H）商业模式，都呈现出巨大的潜力，这得益于超低时延连接、数据实时处理和管理以及本地化内容缓存等特性的发展。

2.2.4 能力开放

对于新一代移动通信系统，人们总是期望着出现一种或者多种杀手级的应用来支持网络的大规模发展。但是从 3G 开始，我们就发现所谓杀手级的应用很难提早预测到，也很难像当年的 2G 语音和短消息那样再出现，所以 5G 网络的建设和发展更应该致力于构建基本的网络能力开放平台[8-9]，通过网络能力的开放，让更多的合作伙伴围绕 5G 的业务进行创新和拓展，构建一个多赢的生态体系，联合培育和孵化新的业务、应用和新的商业模式，通过量变到质变的积累，加速 5G 网络的普及和应用，实现 5G 网络能力的变现以及 5G 网络的可持续发展。

所以，未来 5G 网络需要构建一个网络能力开放的平台，如图 2-3 所示，通过标准的开放 API，把网络能力提供给第三方调用，用于生成其自身的业务和应用，通过收入分成的形式实现共赢。5G 网络可以开放的能力范围非常广，可以是传统的一些核心网的能力，如短信生成等，也可以是更广泛的用户泛化和统计信息等，还可以是无线侧的位置能力、云平台的计算能力和存储能力、人工智能的计算能力等。通过这些能力的开放，可以大大降低业务创新的门槛，让更多的企业和个人参与到 5G 的业务和应用创新中，带来 5G 业务的快速发展。

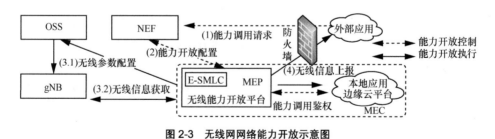

图 2-3　无线网网络能力开放示意图

|2.3 5G 赋能垂直行业 |

如前面章节介绍，5G 面向 eMBB、uRLLC 和 mMTC 等典型应用场景，可提供吉比特每秒的连接速率、0.5ms 的单向空口时延、99.999%的数据可靠性等业务能力。此外，5G 可以天然地支持移动边缘计算，实现计算和通信能力的融合；5G 支持网络切片，按需满足碎片化和差异化的垂直行业的业务需求，赋能千行百业的数字化升级，为整个国民经济的数字化发展提供全新动能。

作为移动通信基础设施，5G 可实现人与人、人与物、物与物的强连接，连接社会运行的方方面面；同时，5G 与人工智能（AI）、物联网（IoT）、云计算（Cloud Computing）、大数据（Big Data）、边缘计算（Edge Computing）融合交织（AICDE），共同构成新一代泛在智能信息基础设施；5G+AICDE 与机器人、高清视频、无人机、VR/AR 等技术相结合，将为社会各行业的应用提供通用能力，包括生活涉及的教育、医疗、文娱、交通等，生产涉及的工业、农业、能源、金融等，以及社会治理涉及的政务、安防、环保等，形成 5G+X 应用延展，不断推出新产品、新服务、新模式、新业态，加速各行业质量变革、效率变革、动力变革，如图 2-4 所示[10]。

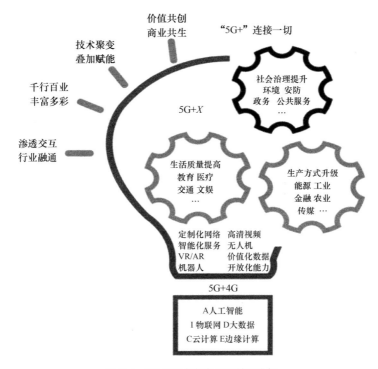

图 2-4　5G 赋能各行各业的转型升级

因此，5G 不仅是提供超高速率、超低时延、超高可靠性和超大连接能力的技术，而且是一个多业务、多技术融合的网络，更是面向各行各业的智能网络。作为一项重大革命性技术，5G 有两个重要的意义：一是 5G 的能力为人与人、人与物、物与物之间的互联打下基础，是移动通信技术统一各类接入技术的开端，将开启统一的无线公网逐步取代离散的有线私网的进程；二是 5G 是比肩蒸汽机、电力的通用目的技术，蕴藏着对经济社会发展起到放大、叠加、倍增作用的巨大能量，将会渗透到人类生活、生产以及社会治理的方方面面。

2.3.1　5G 与垂直行业结合面临的挑战

提起 5G 规模商用，就不得不提到业内人士一直在讨论的 5G 杀手级应用[5]。我们通常所说的 5G 杀手级应用主要是面向个人消费市场来说的，类似于短信、电话、微信、直播这种拥有庞大用户群体的应用，需要继续培育和摸索。而面向垂直行业市场，由于各垂直行业之间存在较大的差异，行业与行业之间的需求可能是完全不一样的，在这种情况下，一种应用很难得到全部市场的响应，很难爆发出类似于个人消费市场规模的杀手级应用，需要逐个行业地突破，聚少成多，从量变到质变[8]。

传统垂直领域的发展模式是"烟囱式"的，各行各业都有自己的生态系统和行业壁垒，很多领域是运营商之前没有尝试过的。在 5G 时代，由于垂直行业市场的碎片化和业务需求的差异化，传统的 2C 的模式很难复制到垂直行业。如何核算成本？如何定价？如何满足差异化的业务和部署需求？如何拓展用户？运营商现有的运营和管理体系如何适应 2B 市场的变化？这些都是运营商正在面临的挑战。

面对上述挑战，除运营商自己布局相关业务的开发、拓展、运营和管理上的转变之外，运营商还需要在几个方面布局：一是尽快构建端到端 5G 网络能力，通过 5G 网络的全新能力与网络切片、边缘计算相结合，实现对差异化和碎片化的垂直行业需求的支持；二是构建 5G 网络能力开放平台，将运营商网络的各种能力开放给第三方使用，鼓励更多的应用开发者基于 5G 能力开发和创造新的业务；三是构建面向垂直行业应用的 App Store，并以此为支撑，构建网络运营商、应用开发商和应用使用者的生态系统，实现网络能力、应用工具和被服务对象的多方对接，创造多赢的商业模式。

2.3.2 5G 服务于垂直行业的模式

5G SA 具备端到端的 5G 全新能力，可以基于网络切片和边缘计算，通过虚拟化和软件定制，把网络能力按需聚合在逻辑的或者物理的网元上，比如聚合在基站或者服务器上，满足不同行业的特定业务需求，这样可以很好地适应垂直行业应用的需求差异化和碎片化、部署灵活快速的需求。

（1）虚拟专网

5G 虚拟专网是指专网用户与公网用户共用频谱、共用无线基站设备，通过 QoS、网络切片技术等功能性技术与手段做到业务优先保障、业务逻辑隔离，满足网络速率、时延、可靠性优先保障的需求，达到业务逻辑隔离、按需灵活配置的效果。该种模式主要面向大部分广域业务和部分局域业务，且对网络能力和隔离保障有一定要求，网络部署成本较低。5G 虚拟专网如图 2-5 所示。

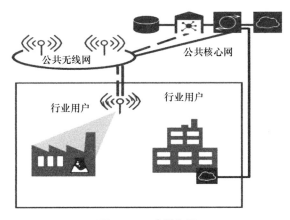

图 2-5 5G 虚拟专网

以传统的专网方式来满足垂直行业的个性化需求存在用户规模过小、成本过高的问题。在 5G 时代，这种模式需要改变，这是 5G 和 4G 不同的地方之一。差异化的服务必须要有灵活的网络支持，能力也要灵活地部署，和庞大的个人用户群分摊建网和维护成本，才能降低运营商的网络部署成本，提高运营商解决方案的竞争力。因此，利用网络切片和边缘计算等技术来实现公网的"专网化"应该是运营商服务垂直行业的首选解决方案，在必要的场景下，可以以物理专网为补充，满足差异化和碎片化的市场需求，这样整个业务的发展才会成本可控，快速实现从量变到质变的跨越。

（2）准物理专网

专享频谱、共用无线基站设备，通过边缘计算等影响网络架构的技术手段，结合网络切片等功能，共同做到网络专用，满足数据不出场、超低时延、专属网络的需求，达到数据流量卸载、本地业务处理的效果。该种模式主要面向局域业务，且对网络时延和隔离保障有较高的要求，网络部署成本更高。5G 准物理专网如图 2-6 所示。

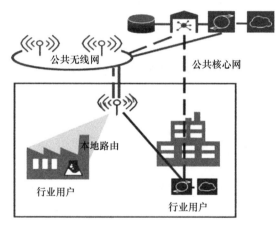

图 2-6　5G 准物理专网

（3）物理专网

通过基站、频率、核心网设备的专建专享，进一步满足超高安全性、超高隔离度、定制化网络的需求，达到专用 5G 网络、VIP 驻场服务的效果。

对于一些对应用数据和能力要求很高的行业应用，结合用户的需求，也可以采用专网的形式为用户提供服务，实现数据、资源、网络管理与公网的完全隔离，满足极致的性能和安全性的要求。但这种网络部署方式由于用户完全独享整个端到端的网络和资源，部署成本较高，通常资源利用效率导致业务服务成本很高。5G 专网服务如图 2-7 所示。

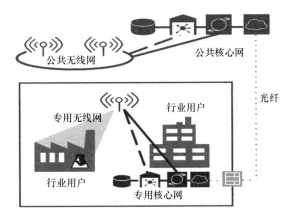

图 2-7　5G 专网服务

2.3.3　打造 5G 的能力开放平台和应用平台

在企业用户和垂直行业的拓展上,运营商未来的方向是开放网络能力和做平台,仅仅发动运营商自身资源开发新业务是不够的,需要将各行各业的应用开发者动员起来,因为他们更接近企业和垂直行业的需求,更有创新的思维和基因。应用开发者结合运营商的网络能力开放平台和统一的 API,开发和创造适合企业级应用和垂直行业应用的第三方 5G 应用,例如,通过运营商能力开放平台和接口,向用户提供 5G 蜂窝定位、大数据采集与应用等服务。这样,围绕运营商的 5G 网络这样一个"智能硬件",运营商的能力开放平台上就会聚集大量的 5G"应用软件",供垂直行业按需使用。在这个过程中,三方的商业模式就可以在应用订阅和下载中形成。

这种全新的 5G 业务模式设想具有两点优势。第一,平台是共享、开放的,可以形成规模效应;第二,很多对垂直行业十分熟悉的企业技术人员和学术界专家还没有完全参与到 5G 业务拓展中,运营商可以通过能力的开放,鼓励和支持这个群体开发面向垂直行业的应用,而不仅仅依赖于自身研发资源的开发,从而创造新的合作模式。

这种新的模式会让整个产业更加繁荣、开放和更具活力。将来,虚拟运营商、垂直行业的合作伙伴、开发者都可以从运营商的开放平台中找到机会,也间接帮助国家实现大众创业、万众创新。

2.3.4 5G 改变社会：全连接的世界

5G 位列新基建之首，不仅考虑人与人之间的连接，同时也考虑人与物以及物与物之间的连接。5G 将满足人们在居住、工作、休闲和交通等各种区域的多样化业务需求，即便在密集住宅区、办公室、体育场、露天集会、地铁、快速路、高铁和广域覆盖等具有高流量密度、高连接数密度、高移动性特征的场景，也可以为用户提供高清视频、虚拟现实（VR）、增强现实（AR）、云桌面、在线游戏等极致业务体验。与此同时，5G 还将渗透到物联网、车联网及各种垂直行业领域，与工业设施、医疗仪器、交通工具等深度融合，有效满足工业、医疗、交通等垂直行业的多样化业务需求，实现真正的"万物互联"。一言以蔽之，如图 2-8 所示，5G 将渗透到未来社会的各个领域，构建"以用户为中心"的全方位信息生态系统，为用户带来身临其境的信息盛宴，便捷地实现人与万物的智能互联，最终实现"信息随心至，万物触手及"的愿景。

图 2-8 5G 加速社会的数字化

　　5G 与云计算、大数据和人工智能等技术的结合将加快基础设施数字化、社会治理数字化、生产方式数字化、工作方式数字化和生活方式数字化，推动整个社会走向数字化。

2.4　本章小结

　　5G 通过大带宽、massive MIMO 等技术革新，可以带来超高速率、超低时延和超高可靠性等全新能力，全面支撑 eMBB、uRLLC 和 mMTC 等应用场景的应用，结合 MEC 和网络切片，全面赋能社会各行各业的转型升级。5G 将在未来的各种应用中，和云计算、大数据、人工智能等技术深度结合，加速整个社会的数字化转型。

参考文献

[1] 李正茂, 王晓云, 张同须, 等. 5G+：5G 如何改变社会[M]. 北京: 中信出版集团, 2019.

[2] 杨杰. 经济社会数字化转型呈现"五纵三横"新特征[Z]. 2020.

[3] 刘光毅, 方敏, 关皓, 等. 5G 移动通信系统: 面向全连接的世界[M]. 北京: 人民邮电出版社, 2019.

[4] 3GPP. Study on architecture for next generation system: TSG SA meeting#70, SP-150853[S]. 2019.

[5] Network function virtualization (NFV) management and orchestration: GS NFV-MAN 001 V0.3.14[S]. 2014.

[6] TANK G, DIXIT A, VELLANKJ A, et al. Software-defined networking: the new norm for networks[Z]. 2016.

[7] MACHP, BECVARZ. Mobile edge computing: a survey on architecture and computation offloading[J]. IEEE Communications on Surveys & Tutorials, 2017, 19(3).

[8] 吕萌. 中国移动刘光毅: 推动 5G 应用发展, 打造 5G 的 App Store[Z]. 2020.

[9] 陈琴. 中国投资, 5G 更大机会在垂直行业[Z]. 2020.

[10] 刘光毅. 5G 为深度赋能垂直行业提供更强动力[J]. 电信工程技术与标准化, 2020(6).

第 3 章

移动通信发展推动社会走向数字孪生

5G 的快速部署必将进一步推动云计算、大数据和人工智能的发展，推动整个社会经济加速数字化，带来生活的数字化、工作的数字化、工业的数字化、农业的数字化、社会治理的数字化等。数字化的下一个阶段是数字孪生（Digital Twin）[1]，任何被数字化的物体都会有一个数字化的镜像，我们可以称之为孪生体，其存在于网络空间当中。孪生体可以真实地反映被数字化的物体的当前状态，也可以记录和保存其所有的历史状态和相关信息。根据这些信息，可对未来状态进行预测，并对被数字化的物体进行预测性干预和维护，避免其偏离正常的状态和趋势。随着数字化程度的加深，未来整个世界都将逐步走向数字孪生。

| 3.1 数字孪生 |

孪生，即双胞胎；数字孪生，顾名思义，就是数字形式的双胞胎。在"数字孪生"中，双胞胎中的一个是存在于现实世界的实体，小到零件，大到工厂，简单如螺丝，复杂如人体的结构，乃至整个社会；而双胞胎中的另一个则只存在于虚拟和数字世界之中，是利用数字技术营造的与现实世界对称的镜像，我们称之为数字孪生体。此外，这个数字孪生体不仅是对现实实体的虚拟再现，还可以模拟对象在现实环境中的行为，并对其未来发展状态和趋势进行预测，通过对数字孪生体的改变来实现对现实世界中实体的提前预测和干预。因此可以说，数字孪生体将物理对象以数字化方式在虚拟空间呈现，模拟其在现实环境中的行为特征[2]，并对其进行预测性维护和干预，以确保其按正常的轨迹运行。

数字孪生起源于工业生产制造，是在基于模型的定义（Model-Based Definition，MBD）基础上深入发展起来的，企业在实施基于模型的系统工程（Model-Based Systems Engineering，MBSE）的过程中产生了大量物理的、数学的模型，这些模型为数字孪生的发展奠定了基础[1]。

数字孪生可以通过设计工具、仿真工具、物联网、虚拟现实等各种数字化的手段，将物理设备的各种属性映射到虚拟空间中，形成可拆解、可复制、可转移、可修改、可删除、可重复操作的数字镜像，极大地加快了操作人员对物理实体的了解，方便了模拟仿真、批量复制、虚拟装配等设计活动[1]。

过去，没有数字化模型的帮助，制造一件产品要经历很多次迭代设计。现在，采用数字化模型的设计技术可以在虚拟的三维数字空间轻松地修改部件和产品的每一处尺寸以及装配关系，这使得几何结构的验证工作和装配可行性的验证工作大为简化，大幅度减少了迭代过程中物理样机的制造次数，缩短了制造时间，并降低了生产成本[1-2]。

此外，数字孪生还可以通过采集有限的物理传感器指标的直接数据，借助大样本库，通过机器学习推测出一些原本无法直接测量的指标。由此实现对当前状态的评估、对过去发生问题的诊断以及对未来趋势的预测，并基于分析的结果，模拟各种可能性，提供更全面的决策支持[1-2]。

例如，针对大型设备运行过程中出现的各种故障特征，数字孪生可以将传感器的历史数据通过机器学习训练出针对不同故障现象的数字化特征模型，并结合专家处理的记录，形成对设备故障状态进行精准判决的依据，最终形成自治化的智能诊断和判决。

实现数字孪生的许多关键技术已经开发出来，比如多物理尺度和多物理量建模、结构化的健康管理、高性能计算等，但实现数字孪生需要集成和融合跨领域、跨专业的多项技术，从而对装备的健康状况进行有效评估，这与单个技术发展的愿景有着显著的区别。因此，数字孪生这样一个极具颠覆的概念[3]在相当长的时间内并没有实现足够的成熟度。

美国国防部最早提出将数字孪生技术用于航空航天飞行器的健康维护与保障[4]。首先在数字空间建立真实飞机的模型，并通过传感器实现与飞机真实状态完全同步，这样每次飞行后，根据飞机结构的现有情况和过往载荷，可及时分析评估是否需要维修、能否承受下次的任务载荷等。

2013 年，美国空军研究实验室（AFRL）发布 Spiral 1 计划[3]，计划以当时美国空军装备 F15 为测试台，集成最先进的技术，与当时具有的实际能力为测试基准，标识出物理实体和虚拟实体存在的差距。

当然，对于数字孪生这样一个好听好记的概念，许多公司已经迫不及待地将其从尖端的领域拉到民众的眼前。通用电气公司（GE）将其作为工业互联网的一个重要概念[4]，力图通过大数据的分析，完整地透视物理世界机器实际运行的情况。而激进的产品生命周期管理（Product Lifecycle Management，PLM）厂商 PTC（美国参数技术公司）则将其作为主推的"智能互联产品"的关键性环节：智能产品的每一个动作都会重新返回设计师的桌面，从而实现实时的反馈与革命性的优化策略。数字孪生突然赋予了设计师们全新的梦想，它正在引导人们穿越虚实界墙，在物理实体与数字模型之间自由交互与行走。

西门子成功地将数字孪生用于产品的大规模个性化制造[1,4]。在 2016 年的德国汉诺威工业博览会上，西门子 CEO 送给奥巴马一副卡拉威高尔夫球杆，它诞生于一个"数字化"世界。在设计阶段，"数字孪生"帮助它在虚拟环境中完成模拟和测试，使球杆的上市周期从 2～3 年缩短为 10～16 个月。球杆可以根据顾客的体重、挥杆姿势和力量等所有相关因素量身定制，造价却与普通的球杆没有区别。这正是未来制造业的方向之一：满足用户的个性化需求，即所谓的"大规模定制化生产"。那么，制造业如何才能做到这样？西门子认为[1,4]，解决方案只有一个，那就是数字化。这一核心技术在西门子被称为"数字孪生"。它背后的逻辑是这样的：当制造商想要开发一款新产品时，首先通过软件在虚拟的数字世界中进行设计、仿真和测试；之后再进入数字化的生产流程，这意味着从原料采购、订单管理、生产制造到质量管理的每一个环节都可以收集数据，并互相打通；之后这些生产过程中的数据又可以回到虚拟的数字世界，进一步地优化产品性能和生产效率。在西门子数字化解决方案的帮助下，意大利汽车品牌玛莎拉蒂生产出了全新一代的 Ghibli 跑车。通过对软件里的数字化模型进行设计和测试，玛莎拉蒂缩短了 30% 的新款车型设计开发时间，将跑车上市的时间缩短了 16 个月，而采用了西门子生产执行系统（MES）后，Ghibli 跑车的产量提高了 3 倍，同时保持了不变的品质[3]。

3.1.1 概念的提出[1]

一般认为，数字孪生思想最早由密歇根大学的 Michael Grieves 命名为"信息镜像模型"（Information Mirroring Model），而后演变为"数字孪生"的术语。数字孪生也被称为数字化映射。Michael Grieves 教授在 2003 年提出了"物理产品的数字表达"的概念，并指出物理产品的数字表达应能够抽象地表达物理产品，能够基于数字表达对物理产品进行真实条件或模拟条件下的测试。这个概念虽然没有被称作数字孪生，但是它具备数字孪生所具有的组成和功能，即创建物理实体的等价虚拟体，虚拟体能够对物理实体进行仿真分析和测试。Michael Grieves 教授提出的理论，可以被看作数字孪生在产品设计过程中的应用[3]。

2006 年，美国国家科学基金会（National Science Foundation，NSF）首先提出了信息物理系统（Cyber-Physical System，CPS）的概念[5]，CPS 也可译为网络–实体系统或信息物理融合系统。信息物理系统被定义为由具备物理输入输出且可相互作用的元件组成的网络。它不同于互联网的独立设备，也不同于没有物理输入输出的单纯网络。

2011 年 3 月，美国空军研究实验室结构力学部门的 Pamela A. Kobryn 和 Eric J. Tuegel 做了一次演讲，题目是 "Condition-based Maintenance Plus Structural Integrity (CBM+SI) & the Airframe Digital Twin（基于状态的维护+结构完整性&战斗机机体数字孪生）"，演讲中首次明确提到了数字孪生。当时，AFRL 希望实现战斗机维护工作的数字化，而数字孪生是他们想出来的创新方法。

2011 年，Michael Grieves 教授在《几乎完美：通过 PLM 驱动创新和精益产品》中给出了数字孪生的 3 个组成部分：物理空间的实体产品、虚拟空间的虚拟产品、物理空间和虚拟空间之间的数据和信息交互接口[3]。

2012 年，美国国家标准与技术研究院提出了基于模型的定义（MBD）和基于模型的企业（MBE）的概念，其核心思想是要创建企业和产品的数字模型，数字模型的仿真分析要贯穿产品设计、产品设计仿真、加工工艺仿真、生产过程仿真、产品的维修维护等整个产品的生命周期。MBE 和 MBD 的概念将数字孪生的内涵扩展到了产品的整个制造过程[4]。

2012 年，美国国家航空航天局（NASA）给出了数字孪生的概念描述[5]：数字孪生是指充分利用物理模型、传感器、运行历史等数据，集成多学科、多尺度的仿真过程，它作为虚拟空间中对实体产品的镜像，反映了相对应物理实体产品的全生命周期过程。为了便于对数字孪生的理解，庄存波等人[6]提出了数字孪生体的概念，认为数字孪生是采用信息技术对物理实体的组成、特征、功能和性能进行数字化定义和建模的过程。数字孪生体是指在计算机虚拟空间存在的与物理实体完全等价的信息模型，可以基于数字孪生体对物理实体进行仿真分析和优化。数字孪生是技术、过程、方法，数字孪生体是对象、模型和数据。

数字孪生最重要的启发意义在于，它实现了现实物理系统向数字化空间中的数字化模型的反馈。这是工业领域中一次逆向思维的壮举。人们试图将物理世界发生的一切塞回到数字空间中。只有带有回路反馈的全生命跟踪，才是真正的全生命周期概念。这样，就可以真正在全生命周期范围内，保证数字与物理世界的协调一致。基于数字化模型进行的各类仿真、分析、数据积累、挖掘，甚至人工智能的应用，都能确保它与现实物理系统的适用性。这就是数字孪生对于智能制造的意义所在。

智能系统的智能首先要感知、建模，然后才进行分析推理。如果没有数字孪生对现实生产体系的准确模型化描述，所谓的智能制造系统就是无源之水，无法落实。

2013 年，德国提出了"工业 4.0"，其核心技术就是信息物理系统（Cyber-Physical System）[1,5]。信息物理系统是一个综合计算、通信、控制、网络和物理环境的多维复杂系统，以大数据、网络与海量计算为依托，通过 3C（Computing、Communication、Control）技术的有机融合与深度协作，实现大型工程系统的实时感知、动态控制和信息服务。CPS 能够从物理空间（Physical Space）、环境、活动进行大数据的采集、存储、建模、分析、挖掘、评估、预测、优化和协同，并与对象的设计、测试和运行性能表征相结合，使网络空间（Cyber Space）与物理空间深度融合、实时交互、互相耦合、互相更新；进而通过自感知、自记忆、自认知、自决策、自重构和智能支持促进工业资产的全面智能化。

2015 年之后，世界各国分别提出国家层面的制造业转型战略[2]。这些战略的核心目标之一就是构建物理信息系统，实现物理工厂与信息化的虚拟工厂的交互和融合，从而实现智能制造，数字孪生作为实现物理工厂与虚拟工厂的交互融合的最佳途径，受到国内外相关学术界和企业的高度关注。从 CPS 和数字孪生的内涵来看，它们都是用于描述信息空间与物理世界融合的状态，CPS 更偏向科学原理的验证，数字孪生更适合工程应用的优化，更能够减少复杂工程系统建设的费用。参考文献[5]基于数字孪生提出了数字孪生车间的概念，并对车间管理要素进行分析，数字孪生车间的发展需要依次经过生产要素/生产活动/生产控制仅限于物理车间、物理车间与数字孪生车间相对独立、物理车间与数字孪生车间交互融合 3 个阶段，之后才能够逐渐成熟。参考文献[2-3]认为数字孪生可整合企业的制造流程，实现产品从设计到维护全过程的数字化，通过信息集成实现生产过程可视化，形成从分析到控制再到分析的闭合回路，优化整个生产系统。GE Digital 工业互联网创新与生态发展负责人 Robert Plana 认为，数字孪生最重要的价值是预测在产品制造过程中出现问题时，可以基于数字孪生对生产策略进行分析，然后基于优化后的生产策略进行组织生产[1]。

在 2016 年西门子工业论坛上[3]，西门子认为数字孪生的组成包括产品数字化孪生、生产工艺流程数字化孪生、设备数字化孪生，数字孪生完整真实地再现了整个企业。庄存波等人[6]也从产品的视角给出了数字孪生的主要组成，包括：产品设计数据、产品工艺数据、产品制造数据、产品服务数据以及产品退役和报废数据等。无论是西门子还是庄存波等人[6]都从产品的角度给出了数字孪生的组成，并且西门子以它的产品生命周期管理系统为基础，在制造企业推广它的数字孪生相关产品[3]。

陶飞等人[5,7-8]从车间组成的角度先给出了车间数字孪生的定义，然后介绍了车间数字孪生的组成，主要包括物理车间、虚拟车间、车间服务系统、车间孪生数据。物理车间是真实存在的车间，主要从车间服务系统接收生产任务，并按照虚拟车间仿真优化后的执行策略，执行完成任务；虚拟车间是物理车间在计算机内的等价映射，主要负责对生产活动进行仿真分析和优化，并对物理车间的生产活动进行实时的监测、预测和调控；车间服务系统是车间各类软件系统的总称，主要负责车间数字孪生驱动物理车间的运行和接收物理车间的生产反馈[5]。

CPS 被认为是支撑两化深度融合的综合技术体系，是推动制造业与互联网融合发展的重要抓手。CPS 把人、机、物互联，实现实体与虚拟对象的双向连接，以虚控实，虚实融合。CPS 内涵中的虚实双向动态连接，有两个步骤：

- 虚拟的实体化，如设计一件产品，先进行模拟、仿真，然后再制造出来；
- 实体的虚拟化，实体在制造、使用、运行的过程中，把状态反映到虚拟端，通过虚拟方式进行监控、判断、分析、预测和优化。

CPS 通过构筑信息空间与物理空间数据交互的闭环通道，能够实现信息虚体与物理实体之间的交互联动。数字孪生体的出现为实现 CPS 提供了清晰的思路、方法及实施途径。以物理实体建模产生的静态模型为基础，通过实时数据采集、数据集成和监控，动态跟踪物理实体的工作状态和工作进展（如采集测量结果、追溯信息等），将物理空间中的物理实体在信息空间进行全要素重建，形成具有感知、分析、决策、执行能力的数字孪生体。因此，从这个角度看，数字孪生体是 CPS 的核心关键技术。数字孪生体与数字化生产线之间的关系如图 3-1 所示。

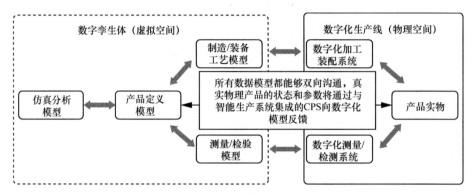

图 3-1　数字孪生体与数字化生产线之间的关系[1]

数字孪生体与数字化生产线通过数字线程集成了生命周期全过程的模型，这些模型和实际的智能制造系统、数字化测量检测系统，进一步与嵌入式的 CPS 进行无缝的集成和同步，从而在这个数字化产品上看到实际物理产品可能发生的情况。

3.1.2　数字孪生的应用[1-2]

目前数字孪生广泛应用于大型、复杂、昂贵设备的设计、制造、运营与维护方面，如大型飞机、工厂等。

（1）预见设计质量和制造过程[1-2]

在传统模式中，完成设计后必须先制造出实体零部件，才能对设计方案的质量和可制造性进行评估，这意味着成本和风险的增加。而通过建立数字孪生模型，任何零部件在被实际制造出来之前，都可以预测其成品质量，识别是否存在设计缺陷，比如零部件之间的干扰、设计是否符合规格要求等。找到产生设计缺陷的原因后，在数字孪生模型中可直接修改设计，并重新进行制造仿真，查看问题是否得到解决。

在制造系统中，只有当所有流程都准确无误时，才能顺利进行生产。一般的流程验证方法是获得配置好的生产设备之后再进行试用，判断设备运行是否正常，但是到这个时候再发现问题时已晚，有可能延误生产，而且此时解决问题所需要的花费将远远高于流程早期。

当前自动化技术广泛应用，最具革命性意义的是机器人开始出现在工作人员身旁。引入机器人的企业需要评估机器人是否能在生产环境中准确执行人的工作，机器人的尺寸和伸缩范围会不会对周围的设备造成干扰，以及它会不会导致操作员受到伤害。机器人成本昂贵，更需要在早期就完成这些工作的验证。

高效的方法是建立包含所有制造过程细节的数字孪生模型，在虚拟环境中验证制造过程。发现问题后只需要在模型中进行修正即可，比如在机器人发生干扰时，可改变工作台的高度、输送带的位置、反转装配台等，然后再次执行仿真，确保机器人能正确执行任务。

借助数字孪生模型在产品设计阶段预见其性能并加以改进，在制造流程初期就掌握准确信息并预见制造过程，保证所有细节都准确无误，这些无疑是具有重要意义的，因为越早知道如何制造出色的产品，就能越快地向市场推出优质的产品，抢占先机。

（2）推进设计和制造高效协同[1]

随着产品制造过程越来越复杂，制造过程中发生的一切需要进行完善的规划。而一般的过程规划中设计人员和制造人员基于不同的系统独立工作。设计人员将产品创意提交给制造部门，由他们思考如何制造。这样容易导致产品信息流失，使得制造人员很难看到实际状况，增加出错的概率。一旦设计发生变更，制造过程很难实现同步更新。

而在数字孪生模型中，需要制造的产品、制造的方式、资源以及地点等各个方面可以进行系统的规划，将各方面关联起来，实现设计人员和制造人员的协同。一旦发生设计变更，可以在数字孪生模型中方便地更新制造过程，包括更新面向制造的物料清单、创建新的工序、为工序分配新的操作人员，在此基础上，进一步将完成各项任务所需的时间以及所有不同的工序整合在一起，进行分析和规划，直到得出满意的制造过程方案。

除了过程规划之外，生产布局也是复杂的制造系统中的重要工作。一般的生产布局图是用来设置生产设备和生产系统的二维原理图和纸质平面图，设计这些布局图往往需要大量的时间和精力。

在市场竞争日益激烈的环境下，企业需要不断向产品中加入更好的功能，以更快的速度向市场推出更多的产品，这意味着制造系统需要持续扩展和更新。但静态的二维布局图由于缺乏智能关联性，修改会耗费大量时间，制造人员难以获得有关生产环境的最新信息，进而制定明确的决策和及时采取行动。

借助数字孪生模型可以设计出包含所有细节信息的生产布局，包括机械、自动化设备、工具、资源甚至操作人员等各种详细信息，并将之与产品设计进行无缝关联。比如在一个新的产品制造方案中，引入的机器人涉及一条传送带，布局工程师需要对传送带进行调整并发出变更申请。当发生变更时，同步执行影响分析来了解生产线设备供应商中，哪些会受到影响以及对生产调度产生怎样的影响，这样在设置新的生产系统时，就能在要求的时间内获得正确的设备。

基于数字孪生模型，设计人员和制造人员实现协同，设计方案和生产布局实现同步，这些都大大提高了制造业务的敏捷度和效率，帮助企业更有信心地面对更加复杂的产品制造挑战。

（3）确保设计和制造准确执行[1-2]

如果制造系统中所有流程都准确无误，生产便可以顺利开展，但由于整个过程非常复杂，万一制造环节出现问题并影响到产出的时候，很难迅速找出问题所在。

最简单的方法是在生产系统中尝试一种全新的生产策略，但是面对众多不同的材料和设备选择，明确哪些选择将带来最佳效果又是一个难题。

针对这种情况，可以在数字孪生模型中对不同的生产策略进行模拟仿真和评估，结合大数据分析和统计学技术，快速找出有空档时间的工序。调整策略后再模拟仿真整个生产系统的绩效，进一步优化以实现所有资源利用率的最大化，确保所有工序上的所有人都尽其所能，实现盈利能力的最大化。

为了实现卓越的制造，必须清楚地了解生产规划以及执行情况。企业相关人员经常抱怨难以确保规划和执行都准确无误，并满足所有设计需求，这是因为在规划与执行之间实现关联，将在生产环节收集到的有效信息反馈至产品设计环节，是一个很大的挑战。

解决方案是搭建规划和执行的闭合环路，利用数字孪生模型将虚拟生产世界和现实生产世界结合起来，具体而言就是集成 PLM 系统、制造运营管理系统以及生产设备。过程计划发布至制造执行系统之后，利用数字孪生模型生成详细的作业指导书，与生产设计全过程进行关联，这样一来，一旦发生任何变更，整个过程都会进行相应的更新，甚至还能从生产环境中收集有关生产执行情况的信息。

此外还可以使用大数据技术，直接从生产设备中实时收集质量数据，将这些信息覆盖在数字孪生模型上，将设计和实际制造结果进行对比，检查二者是否存在差异，找出存在差异的原因和解决方法，确保生产能完全按照规划来进行。

（4）预测性维护[9]

全球制造业市场竞争环境日益激烈，对于制造企业来说，降低生产线成本是一项重大的挑战，关系到企业的长久发展。而生产线或设备无法预料的停机时间意味着更高的生产成本，可能会延长订单的交付时间，甚至影响声誉。当工业设备发生故障时，导致的问题通常不仅仅是设备更换的费用问题，而是设备或者整个生产线停机。一条生产线停机往往意味着每分钟数千美元的损失，甚至灾难性的结果。特别是对于那些存在老旧甚至过时设备的生产设施来讲，维护程序经常会导致不必要的费用，比如运行停机、能源浪费和人力成本等。按照传统的维护程序，定期进行日常维护意味着操作人员很可能对一些并不需要维护的设备进行保养，这就意味着时间和资源的浪费；或者更换掉那些仍具有使用价值的设备。使用传统的维护程序，如果一个设备没有按规定进行日常维护，那即使某些征兆显示其要发生故障，也可能被忽略。

定期维护可以避免计划外停机，但并不能保证设备不发生故障。如果机器能显示出某个部件何时发生故障，甚至如果机器能告诉你哪个部件需要更换，计划外停机时间将大大减少。计划的维护只在必要时进行，而不是以固定的间隔进行。这便是预测性维护的目标：通过使用传感器数据预测机器何时需要维护，以此来避免停机。预测性维护是最大限度延长设备正常运行时间的关键，可以确保生产线长期的效率水平。预测性维护的优势在于准确的故障查找和预测能力，通过结合专家人工检测、机器学习等来达到更高的准确度。

预测性维护的本质是在最佳时机更换组件，基于广泛连接的工厂设备，实时监控生产设备的健康状态，最终保持生产线平稳有效的工作水平。

预测性维护为制造业带来如下四大好处[9]。

一是预防硬件故障。数据驱动的预测分析可消除任何预测性维护策略的猜测，还能让工程师在机器脱机和休眠时安排并启动修理。例如，通用汽车（GM）在生产新车时会先使用传感器监控工厂温度。毕竟环境若太冷或太热，涂料设置不正确，设备就可能出现故障。其他制造商则使用自动通知传感器来辨识性能下滑、意外瓶颈或潜在危险。

二是优化维护例程。预测分析通常能找出需关注的机器或零件，工厂技术人员就能根据需要调整工具和备件的库存，从而为工厂车间节省时间、金钱和空间。有些机器也会执行自我维护，不需要技术人员而能进一步提高效率。

三是加强工作场所安全。未正常维护的设备容易发生故障，而无警告的机器将对工人的健康和安全造成严重风险。机器故障也会造成时间、生产力和利润的严重损失。这些意外事件可能导致整个工厂暂时关闭，直到问题解决为止。

四是提升产品质量和客户服务。机器突然故障也会让准备装运或分配的货物受到损坏。组装机器人或数控机床一旦在生产过程中停止，特定零件机器所包含的原材料将立即浪费。举例来说，工具机大厂 Caterpillar 迅速接受了物联网技术，其客户和合作伙伴享受到许许多多实实在在的好处，包括节省40%的燃料成本、缩短90%的设备正常运行时间。最终结果是，Caterpillar 提升了其品牌形象，客户改善了其分配资源的方式，消费者最终为整体服务支付更少的费用，实现了三赢。

数字孪生可以帮助实现设备和生产线的预测性维护，它可以利用网络、互联网设备，通过设备或者生产线中的各类传感器等基础设施产生的大数据，基于历史数据来处理诸如能源利用效率、温度、产量等事项，判断哪些设备运转正常、哪些设备可能要出故障，并做出决策：何时进行维护、安排设备离线，或者在当前的条件下，安排某些设备持续运行。当某些设备不能满负荷运行，但其输出仍可以保持在正常变动范围之内时，工厂生产设施就可以利用预测性维护，避免"事实"停机。

在典型的故障条件下，不可能总是从现场物理设备中获取数据。让现场发生故障可能带来灾难性的后果。在可控情况下故意制造故障可能会带来费时且损失巨大的后果。解决这一难题的方法是创建设备的数字孪生体，并通过模拟为各种故障情况生成传感数据。这种方法使工程师能够获得预测性维护工作流程所需的所有传感器数据，包括针对所有可能的故障组合和不同严重程度故障的测量数据。

本节着重介绍数字孪生的概念、内涵、意义及其在工业领域的应用。随着整个社会的信息化和数字化加速，数字孪生技术将被应用到更多的领域，包括医疗、教育、城市规划与建设、社会治理、环境保护、农作物的培育和生产等。

▎3.2　社会发展的下一阶段：数字孪生世界 ▎

随着 5G、云计算、大数据、人工智能、物联网、区块链、工业互联网的大规模投资与发展，整个社会的数字化转型必将全面加速，为整个社会走向数字孪生奠定坚实的基础。

数字孪生起源于工业制造，其在工业制造领域的普及和应用必将带来生产制造的革命性突破。随着整个社会走向数字化，数字孪生将会开始在更多的领域得到应用和发展，如社会治理、城市规划与建设、医疗、农业、交通、教育等领域，推动整个社会走向数字孪生。

因此，在 2030 年及以后的时代，随着信息和感官的泛在化，整个世界将基于物理世界生成一个数字化的孪生虚拟世界，物理世界的人和人、人和物、物和物之间可通过数字化世界来传递信息与智能（如图 3-2 所示）。孪生世界则是物理世界的数字化模拟，它精确地反映和预测物理世界的每个智能体乃至整个世界的真实状态，并对未来发展趋势进行预测，提出和验证对物理世界的运行进行提前干预的必要手段和措施，避免物理世界的个体或群体灾害风险和事故的发生，帮助人类更进一步地解放自我，提升生命和生活的质量，提高整个社会生产和治理的效率，实现"重塑世界"的美好愿景。

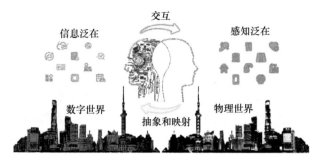

图 3-2　数字孪生世界[10]

数字孪生不仅在工业领域发挥作用，也将在通信网络、智慧城市的规划与运营、家居生活、人体机能和器官的活动监控与管理等方面大有可为。下面以智慧城市的规划与运营为例，介绍数字孪生对未来社会的影响和意义。

随着城市基础设施数字化程度的不断提升，我们身边的城市也将逐步实现数字孪生。数字孪生城市是数字孪生技术在城市层面的广泛应用，通过构建城市物理世界、数字虚拟世界间的一一对应、相互映射、协同交互的复杂巨系统，在网络空间再造一个与之匹配、对应的"孪生城市"[11]，实现城市全要素数字化和虚拟化、城市全状态实时化和可视化、城市管理决策协同化和智能化，形成物理维度上的实体世界和信息维度上的虚拟世界同生共存、虚实交融的城市发展格局。

数字孪生城市既可以理解为实体城市在虚拟空间的映射和状态，也可以被视为支撑新型智慧城市治理的复杂综合技术体系，是推进城市规划、建设、服务，确保城市安全、有序运行的赋能支撑。

在数字孪生城市中，基础设施（水、电、气、交通等）的运行状态、市政资源（警力、医疗、消防等）的调配情况都会通过传感器、摄像头、数字化子系统采集出来，并通过网络传递到数字空间。基于这些数据以及城市模型，城市的管理者构建数字孪生体，从而更高效地管理城市。相比于工业制造的"产品生命周期"，城市的"生命周期"更长，数字孪生带来的回报更大。当然，城市数字孪生的部署难度也更大。

事实上，新加坡、印度的海得拉巴，还有中国的深圳、雄安，都已经在做这方面的摸索和尝试。

在数字空间中，所构建的孪生城市叠加在城市物理空间上，将极大改变城市面貌，重塑城市基础设施，形成虚实结合、孪生互动的城市发展新形态。借助更泛在的感知、更快速的网络、更智能融合的计算，一种更加智能化的新型城市将得以创建。不久的将来，以数字孪生城市为代表的新型智慧城市将让城市生活变得更为美好。

数字孪生城市存在四大特点：精准映射、虚实交互、软件定义、智能干预。

- 精准映射：数字孪生城市通过空中、地面、地下、河道等各层面的传感器布设，实现对城市道路、桥梁、井盖、灯盖、建筑等基础设施的全面数字化建模，以及对城市运行状态的充分感知、动态监测，形成虚拟城市在信息维度上对实体城市的精准信息表达和映射。

- 虚实交互：城市基础设施、各类部件建设即有痕迹，城市居民、来访人员上网联系即有信息。未来数字孪生城市中，在城市实体空间可观察各类痕迹，在城市虚拟空间可搜索各类信息，城市规划、建设以及民众的各类活动不仅在实体空间，而且在虚拟空间得到极大扩充，虚实融合、虚实协同将定义城市未来发展新模式。

- 软件定义：孪生城市针对物理城市建立相对应的虚拟模型，并以软件的方式模拟城市人、事、物在真实环境下的行为，通过云端和边缘计算，软性指引和操控城市的交通信号控制、电热能源调度、重大项目周期管理、基础设施选址建设。

- 智能干预：通过在"数字孪生城市"上规划设计、模拟仿真等，将城市可能产生的不良影响、矛盾冲突、潜在危险进行智能预警，并提供合理可行的对策建议，以未来视角智能干预城市原有的发展轨迹和运行，进而指引和优化实体城市的规划和管理、改善市民服务供给，赋予城市生活"智慧"。

数字孪生城市的作用有以下几个方面[12]。

一是提升城市规划质量和水平。通过在数字孪生城市执行快速的"假设"分析和虚拟规划，把握城市运行脉搏，推动城市规划有的放矢，提前布局。在规划前期和建设早期了解城市特性、评估规划影响，避免在不切实际的规划设计上浪费时间，防止在验证阶段重新进行设计，以更少的成本和更快的速度推动创新技术支持的智慧城市顶层设计落地。

二是推动以人为核心的城市设计、建设协同创新。城市居民是新型智慧城市服务的核心，也是城市规划、建设考虑的关键因素。数字孪生城市将以"人"为核心主线，将城乡居民每日的出行轨迹、收入水准、家庭结构、日常消费等动态监测纳入模型，协同计算。同时，通过在"比特空间"上预测人口结构和迁徙轨迹、推演未来的设施布局、评估商业项目影响等，对实体城市的设计、建设和实施产生巨大的影响力和重塑力。通过搭建一个可感知、可判断、快速反应的数字孪生城市，支撑实现城市土地空间规划、重大项目建设以及随需响应、触手可及的惠民服务协同指引[12]。

三是城市治理的智能化决策，通过预测性治理大幅提升城市运行效率。基于数字孪生城市体系以及可视化系统，以定量和定性方式，建模分析城市交通路况、人流聚集分布、空气质量、水质指标等各维度城市数据，城市治理者可快速直观了解城市环境、城市运行等状态，并及时地预测城市的运行轨迹和状况，对可能的突发事件提前进行预警，最大限度地避免交通拥堵、基础设施损坏、环境的污染等，对突发性事件导致的不良影响进行必要的提前干预和疏导，避免灾难性结果的发生，实现整个城市的平稳运行。

| 3.3　本章小结 |

数字孪生起源于工业生产制造，5G、云计算、大数据、人工智能、物联网和区块链等新兴基础设施的发展和完善必将推动其在更多的领域得到应用，如城市治理、交通、农业、精准医疗、教育等，推动整个社会走向数字孪生。本书的后续章节将从其他应用场景更全面地阐释数字孪生给未来世界带来的变革与影响。

| 参考文献 |

[1]　数字孪生. 百度百科[Z]. 2020.

[2]　小枣君. 什么是数字孪生[Z]. 2019.

[3]　于勇, 范胜廷, 彭关伟, 等. 数字孪生模型在产品构型管理中应用探讨[J]. 航空制造技术,

2017(2).

[4]　张新生. 基于数字孪生的车间管控系统的设计与实现[D]. 郑州: 郑州大学, 2018.

[5]　陶飞, 刘蔚然, 张萌, 等. 数字孪生五维模型及十大领域应用[J]. 计算机集成制造系统, 2019, 25(1): 1-18.

[6]　庄存波, 刘检华, 熊辉, 等. 产品数字孪生体的内涵、体系结构及其发展趋势[J]. 计算机集成制造系统, 2017, 23(4): 753-768.

[7]　陶飞, 张萌, 程江峰, 等. 数字孪生车间——一种未来车间运行新模式[J]. 计算机集成制造系统, 2017(3).

[8]　陶飞, 程颖, 程江峰, 等. 数字孪生车间信息物理融合理论与技术[J]. 计算机集成制造系统, 2017(3).

[9]　于勇, 范胜廷, 彭关伟, 等. 数字孪生模型在产品构型管理中应用探讨[J]. 航空制造技术, 2017(3).

[10]　刘光毅, 金婧, 王启星, 等. 6G 愿景与需求: 数字孪生, 智慧泛在[J]. 移动通信, 2020(6).

[11]　陶剑, 戴永长, 魏冉. 基于数字线索和数字孪生的生产生命周期研究[J]. 航空制造技术, 2017(3).

[12]　数字孪生城市的理念与特征[N]. 人民邮电报, 2017-12-16.

第 4 章

2030+愿景与需求畅想

移动通信技术的发展和普及应用极大地便利了人们日常的娱乐、生活和工作，也不断提升社会生产和运行的效率。特别是随着 5G 应用的加速，移动通信技术正深刻地改变着人类社会，加速社会的信息化和数字化，推动着人类社会走向全新的阶段——数字孪生世界。面向 2030 年，本章提出数字孪生和智慧泛在的社会发展愿景，探讨了全新的应用场景，并结合未来的新业务、新服务，提炼出 6G 移动通信系统的技术需求指标。

| 4.1　2030+生活畅想 |

数字孪生的世界会是什么样呢？下面我们将跟随主人公"未研"的一家来感受6G 时代的生活。

场景一

"三明治！好好吃的三明治！听着约翰·帕赫贝尔的《D 大调卡农》、吃着三明治就是开心。不过，为什么会有卡农？"伴随着轻柔的钢琴曲，智能窗帘缓缓拉开，清晨的第一缕阳光从窗户透射进来，屋内含氧量、亮度都随着我第七个睡眠周期的结束调整为起床模式。原来是梦啊，我擦了擦嘴角的口水。该起床上学喽！

噢，忘记自我介绍了。我叫未研，一名普普通通的初中生，今天是我们家迈入6G 生活的……第多少天来着？不重要，反正我们已经完全习惯这样的生活了。这卡农的钢琴曲估计是我妈昨天新设置的起床曲吧。不行，得换一个我喜欢的。"妈，明儿能不能把起床音乐改成我最喜欢的周小伦的《安静》？"

卧室外没有听到妈妈的回答，天花板上却传来了管先生那富有磁性的男中音："未研，你妈妈在客厅，需要我帮你呼叫吗？"我们家都亲切地称呼虚拟管家为管先生，因为他什么都管，而且还都管得挺好。

"算了吧，老妈也是想让我接受一下古典音乐的熏陶。听妈妈的话，别让她受伤！"

说罢，坐起身来，看了一眼智能窗户，窗户玻璃上赫然写着"2035 年 4 月 20 日，温度 12℃～25℃，湿度 50%，空气质量优"。看来今天天气还不错呀，一向选择困难的我马上纠结了起来：今天该穿什么呢？不如问问管先生吧。

"今天学校有游园活动，你觉得我该穿什么？"话音刚落，窗户前立刻出现了多个全息服装造型。我就喜欢咱们家这个虚拟管家反应快、话也少的风格！

选定穿着，起床洗漱一番。刚到餐厅坐下，那熟悉的男中音又再次响起："未研，参考昨日个人孪生健康网络数据，经智能体脂秤测试，你的体脂率较正常值偏高。根据智能马桶解析，由油炸食物摄入过多导致，所以，今日早餐推荐：蔬菜三明治。今日健康数据已同步更新至孪生健康网络。"咱家这虚拟管家还真是懂我，我做梦还梦到吃三明治呢，这下挺好，健康口味两不误。不一会儿，美味的蔬菜三明治上桌了，一边吃着早餐，一边通过餐厅的全息通感新闻系统沉浸式浏览着过去二十四小时的重要新闻，这就是现代人快捷而又高效的早晨。

场景二

我是未研的爸爸，集帅气和才华于一身的设计师。每天吃完早餐我都会嘱咐一句："未研，爸爸要去上班啦，你吃完早餐就乖乖去上学啊。"

"嗯，好的，爸爸路上当心！"如往常一样，未研简单回应了一句，就继续吃早餐了。

这时，管先生早就已经根据目前的路况信息规划好了出行方式——空中的士。不一会儿，车就停在了家门口。迈出家门的那一刻，我的私人助理小易就开始发挥作用了。小易是虚拟的，属于数字孪生人，他了解关于我的一切。

上车后，小易一溜烟的工夫就上到了"云端"，然后通过安全链接加载到空中的士上的语音设备上，全程为我服务。

"尊敬的用户您好，这里是空中的士专车为您服务，请您系好安全带，确认车内温度是否合适。"这是专车的程序播报，现在都是自动驾驶的模式，通过"塔台"进行自动控制。一路上还可以欣赏沿途的风光，不会因为交通拥堵而烦恼。空中的各的士按照飞行轨道有序穿梭；地面的无人驾驶车辆、单轨飞碟运载着生活在这座城市的人们；低空的无人机在进行路况巡检，为城市交通安全保驾护航。

"温度合适，快出发吧。"

"叮咚。"出发没多久，我就收到了几封工作邮件。小易提示是关于最近参与的产品设计的邮件。也许是邮件内容无关痛痒，助理并没有让我亲自做一些处理，自己就开始忙碌起来，快速连线相关的负责人，确保产品信息完备，并组织预备线上会议讨论。一系列的操作可谓十分流畅。

一会儿工夫到了公司，门前不停地有空中的士飞来飞去（这幕场景有点像《银河护卫队》里的未来城市，又有点像"哈利·波特"系列里的飞天扫帚），的士上都是早上来上班的工作人员。公司大楼门口的大树下停放着一排排的共享机器人终端。小易迅速找到一个共享机器人"附体"。拥有了身体，小易就能更加方便地辅助我工作了。接着，小易犹如一个资深的私人秘书，在我身边介绍今天的工作安排："今天上午九点有个关于产品发布的线上会议，我已经提前准备好了会议需要的资料。"

九点，小易准时为我接入了会议。唰的一下，原本空空的会议室里瞬间坐满了"人"，这个画面有点像《皇家特工》里面远程会议的景象。这些都不是真人，而是全息成像的虚拟人，可以大大节省大家为开会而带来的时间成本和交通成本。

"大家好，今天我们讨论的是关于马上要投入使用的游戏眼镜的最后测试……"

小易在一旁记录着会议的内容，并进行备份归档。会议期间，还会不时地收到一些电子文档需要签字。通过全息交互技术，可以直接在电子文档上亲自签名。

时间过得真快，一个多小时过去了，会议结束了。"我们下次会议再见！"

大家相互之间握手拥抱，就像真的同在一个空间。

会议结束后，我得抓紧时间去设计室进行产品设计了。来到设计室，设计师们都在虚拟的数字生产线上忙着试验、组装"新产品"。所有的产品在下线前都先在数字生产线上以数字产品形式存在，并进行性能测试。当遇到技术难题时，设计师们就通过全息通信与全球各地的专家们一起在线讨论，而这些远在千里之外的专家们还能亲自动手帮助调试"产品"，有助于立即解决难题。

这不，另外一条生产线上好像就遇到什么问题了，分别在北京、伦敦、纽约的3位工程师就在现场帮助调试。

"叮叮叮……"这时电话响了。接通电话，面前投影出一个男人的全息影像，原来是采购公司的刘总。

"刘总，您好，请问有什么事？"这个时候接到甲方的电话，我心里咯噔一下。

"你好，没打扰你吧。关于我们之前定的那套方案，有个问题需要和你沟通一下。希望你不要介意。"刘总一连几个抱歉。

"没关系，您说吧，都是老客户了。"

"是这样的。我们之前定的设计方案可能需要调整，需要修改一下产品设计。但是交付时间还是得按照我们之前的来。"刘总解释道。

"这样啊。没关系，您等我先查一下工厂那边现在的情况。"

这时，小易连忙联系工厂，智能客服立马呈现出来（这一幕有点像《西游记》里的经典场面，孙悟空找土地公）。

"您好，智能客服为您服务。"

"我想查询我们公司开发的游戏眼镜的生产情况。"

"好的，请稍等。您查询的这款产品目前正处于备料阶段。"

"帮我查询一下如果修改设计方案会不会对后续生产有影响。"

"好的，请稍等。"

我在内心祈祷着，希望还来得及。

"修改设计方案不会影响后续生产，但可能会影响交付时间，需要上传新版设计方案。"

"好的，立即停止生产，我马上上传新设计。"

"嘀嘀嘀嘀。"机器人助理立马将新的设计图纸上传到工厂的系统中，智能软件将设计图纸自动转成了工业标准格式的需求文件，传输给工厂控制中心。

一会儿，客服说道："您好，本次设计方案的更新需要采购新的零部件。以下是需要采购的零部件类型和供货商报价，请您确认。"

对比没问题之后，我确认了最终的采购单。新增零部件采购信息同步发送给了相应供货商，采购完成。控制中心又自动生成了最优加工工艺流程和方案，并标注了变更和新增。

"请问预计交付时间是什么时候？"

"您好，根据您新增的需求和工厂流水线近期的工期安排情况，预计交付时间将延长到 25 天后。"

哎呀这可不行，推迟太久了，不好交差啊。"这批产品客户催得比较急，生产时间还是要在 15 天之内，这有解决方案吗？"

"您好，可以将订单的一部分转移给其他工厂进行同步加工，我可以帮您通过大数据共享平台查询一下，请稍等。"

过了一会儿，客服带来了好消息："B 工厂近期的流水线工期比较空闲，可以承接一半的订单量，两个工厂同步生产的话可以将生产时间压缩到 15 天之内。以下是 B 工厂的信息和加工资质，B 工厂距离您的订单交付地址更近，预计 13 天后可交付第一批产品。请问是否要进行订单转移？"

"好的，可以。"我长舒一口气，需求变更就这样高效率地完成啦。

忙碌了一上午，不知不觉到了午餐时间。打开订餐页面，上面有各种美食，龙虾伊面、清蒸石斑鱼、珍珠帝王蟹、玛瑙鱼丸、虫草花狮子头、法式焗蜗牛、培根鳕鱼卷……各种香味扑面而来，口水都要流下来了。

犒劳一下自己吧，多吃点肉。于是我毫不犹豫地选择了西班牙火腿。说时迟那时快，小易突然就帮我取消了，严肃地说："您的钠摄入超标，为了健康，请选择以下推荐菜式。"

哎，好吧，一切都是为了健康。那就要这个具有异域风情的西班牙海鲜饭吧。从详情上能够看到，这款海鲜饭用番红花、鱿鱼、大虾、海虹等食材做成，既美味，又能满足蛋白质和碳水化合物的要求。

咦，好熟悉的味道，这不是我们全家之前去西班牙度假的时候吃到的海鲜饭吗？还记得 3 年前全家人一起去西班牙度假，温暖的阳光、略带咸味空气的西班牙瓦伦西亚的海滩。那次度假非常放松，不需要操心，只需要好好享受就行。管家助理利用大数据等技术快速制定了行程路线、办理好了酒店入住等，行李就交给机器人助理携带。来到海港港口，"零感安检，直接通过"几个大字映入眼帘。原来这里也配置了零感安检啊。这种安检可以近实时地全面进行安全检查，旅客经过的瞬间就能被识别出身份，并检测是否患有传染性疾病，以及是否携带危险品。

乘上海底真空隧道列车，海底旖旎风光尽收眼底，有色彩缤纷的珊瑚奇景、颜色艳丽的鱼群，非常震撼。儿子指着一条游近玻璃壁的鱼，车窗玻璃马上呈现出鱼的介绍信息。

"爸爸，我们一起拍个全家福吧！"

我轻按头戴的眼镜，随即留下了一家人和鱼儿温馨的画面。经过半小时的车程，我们抵达了小岛。随后，又乘坐无人驾驶公交车前往森林。依托高精度导航与定位、雷达探测等技术，无人驾驶公交车承载的路况推演系统使其对蜿蜒崎岖的山路无所畏惧，快速、安全、平稳地到达了度假目的地。

"要是能和儿子还有他妈妈一起享用这道海鲜饭就好了，他们应该也在吃午饭了吧。"

小易便将未研和他妈妈接入了通感互联网。

"你们在吃饭了吗？这道西班牙海鲜饭很不错，很像我们当年去海边旅游吃到的，分享给你们尝尝吧。"我选择了"味道共享"。

"哇，真美味啊，只是可惜没到肚子里面去。"儿子口水都流了下来。

"哈哈哈哈哈……"全家人开怀大笑。就这样，我们一家子沉浸在那段美好时光中，度过了一个幸福的中午。

场景三

我是未研的妈妈，同时也是一名医生。虽然身为医生，每天都要穿相同的白大褂，但还是希望拥有独特的美。多亏了小美，我每天早上都不用纠结衣服和妆容，轻轻松松就能美美地上班，省下了不少时间。小美是我的专属虚拟人助理，除了担任造型师，还是我工作上的最佳搭档。

现在的医院可不像十几年前了，它有一个高端的别称，叫数字孪生中心。这里存储着服务区域内所有人的数字孪生人，数字孪生中心通过对数字孪生人的监控和分析，可以直接获取人的身体状况信息。

"想什么呢！快，快换工作服！有一起特大交通事故！主任通知数字急救室集合！"同事慌张地拉我走。

"听说有人酒驾，车的方向失控了，连着撞了好几辆车！可能有 10 个人重伤啊。"

哎，明明每个人都有虚拟人助理了，那人酒驾的时候，助理肯定警告过他。这人怎么不听劝呢！驾照怎么拿到手的！走进数字急救室，好多虚拟的数字人在手术台上平躺着。扫视一圈，6 个手术台都用上了。每个手术台前面的智能屏幕上都显示着伤者的生命体征。

"经检测，有 12 人重伤，4 人轻伤，无人死亡。所有人的虚拟人助理已通过数字孪生人完成了初步急救。"数字孪生人监控中心发来通知。

看来还有 10 个人要接回医院救治。

"事故发生地点附近只有 6 个无人紧急救护平台，目前已有机器人将 6 名特别严重的伤者转移过去。救护车已出发将其他人接回医院进行治疗，预计还有 10 分钟到达。"

无人紧急救护平台由无菌氧舱和机器人手术台构成。在具有极高可靠性和极快传输速率的 6G 网络的支持下，医生可以远程操控机器人精准地进行手术。

"你们几个跟着我留在这里进行远程手术，其他人去门口等待救护车，抓紧时间做准备。"主任指了指我和旁边的 5 位同事，"赶紧确认一下你们的虚拟人助理是不是已经就位。"

"小美，快就位！"

"姐姐，我已经嵌入机器人了。"化身为机器人的小美朝我走来。

"赶紧自测一下，可别在关键时刻掉链子！"

"检测完毕，可开始工作。"小美非常正式地告诉我。

"OK，我们去 1 号手术台。"

小美为我拿过来了手术需要用到的一套工具。每当我需要用到什么的时候，小声说一句，她就能听到我的呼唤，准确地递过来。需要电击时，她也能准确使用除颤仪，听我的指示及时操作。看到我流汗了，马上为我轻轻地擦拭。我们的配合实在是很默契。

虽然已经远程进行过好几次手术，但我每次还是忍不住要感叹科技之美妙。在我从病人皮肤中小心翼翼地夹取狠狠扎进去的玻璃碎片时，清晰真实的画面让我感觉仿佛就在病人身边，我似乎能感受到病人的颤抖和疼痛。特别是缝合伤口的时候，一想到我这边穿"针"引"线"的同时，远方的手术台边，也有一双手在做着与我相同的动作，我所看到的伤口正是远方机器人所看到的，内心已被科技之光深深地折服。

"呼……"我长舒一口气，终于完成了手术。看看其他手术台，大家也都进行得差不多了。最后的包扎收尾工作留给了小美。小美认真完成后，还收拾好了手术台。

"可以派救护车接他们回病房休养啦！"指令一发出，救护车已整装待发。而我呢，只需要对病人的数字孪生人进行身体指标的分析，直接指导其体内的纳米机器人就可以进行一定的护理，同时还能指导其虚拟人助理监督用药等。等病人出院后，也不需要他亲自过来医院复查了，因为有了数字孪生人，病情预测和远程诊治都不在话下。

"嘟嘟嘟……"，哟，孩子他爸怎么这时候找我。

"老婆，吃午饭了吗？"

"还没呢，怎么啦？"

"我正在吃一道海鲜饭，真的好好吃，而且一下就让我想起咱们全家之前一起去西班牙旅游的那段时光，太享受了。"

"是啊，去了那么多地方也没觉得体力透支，完全可以沉浸在休闲的度假时光中。说得我也想吃你的海鲜饭了。"我咽了咽口水。

"哈哈，来，连上通感互联网，我让你尝尝。儿子也在，正好我们一起吃个午饭。"

现在的 6G 通信不仅仅能够满足实时语音和视频，还能够让多种感官参与通信，这就是通感互联网。在通感互联网的支持下，我就像真的在吃海鲜饭，不仅可以尝到饭的鲜香，还能闻到火腿的烟熏味，真的是不可思议。

下午时光平淡无奇，查查病房，看看数据，就这样结束一天的工作。晚餐可不能随便啊，一定要丰盛，这样全家人才能坐在一起交流一天的生活。问问管先生有什么推荐吧。作为管家，管先生能够连接全家人的虚拟人助理，通过孪生数字人获取家人的健康信息，从而制订最优的饮食计划。

"今日推荐：糖醋排骨、辣椒炒肉、虾仁西蓝花、银耳汤、粗粮饭。"

推荐的还挺合我的意嘛！都是我们家爱吃的，有甜有辣，有菜有汤，还有粗粮，真的是很健康。行，就做这些菜吧。

"家里没有排骨和西蓝花了，需要我连线商超在线购买吗？"通过家里布局的各种传感器，管先生对家里的情况了如指掌。现在的线上超市可了不得哦，依托于区块链技术，所有信息具有去中心化、公开透明、数据共享且难以篡改等特点，从农场、农户、认证机构、食品加工企业到销售企业、物流仓储企业等，每个关键节点上的信息都形成一个信息和价值的共享链条。因此任何商品和农产品都可以追根溯源。

"好的，帮我连线，我挑一挑。"

看看这个西蓝花。点进去就能看到，它采用了潮汐这种清洁能源进行种植，将纳米封装的传统肥料、杀虫剂和除草剂组成的纳米颗粒输送到西蓝花和先进的生物传感器上，缓慢而持续地释放出营养物质和农药，从而精确把控用量，在促进西蓝花生长和除虫的同时保护好环境。好了，挑好菜了，顺便带点零食给孩子和他爸爸吧，一键下单，无人机随即出发进行配送。回到家的时候，菜也到家了。

场景四

"未研，吃完饭赶紧写作业哦！"妈妈又开始唠叨了，"虽然现在科技发达，学什么都快，但学习态度不能丢，做什么事情都要认真。"

"知道啦，我自己能规划好自己。我都已经上初中了，不再是小朋友了。我知道自己该学什么和怎么学，再说，有这么优秀的益老师在，根本不需要担心。"我安慰着妈妈，"我的家庭作业在学校就完成了，厉害吧。"益老师其实就是我的百变虚拟人助理，能随意切换身份，当我写作业遇到难题时，就变成我的老师了。益老师还有一个很厉害的地方就是，我各科作业的完成情况他都会实时上传至云端。其他同学的数据也会由他们自己的虚拟人助理上传，然后云端大脑对每个班级的作业数据进行分析和整理，下发给每个班对应科目的老师。这样一来，老师们不仅能够掌握我们全班同学的学习情况，对某方面学习有困难的同学进行及时干预，还能了解我们各自的学习兴趣，从而为我们设计个性化教学方案。

"未研的班主任来全息电话了，未研的班主任来全息电话了。"管先生接连提醒我们。接通电话，班主任的投影呈现了出来，爸爸妈妈拉我坐到了沙发上，好像等待班主任的批评似的。

"未研爸爸、未研妈妈你们好，我是未研的班主任。"

"老师您好，未研在学校做错什么了吗？"妈妈着急地问。哎，家长们遇到老师的突然造访总是会想到孩子的不好。

"没有没有，未研的学习一直挺好的，和同学们的相处也很不错，同学们都很喜欢他。高尔夫课上，他学得特别快，快赶上专业选手了。只是在历史学习方面，根据数据分析，未研对这一科的掌握欠缺了一些，对其理解比较混乱。我建议你们啊，利用 MR，也就是混合现实技术，让他沉浸式地感受一下历史事件，这样他会记得更清楚一些。"

"哇，他们还学高尔夫呢！可是学校也就那么大，哪里来的场地学呀？"爸爸从来没打过高尔夫，看到我这么小就学会了，羡慕得不行。

"哈哈哈，现在是 6G 时代，我们有通感互联网啊。"我得意地说，"学校为我们定制了学高尔夫专用的头盔和训练服，打球的动作信息通过它们就可以传输到我们身上，还能自动帮我们纠正瞄准的方向和挥杆的动作呢。而且有了 MR，实际的场地和球都不需要。大家在操场就能自己学习了，体验特别好。"

"是啊，现在的科技带来了好多便利，生活十分高效。不过一家人一起打高尔夫的体验一定更好，周末你们可以带孩子去真正的高尔夫球场，让未研做你们的教练。"老师喝了口水。"今天的家访就到这里吧，还有其他家庭要拜访。"

"好的，老师，辛苦了。我们会督促未研学习历史的，再见！"挂断电话，妈妈就开始让我学习了，"未研啊，要不要爸爸妈妈陪你一起学历史？正好让我和你爸爸也感受一下。"

"可以呀，那我们学学文艺复兴时期的事件吧，我学的不是很好。"

说罢，我们一起戴上了 MR 眼镜，非常轻便，就像普通的近视眼镜一样。"管先生，帮我们调出文艺复兴，我想复习初中历史的这一课。"

"哇塞！"太令人震撼了，我发现自己置身于一座高大宏伟、富丽堂皇的教堂。

"这是圣彼得大教堂，号称世界第一。你也看到了，它非常大，长两百多米，宽一百三十米……"就这样，我们一边走在教堂中观看，一边听着讲解，甚至还能看到"人文主义之父"彼特拉克，听他的演讲。真的是难忘的一课。爸爸感叹道："现在的孩子真的太幸福了，未研，你一定要好好珍惜这样的教育资源啊！"

场景五

作业完成喽，接下来就是和奶奶进行全息通信的时间了，毕竟我从小就在奶奶家的农场里玩耍，和奶奶也最亲。

电话一接通，我迫不及待地说："奶奶，今天早上我吃了用您种的水下西红柿做的三明治，好吃到飞起来，农场里还有什么好吃的呀？"

"哎呀，你喜欢吃呀，喜欢就好，奶奶就开心啦。"奶奶一边说着一边乐，那喜悦之情溢于言表，我都开始有点担心她会不会开心到假牙掉出来。

"咱们农场水下种植的农产品可不少哟，各种蔬菜都有。下次你来，多带点回去，给你的小伙伴们也带一些。而且现在咱们的农产品销量都还不错呢，市场需求我这里都可以通过大数据平台看到，平台还会根据市场供需平衡，给我好多作物种类和种植数量上的建议，我和你爷爷再也不担心农副产品卖不掉、价格太低啦！"说完这些，奶奶笑得更开心了。

"奶奶，现在咱家农场都这么厉害啦，看样子不远的将来，您就会成为大企业家了。这样您更得注意身体，别太累了。"

"放心吧，现在有了笨笨和哈哈，累不着。"奶奶手一挥，两个机器人助理出现在全息投影中，"你看看这两个机器人，可真是我的左右手啊！"

"奶奶，你可不能有了他们就忘了我。"

"那怎么可能，你永远是奶奶的宝贝孙子！你知道吗，你们年轻人不太喜欢搞农业，一提到农业想到的就是体力活。以前农活儿都要自己劳动，确实挺累的。但现在可完全不是这样。你看看我这两个得力助手。笨笨是农业机器人助理，播种收割、打药植保、产品装箱都由它来完成，基本上没什么需要我亲力亲为的体力活了。哈哈是巡逻机器人助理，专门负责养殖区域，具有畜脸识别功能，除了检测并调控猪舍气体、温度、湿度，还能统计畜类个体的进食、生长繁殖、消毒防疫这些关键信息，能力也是很强的！所以你就不用担心奶奶了。"

正当奶奶绘声绘色地描绘着，我隐约听到视频的那一端有人叫奶奶。"你赵奶奶叫我去扭秧歌了，先不聊了，你小子自己玩会儿去吧。"说罢，我还没反应过来，奶奶就已经关闭全息通信系统了，留下一脸茫然的我。我奶奶还真是一个雷厉风行的行动派老太太呀。

这时我才猛然想起今晚还有我最喜欢的歌手周小伦的演唱会，赶紧享受起来。得益于科学技术的发展，现在我们看演唱会都不用去现场，直接在家里就能身临其境地感受演唱会现场的浓烈氛围。打开通感直播，演唱会已经开始了，绚丽的灯光、华丽的舞台瞬间出现在我的视野中，在此后长达2小时的演唱会里，我还有幸成为幸运观众。通过虚拟现实增强技术与自己喜欢的歌手互动、对唱，虽然因情绪激动略有跑调，但瑕不掩瑜，这种在家看演唱会的体验简直棒呆了！平时不怎么听这种流行音乐的爸爸妈妈似乎还挺喜欢的，可能是被这种热情欢快的氛围感染到了吧。

演唱会结束，爸爸还意犹未尽，提议再看一部电影。虽说现在已经可以通过身临其境的观影模式把观众投身到电影情节中，通过观众的选择开启不同的剧情，观影体验自然是好，但这又怎么能抵得过游戏的魅力呢？我赶紧溜进了自己的房间，戴上可穿戴游戏设备，开始在游戏的世界里遨游……

不知道时间过去了多久，正当我激战正酣之时，游戏的枪炮声中出现了那个清晰而又熟悉的男中音："休息时间到，浴缸水温、浴室灯光已调节好。"本来还想假装没听到，多玩会儿，结果虚拟管家直接通过防沉迷系统介入，保存并退出了游戏。看来，只能择日再战了。

取下游戏设备，走进浴室泡个澡。再在通感互联网技术的支持下，享受一个舒缓身心的泰式按摩，这感受也是极好的。随后步入卧室，灯光早已自动调节成了柔和的睡眠模式。我满意地躺下了，耳畔响起轻柔的安眠曲，多么舒适，多么幸福。

| 4.2　6G 愿景：数字孪生，智慧泛在 |

移动通信创新的步伐从未停歇，从 1G 到 5G，移动通信不仅深刻变革了人们的生活方式，更成为社会数字化和信息化水平加速提升的新引擎。5G 已经步入商用部署的快车道，通信技术将进一步与云计算、大数据和人工智能等新技术深度融合，带来整个社会的数字化和智能化转型，培育出新的需求，并推动移动通信技术向下一代移动通信（6G）系统方向演进和发展。

6G 正成为未来大国科技战略竞争的下一个焦点，各国积极部署 6G 研发。芬兰政府在世界范围内率先启动 6G 大型研究计划，美国联邦通信委员会已为 6G 研究开放太赫兹频谱，而我国则在 2018 年 3 月宣布开始着手研究 6G。

5G 向 6G 的发展必将经历 5G 演进（即 B5G）和 6G 两个阶段。目前，B5G 和6G 的定义和技术需求还处于探索阶段，业界并未得到统一的定义。预计未来几年，世界各国将在 6G 技术路线和发展愿景上逐渐达成共识。作为面向 2030 年的移动通信系统，6G 将进一步融合未来垂直行业衍生出全新业务，并通过全新架构、全新能力，打造 6G 全新生态，推动社会走向虚拟与现实结合的"数字孪生"世界，真正通过"数字孪生"与"智慧泛在"实现重塑世界的美好愿景[1-2]。

"马斯洛需求层次理论"将人的需求分成 5 个层次，受其启发，中国移动将其演化到通信需求层面，提出一种层次化的通信需求模型，该模型分为 5 个等级：必要通信、普遍通信、信息消费、感官外延、解放自我，如图 4-1 所示。该模型中，通信需求和通信系统构成了螺旋上升的循环关系：需求的出现刺激了通信技术和通信系统的发展，而通信系统的完善将通信需求推向更高的层次，最终实现人类的解放以及人类智能化的终极追求[3]。

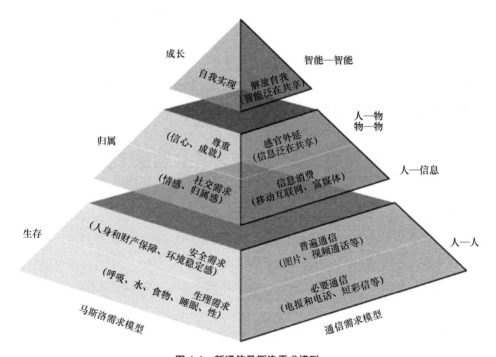

图 4-1　新通信马斯洛需求模型

依据新通信马斯洛需求模型，低级需求被满足后，高级需求将自然出现。"4G改变生活，5G改变社会"印证了人们从未停止对更高性能的移动通信能力和更美好生活的追求。4G时代是数据业务爆发性增长的时代，随着智能手机的普及和消费互联网的发展，从衣、食、住、行到医、教、娱乐，给人类的日常生活带来了极大的便利。5G将开启一个万物互联的新时代，它将实现人与人、人与物、物与物的全面互联，渗透各行各业，让整个社会焕发前所未有的活力。未来，随着 5G应用的快速渗透、科学技术的新突破、新技术与通信技术的深度融合，更高层次的新需求必将衍生。如果说 5G时代可以实现信息的泛在可得，6G应在 5G基础上全面支持整个世界的数字化，推动整个社会走向数字孪生，并结合人工智能等技术，实现智慧的泛在可得、全面赋能万事万物。

随着信息和感官的泛在化，未来 6G 网络将支持实现一个全新的数字孪生世界。数字孪生不仅在工业领域发挥作用，也将在通信、智慧城市运营、家居生活、人体机能和器官的活动监控与管理等方面大有可为，进而推动这个社会走向数字孪生。

在 2030 年及以后的时代，整个世界将基于物理世界生成一个数字化的孪生虚拟世界，物理世界的人和人、人和物、物和物之间可通过数字化世界来传递信息。物理世界的每一个被数字化的对象，我们称之为智能体，它可以是人、类人、机器人、被网络连接的一个数字化的机器等。孪生虚拟世界则是物理世界的模拟和预测，它精确地反映和预测物理世界的每个智能体乃至整个世界的真实状态，提出和验证对物理世界的运行进行提前干预的必要手段和措施，避免物理世界的个体或群体灾害风险和事故的发生，帮助人类更进一步地解放自我，提升生命和生活的质量，提高整个社会生产和治理的效率，实现"重塑世界"的美好愿景。

同时，随着人工智能和大数据技术的突破，数字孪生世界将为 AI 的应用提供更广阔的场景。未来 6G 网络的作用之一就是基于无处不在的大数据，将 AI 的能力赋予各个领域的应用，创造一个"智慧泛在"的世界。因此，6G 将通过泛在智能实现万物智联。机器之间可以开展智能协同工作，体域网设备之间可以进行智能监测和协作，人与虚拟助理之间可以进行深度思想交互，甚至人与人之间也可以进行智力交换，全面提升人类学习的技能与效率。

4.3　6G 应用新场景与新业务

面向 2030 年及以后，在数字孪生世界和智慧泛在的背景下，移动通信的应用场景将会呈现出全新的特点，无处不在的无线连接、大数据和人工智能技术的应用从智享生活、智赋生产、智焕社会 3 个方面催生全新的应用场景[1-2]，包含数字孪生人、超能交通、通感互联、智能交互等，如图 4-2 所示。下面分别从智享生活、智赋生产和智焕社会 3 个方面来介绍 2030 年及以后的移动通信典型应用场景。

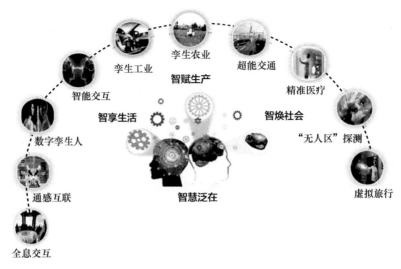

图 4-2　2030 年及以后移动通信应用的典型场景与业务[1-2]

4.3.1　智享生活

在面向 2030 年及以后的移动通信系统中，全息交互、通感互联、数字孪生人、智能交互等将充分利用脑机交互、AI、分子通信等新兴技术，塑造高效学习、便捷购物、协同办公、健康生命等生活新形态[2]。

（1）全息交互

5G 与 VR/AR 技术结合能够实现一些 3D 显示应用[4]，给用户带来"沉浸式"的深度交互体验。到 6G 时代，将会实现全息三维显示，用户无须佩戴任何装备，依靠裸眼就可以 360°全视角观看到 3D 效果[5]，并且从不同角度观看物体都会看到不同的信息，从而拥有一种身临其境的视觉体验。

依托未来 6G 移动通信网络，全息显示技术将融入许多应用场景，如通信、远程医疗、办公设计、军事和娱乐游戏等，如图 4-3 所示，彻底改变人们的生活习惯，带来高质量的生活体验。另外，全息交互技术还能实现投影内容与用户之间的互动。就像电影《钢铁侠》里面描绘的场景一样，只需要用手在空中划动，就能够实现显示内容的切换。全息交互技术还能组装一些数字机械器件，并测试其性能。全息交互技术使得信息传播方式不再是固定的模式，它极大地拉近了传播信息与用户之间的距离，建立了以满足人的体验为核心的信息传播方式。

图 4-3　全息交互

（2）通感互联

互联网历经固定互联网、移动互联网和万物互联等阶段，呈现出蓬勃的发展趋势。视觉和听觉一直是传递信息的两种基本手段。当前 5G 移动通信网络能够满足实时语音和视频通信所需的网络需求。然而，人类用来接收信息的感官除了视觉和听觉以外，触觉、嗅觉和味觉等其他感官也在日常生活中发挥着重要作用。

到 6G 时代，通感互联会成为主流的通信方式，更多感官将成为通信手段中的一部分，并且多种感官协作参与通信也将会成为重点发展趋势。未来依托 6G 网络环境，通感互联将找到新颖的应用领域，包括健康医疗、技能学习、娱乐生活、道路交通、办公生产和情感交互等，如图 4-4 所示，为解决社会面临的复杂挑战做出贡献，成为经济增长和创新的驱动力。

（3）数字孪生人

目前 5G 体域网已经开始应用在医疗领域，如人体健康监测、伤残辅助、运动监测等方面，也可为远程医疗诊断、远程手术等提供高可靠性和一定速率的支持。

到 6G 时代，将通过在体内、体外密集部署传感器的体域网进行实时的数据收集、分析与建模，实现人的数字孪生，即个性化的"数字孪生人"。

图 4-4 通感互联

依托未来 6G 网络技术，通过"数字孪生人"可以进行高效的病毒机理研究、器官研究等，还可以协助医生进行精确的手术预测。可以想象这么几个场景：医生在进行一场手术，通过"数字孪生人"，可以提示医生在不同位置切一刀后患者的状况变化，以此为医生提供最好的手术辅助。患者在出院后，医院仍可以通过后续患者的"数字孪生人"的变化为患者提供后续的健康管理。在医学研究领域，"数字孪生人"也将发挥重大作用。例如，人的大脑非常复杂，大脑的活动更加不容易追踪和研究。大脑的思考方式、运动感知功能都是科研人员研究的重点和难点。将数字孪生技术用在大脑研究上，可以方便实验人员进行实验模拟，发现大脑深层的秘密。同理，也可以通过对"数字孪生人"进行某些控制来模拟病毒、细菌的攻击，进而为病毒机理的研究提供借鉴。"数字孪生人"的应用如图 4-5 所示。

（4）智能交互

未来社会通信的主体不再仅仅是人，而是智能体，其包括人、虚拟的数字人、类人、机器人等。一方面，交互的形式将会更加智能，实现智能化的交互；另一方面，交互的内容也可以智能化。

"数字孪生人"

生命体征全方位监测　　　纳米机器人靶向治疗　　　病理研究

图 4-5　"数字孪生人"的应用

当前 5G 移动通信网络能够支持人机之间的语音交互、视觉交互和体感交互。到 6G 时代，面向 2030 年及以后的智能交互技术有望在情感交互和脑机交互（脑机接口）等全新研究方向上取得突破性进展，如图 4-6 所示。

脑机交互　　　　　　　情绪分析

知识学习

图 4-6　智能交互

依托未来 6G 移动通信网络，具有感知能力、认知能力，甚至会思考的智能体将彻底取代传统智能交互中冰冷和被动的机器设备，人与智能体之间纯粹的支配和被支配关系将开始向着有灵有肉、更加平等的类人交互转化。具有情感交互能力的智能系统可以通过语音对话或面部表情识别等监测用户的心理、情感状态，及时调节用户情绪以避免健康隐患。例如，智能辅助驾驶系统可以根据对司机情绪的分析与理解，适时适当地提出警告，或者及时制止异常的驾驶行为，提高道路交通安全。

通过心念或大脑来操纵机器，让机器替代人类身体的一些机能，可以修复残障人士的生理缺陷，让人类保持高效的工作状态、短时间内学习大量知识和技能、实现"无损"的大脑信息传输等。

未来智能体之间的通信不仅包含数据和信息的传递，还会出现智能的交互，实现经验和能力的分享和互相学习。通过智能的交互，可以实现人和人之间、机器和机器之间、人和机器之间的经验和技能的学习，带来学习的革命。

4.3.2 智赋生产

智赋生产是面向 2030 年及以后的生产概念，通过应用新兴信息技术为现有农业生产、工业生产深度赋能，可为生产的健康发展增添强劲动力，进而促进数字经济的迅猛发展。智赋生产示意图如图 4-7 所示。

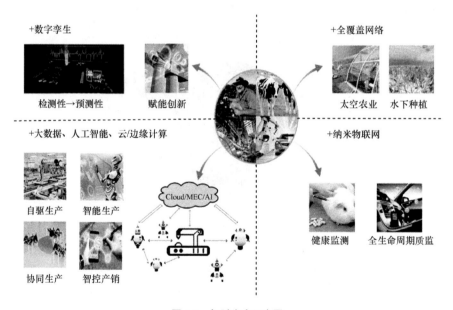

图 4-7 智赋生产示意图

随着 5G 的应用，制造业通过信息化、网联化，将初步实现生产的智慧化。例如将无人机等智能设备应用于农业生产，解放人类双手；机器人、VR 等设备初步应用于制造业中，可辅助人类工作，并提高信息获取率和制造效率。随着新技术的进一步发展，未来生产业必将与数字孪生等更多技术融合发展，实现智赋生产的美好愿景。

（1）孪生农业

智赋生产将极大解放农业劳动力，提高全要素生产率。融合陆基、空基、天基和海基的"泛在覆盖"网络将进一步解放生产场地，未来信息化的生产场地将不限于地面等常见区域，还可以进一步扩展到水下、太空等场地。数字孪生技术可预先进行农业生产过程模拟推演，提前应对负面因素，进一步提高农业生产能力与利用效率。区块链技术可将农场、认证机构、销售企业、物流仓储企业等信息加入联盟链，形成共享链条，做到来源可查、去向可追、责任可究[6]。同时，运用信息化手段紧密连接城市消费需求与农产品供给，可为农业产品流注入极大活力，推进智慧农业生态圈建设。大数据、物联网、云计算等技术将支撑更大规模的无人机、机器人、环境监测传感器等智能设备，实现人与物、物与物的全连接，在种植业、林业、畜牧业、渔业等领域大显身手。为了保证农产品的总量供给，新型农业将强化生物技术，通过基因编辑技术等，改变种子的某种基因，从根源上消除病虫害。

（2）孪生工业

对于工业生产而言，智赋生产意味着工业化与信息化的深度融合。数字孪生技术与工业生产结合，不仅起到预测工业生产发展因素的作用，还可以使实验室中的生产研究借助数字域进行，进一步提高生产创新力。孪生工业技术不同于以传感器和促动器为基础的数字化智能工厂，其价值要高于传统概念里的智能工厂。孪生工业是以数据和模型为基础的，更适合采用人工智能和大数据等新计算技术[6]。越来越多的智慧工厂将集成人、机、物协同的智慧制造模式，智慧机器人将代替人类和现有的机器人成为敏捷制造的主力军，工业制造更趋于自驱化、智能化。纳米技术的发展将为工业生产各环节的监测和检测过程提供全新方式，纳米机器人等可以成为产品的一部分，对产品进行全生命周期的监控。工业产品生产、存储和销售方案将得以基于市场数据的实时动态分析，有效保障工业生产利益最大化。同时，依托大数据平台还将进一步实现产业的高度融合，有效协调和优化整个工业界的所有业务活动，形成面向未来社会的孪生工业新形态[7]。

4.3.3　智焕社会

移动通信网络是构建智慧社会的重要基础设施。面向 2030+，移动通信网络是一个融合陆基、空基、天基和海基的"泛在覆盖"通信网络，不仅能极大地提升网络性能以支撑基础设施智能化，更能极大地延展公共服务覆盖面，缩小不同地区的数字鸿沟，切实提升社会治理精细化水平，从而为构建智慧泛在的美好社会打下坚实基础。

（1）"泛在覆盖"助力基础设施智能化：超能交通

面向未来，数字化、协同化、智慧化的交通网络还将继续推动交通领域的深度变革，以数据衔接出行需求与服务资源，使交通出行成为一种按需获取的即时服务。无论身处都市、深山抑或高空，"海-陆-空-太空"多模态交通工具将助力实现点对点、门到门的交通出行，让人们体验到优质网络性能及其带来的立体交通服务，促进购物消费、休闲娱乐、公务商务等新业态新模式的全面升级和相互渗透，为人们带来全新的出行体验。

2019 年，中共中央、国务院发布的《交通强国建设纲要》[8]指出，到 2035 年，我国基本建成交通强国，基本形成现代化综合交通体系，智能、平安、绿色、共享交通发展水平明显提高，城市交通拥堵基本缓解，无障碍出行服务体系基本完善。面向 2030+，交通关键装备将更加先进安全，新型交通工具有望实现重大突破，全自动驾驶（L5 级）[9]、高速磁悬浮、低真空管（隧）道高速列车等成为主流地面出行交通工具；飞行汽车、个人飞行器、空中巴士等交通工具取得显著进展，成为未来人们自由出行的重要方式；海空两用的飞行船、海底隧道列车、潜水巴士等为人们的海上出行提供便捷；太空旅行逐步走近人们生活，各类航天器的研发将助力观赏太空旖旎风光的梦想实现。

未来，超能交通多层次、多资源的"融汇贯通"将持续赋能人类互联美好生活，移动办公、家庭互联、娱乐生活之间将得以"随心切换"。多维护航的可信交通环境，将让交通管理者实现足不出户的交通状况"全息感知"与"运筹帷幄"，让交通环境使用者对交通运行动态"实时感知、提前预知"，享用高效、绿色、安全的出行。此外，依托强大的通信网络，超能交通还将助力物流、信息流、资金流融合，为城市运力资源的动态平衡、城市经济的可持续发展增添强劲动力。超能交通示意图如图 4-8 所示。

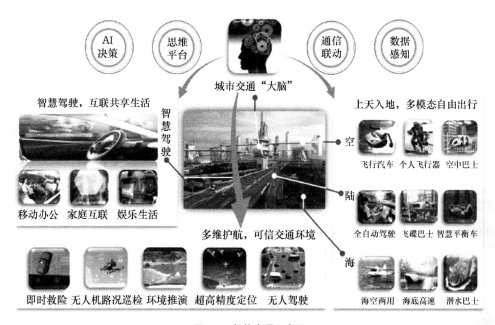

图 4-8　超能交通示意图

（2）"泛在覆盖"促进公共服务普惠化：普智教育、虚拟畅游、精准医疗

基于 5G 的高速率、大连接、高可靠、低时延等特性，5G 网络开始提供智慧医疗、远程教育等一系列公共服务，初步改善了城市与乡村医疗资源覆盖不均衡的现象，促进了优质教育资源的共享。然而，为全面实现 2030+公共服务的普惠化，达到"解放自我"的终极目标，需要利用"泛在覆盖"通信网络补盲和延伸地面网络特性，满足偏远地区或地理隔离区域（如海岛、民航客机、远洋船舶）的网络覆盖需求，全面推动教育、医疗、文化旅游等公共服务的发展。

如图 4-9 所示，在基于"泛在覆盖"的 6G 网络中，精准医疗将进一步延伸其应用区域，帮助更广域范围的人们构建起与之相应的个性化"数字人"，并在人类的重大疾病风险预测、早期筛查、靶向治疗等方面发挥重要作用，实现医疗健康服务由"以治疗为主"向"以预防为主"的转化。利用全息交互技术与网络中泛在的

AI 算力，6G 时代的普智教育不仅能够实现多人远距离实时交互授课，还可以实现一对一智能化因材施教；数字孪生技术将实现教育方式的个性化和教育手段的智慧化，它可以结合每个个体的特点和差异，实现教育的定制化。"泛在覆盖"通信网络还将结合文化旅游产业发力增效，通过全方位覆盖的全息信息交互，人们可以随时随地共同沉浸到虚拟世界，可入云端观险峰，可入五洋览湍流。

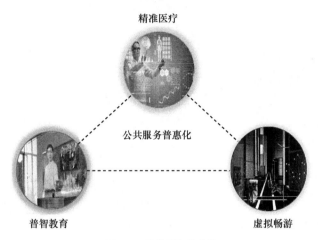

图 4-9　公共服务普惠化

（3）"泛在覆盖"推动社会治理精细化：即时抢险、"无人区"探测

5G 与 IoT 技术的结合可以支持诸如热点区域安全监控和智慧城市管理等社会治理服务。到 2030 年之后，"泛在覆盖"将成为网络的主要形式，完成在深山、深海、沙漠等"无人区"的网络部署，实现海-陆-空-太空全域覆盖，推动社会治理便捷化、精细化与智能化。

依托其覆盖范围广、灵活部署、超低功耗、超高精度和不易受地面灾害影响等特点，"泛在覆盖"通信网络在即时抢险、"无人区"探测等社会治理领域应用前景广阔。例如，如图 4-10 所示，通过"泛在覆盖"和"数字孪生"技术实现"虚拟数字大楼"的构建，可迅速制定出火灾等灾害发生时的最佳救灾和人员逃生方案；通过对"无人区"的实时探测，可以实现诸如台风预警、洪水预警和沙尘暴预警等功能，为灾害防范预留时间。

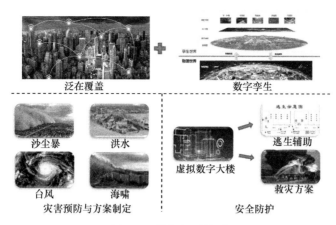

图 4-10　社会治理精细化

| 4.4　2030 年业务和应用发展趋势及网络技术需求指标 |

需求是技术发展最直接、最有效的驱动力。两者如同两辆疾驰的赛车，相互较量、你追我赶。通常需求领先于技术，当需求与技术的差距达到一定程度的时候，需求就会带来技术的爆发，促使技术加速，并实现对需求的反超。面向 2030 年及以后，在"数字孪生和智慧泛在"的社会发展愿景下，移动通信的业务和应用将呈现出许多新的特征[1-2]：

- 业务需求更加多样化和碎片化，业务速率和时延等指标的动态范围更大；
- 覆盖的立体化，需要空、天、地、海等一体化的网络覆盖；
- 交互形式与内容的多样化，包括数据、媒体、感觉和智能等；
- 业务开放化和定制化，用户可以按需定制网络能力；
- 通信、计算、人工智能和安全的融合化，提供可信、安全的服务。

为支撑 2030 年以后的全新业务、提供全新的服务模式，构建智慧泛在的 6G 移动通信网络，一方面，需要深入挖掘用户更深层次的智能通信与社交需求，梳理出对 6G 网络的技术指标需求；另一方面，要与工业、医疗、交通等垂直行业深度融合，通过全新的 6G 网络来满足垂直行业数字化和智慧化的发展需求，从而助力社会发展新突破，重塑一个全新的世界。6G 网络的技术指标需求来源于 2030 年及以后的新应用场景和新业务。例如：在全息通信中，极致的数据速率可带来沉浸式全息连接体验，这要求 6G 数据速率需达到太比特量级[2]；触觉通信最主要的挑战源于相比 5G 更低的端到端时延（低于 1ms 时延级别）[3]；对于高精度和提供保障的服务（如远程手术、云电力线通信、超能交通等），要求数据包传送从"及时"到"准时"以及较 5G 更高的可靠性；在超能交通场景下，飞机、磁悬浮列车等承载的终端的移动速度将超过 1 000km/h，这对 6G 在超高速移动环境下支持实时通信业务和高精度定位业务提出了挑战。混合现实生活的典型需求为高吞吐量、超低时延、随时随地一致性体验、可靠性连接、超长电池寿命等。机器人与认知自动化对 6G 移动网络在立体覆盖、安全、定位、抖动等方面的需求指标进一步提升。

与此同时，为了提供更灵活的业务适应能力，6G 需要具备比 5G 更全面的性能指标。除传统定义的用户体验速率和峰值速率、频谱效率、时延、可靠性、移动速度等指标之外，6G 网络还需要定义一些新的能力指标，如超低时延抖动、超高安全、立体覆盖、超高精度定位等。

如表 4-1 所示，6G 将在现有 5G 能力指标基础上，显著提升关键性能指标需求。

表 4-1　5G 和 6G 的需求指标对比

需求	5G 指标（ITU）	6G 能力指标
峰值速率	DL：20Gbit/s UL：10Gbit/s	太比特级（Tbit/s）
用户体验速率	DL：100Mbit/s UL：50Mbit/s	吉比特级（Gbit/s），用户随时随地的体验速率
用户面时延	eMBB <4ms uRLLC <1ms	近实时处理海量数据，确定性时延要求
可靠性	丢包率 <10^{-4}	接近有线传输的可靠性
流量密度	10Mbit/(s·m²)	较 5G 提升 10～1 000 倍
连接数密度	100 万/km²	几百万级设备连接
移动性	500km/h	>1 000km/h，支持民航、磁悬浮等高速交通工具的实时通信
频谱效率	较 4G 提升 3 倍	融合卫星系统来提供全球移动覆盖，因此频谱效率为体积谱效率（bit/(s·Hz·m³)

（续表）

需求	5G 指标（ITU）	6G 能力指标
定位	未定义	超高精度定位：亚米级无线定位
网络的智慧等级	未定义	达到 L4 的网络智慧（自动驾驶技术分为 L0～L5 共 6 个级别）
网络的安全等级	未定义	可定义若干级别，以适应不同等级的需求
三维的覆盖	未定义	需要提供空天地海的无缝覆盖
其他	未定义	无缝立体覆盖

此外，从产业发展的可持续性角度出发，6G 还需定义网络的能耗效率指标、比特成本指标等效率指标，满足未来高能效和低成本业务提供的需求。

对于 2030 年及以后的全新应用场景和业务应用带来的指标需求，仅依靠 5G 现有的网络和技术是难以实现的[10]。5G 网络的峰值速率、体验速率、用户面时延等指标已经需要系统支持大带宽和超密集组网，而对于全息通信需要的 Tbit/s 量级的数据传输速率、超能交通场景需要支持的超过 1 000km/h 移动速度等需求指标，依靠 5G 现有的网络和技术是难以实现的，必将带来新技术的突破。因此，一方面，需要推动 5G 技术的演进发展，在现有 5G 能力指标的基础上，尽可能提升关键性能指标需求；另一方面，需要未来的 6G 网络提供比 5G 网络更全面的性能指标，如超低时延抖动、超高安全、立体覆盖、超高定位精度等。

4.5　本章小结

本章聚焦下一代移动通信系统，探讨了面向 2030 年及以后的"数字孪生"与"智慧泛在"的社会发展愿景与全新的移动通信应用场景，包括数字孪生人、超能交通、通感互联网和智能交互等，分析了 6G 网络需求指标，包括峰值速率、频谱效率、可靠性、流量密度、连接数密度、时延、时延抖动、超精准定位、网络的智慧级别、安全级别等，未来的 6G 网络设计需要结合技术发展的趋势，全面满足在特定场景下的这些需求指标的要求。

| 参考文献 |

[1] 刘光毅, 金婧, 王启星, 等. 6G 愿景与需求: 数字孪生、智慧泛在[J]. 移动通信, 2020(6): 3-9.

[2] 中国移动研究院. 2030+愿景与需求白皮书[R]. 2020.

[3] 李正茂. 通信 4.0: 重新发明通信网[M]. 北京: 中信出版社, 2017.

[4] XU X, PAN Y, LWIN P P M Y, et al. 3D holographic display and its data transmission requirement[C]//2011 International Conference on Information Photonics and Optical Communications. Piscataway: IEEE Press, 2011: 1-4.

[5] STRINATIE C. 6G: The next frontier: from holo-graphic messaging to artificial intelligence using subterahertz and visible light communication[J]. IEEE Vehicular Technology Magazine, 2019, 14(3): 42-50.

[6] 国泰君安证券研究. 工业互联网下, "数字孪生" 转身成为关键技术[Z]. 2019.

[7] 德勤. 制造业如虎添翼: 工业 4.0 与数字孪生[J]. 软件和集成电路, 2018(9): 42-49.

[8] 中共中央　国务院印发《交通强国建设纲要》[J]. 水道港口, 2019, 40(6): 628.

[9] 德勤. 未来汽车: 交通技术和社会趋势如何构建全新的商业生态系统[Z]. 2016.

[10] 崔春风, 王森, 李可, 等. 6G 愿景、业务及网络关键性能指标研究[J]. 北京邮电大学学报, 2020, 43(6): 11-20.

第 5 章

全息投影

全息投影（Front-Projected Holographic Display）技术是指利用干涉原理记录并再现物体真实三维图像的技术[1]。受限于当前技术发展，目前人们接触较多的是通过双眼视差及人类视觉停留等原理带来的幻象技术，也被称为伪全息技术。真全息技术是不需要佩戴任何辅助装备，通过裸眼就可以 360°无死角观看 3D 影像的技术。随着网络和软硬件能力的发展，无辅助介质的可交互式全息技术必将是未来的发展方向。

| 5.1 过程原理分类 |

全息（Holography）技术的基本原理是：物体反射的光波与参考光波相干叠加产生干涉条纹，被记录的这些干涉条纹被称为全息图，通过一定的条件再现全息图，便可重现原物体逼真的三维图像。

根据全息图的记录手段和再现方式的不同，以及技术出现的先后，一般可将全息技术分为 3 类，分别为传统光学全息、数字全息和计算全息。

5.1.1 传统光学全息

全息技术是科学家丹尼斯·盖伯于 1948 年提出的，通过光学原理，用一束参考光与物光发生干涉，然后使用全息干版记录下干涉条纹，再通过线性冲洗得到全息图。在光学信息再现的过程中，用同样的一束参考光来照射全息图，在全息图的后面会得到与原物光波具有相同复振幅分布的衍射光波。因为再现时原物光波的所有信息都保留了下来，所以采用全息图能够得到十分逼真的三维物体影像。光学全息的基本原理如图 5-1 所示。

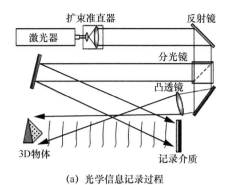 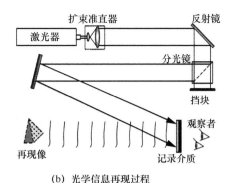

（a）光学信息记录过程　　　　　　　　（b）光学信息再现过程

图 5-1　光学全息的基本原理[2]

3D 影像全息图的记录过程是光学过程，再现过程也是利用光学照明来实现的，因此被称为光学全息。

5.1.2　数字全息

顾德门在 1967 年提出了一种新的全息成像方法，该方法用电荷耦合元件（Charge-Coupled Device，CCD）取代传统的干版记录全息图，用计算机模拟光学衍射过程完成数字再现，可以实现全息记录、存储和再现的全程数字化。随着计算机技术的发展和高分辨 CCD 等的出现，数字全息技术得到了迅速的发展。

目前常用的光敏电子成像器件主要有电荷耦合元件（CCD）、金属氧化物半导体（Metal Oxide Semiconductor，MOS）传感器和电荷注入元件（Charge-Injection Device，CID）3 类。

同光学全息一样，数字全息也分为记录和再现两个过程。首先，物光和参考光在 CCD 表面发生干涉，产生全息图。CCD 记录下光强分布，并进行抽样，由数据采集卡采集并进行模/数转换，并在计算机中保存，即形成数字全息图。然后，通过数值计算获得光的复振幅分布，将得到的强度和相位分布在显示器上显示出来实现再现的过程。通常为了获得高质量的再现像，在记录数字全息图后可以对其进行预处理，比如噪声抑制、干扰项消除和对比度增强等。另外，根据不同的应用需求，还可以对再现图像的光波场复振幅分布进行后续处理，提取所需要的信息。

5.1.3　计算全息

　　随着计算技术的进一步发展，通过物体的三维数据，利用计算机模拟光的传播，就可以模拟计算得到物光波，编码为全息图。打印全息图后微缩形成母版，可用激光直写系统、液晶光阀、空间光调制器（Spatial Light Modulator，SLM）来显示全息图，并利用光学照明进行再现，上述方法被称为计算全息。

　　全息图编码的方式灵活，主要有迂回相位编码、博奇编码、黄氏编码、李氏编码等。迂回相位编码是一种二元编码方法，通过控制开口的位置和尺寸来实现物光编码，主要用于空间滤波器和光学元件。博奇编码、黄氏编码和李氏编码是模拟光学全息的干涉型编码方式，主要用于全息三维显示。然而，无论是采用哪种编码方式，全息面上物光波的形式是相同的。

　　计算全息图的制作流程如图 5-2 所示，具体如下所述。

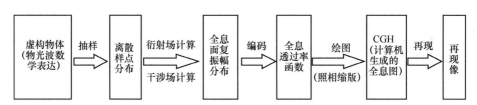

图 5-2　计算全息图的制作流程[3]

- 获取三维数据。三维数据有两种形式：第一，采用软件建模得到三维模型的空间坐标和颜色数据；第二，采用三维扫描仪、结构光三维测量、双目或多目相机等方式获取的实际物体的三维坐标和颜色数据。
- 计算编码得到计算全息图。计算三维数据在全息面上的光场复振幅分布与参考光干涉，并将其编码为全息图。
- 计算全息图进行输出显示。计算全息图的输出目前主要有两种方式：采用高分辨率的输出设备将计算全息图输出到全息记录材料上；将全息图载入空间光调制器上。前者常用于静态全息三维显示，后者常用于动态全息三维显示。

| 5.2　全息应用场景及关键技术 |

我们日常接触的数码世界都是二维平面的，显然这种体验已经不足以满足人们的需求。全息技术可以提供物体真实的三维信息，增强人们对事物的全面体验和认识。全息技术在美国科幻电影中经常出现，比如《星球大战》《阿凡达》和《钢铁侠》等。微软发布的 HoloLens 标志着全息技术开始走入消费领域，微软在 HoloLens 的演示中展示了全息技术在消费领域的应用前景非常广阔。如图 5-3 所示，HoloLens 是一种头戴型显示设备，能让用户在视野范围前方看到叠加有 3D 虚拟形象的现实场景。

图 5-3　HoloLens 模拟游戏

| 5.3　呈现方式分类 |

目前全息投影显示技术的实现仍然需要介质来充当"投影幕布"。按照介质类型，全息投影可分为蒸汽投影、激光爆破投影和 360°全息显示屏。还有就是伪全息投影，即通过边缘消隐和佩珀尔幻象产生立体的视觉效果。

5.3.1　蒸汽投影

美国一位 29 岁的理工研究生 Chad Dyne 发明了一种空气投影和交互技术，这是显示技术上的一个重要里程碑。它可以在气流形成的"墙上"投影出具有交互功能的图像，如图 5-4 所示。这与海市蜃楼的原理相似，将图像投射在水蒸气上。由于分子震动不均衡，可以形成层次和立体感很强的图像，从而实现在空气中的全息三维投影显示。

图 5-4　空气投影和交互技术

5.3.2　激光爆破投影

日本公司 Science and Technology 发明了一种可以用激光束来投射实体 3D 影像的方法，氮气和氧气混合的气体在激光作用下变成灼热的浆状物质，利用该物质可以在空气中形成一个短暂的 3D 图像，如图 5-5 所示。这种方法主要是通过不断地在空气中进行小型爆破来实现的。

图 5-5　激光 3D 影像技术

5.3.3　360°全息显示屏

　　360°全息显示屏是将图像投影在一种高速旋转的镜子上，如图 5-6 所示，从而实现三维图像的呈现，它可以在合理距离下显示任何角度的 3D 图片。研究人员在自由立体光场显示器中运用了一系列的渲染技术，整个显示系统包括一个高速视频投影机、一个被全息扩散体覆盖的高速旋转镜面，还有一个专门的处理器进行渲染视频信号的解码。这种全息显示屏使用标准的可编程显卡来完成，每秒可以渲染 5 000 多幅交互式 3D 图片。这些图片可以投影在一个各向异性的反射体上，然后利用动作追踪垂直视差和透视修正几何方法来支持 3D 动作。

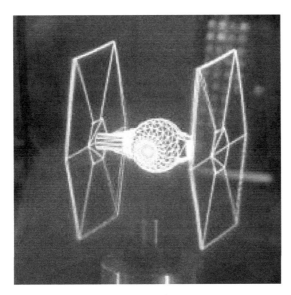

图 5-6　360°全息显示屏

5.3.4　边缘消隐

　　还有一种伪全息投影被应用在商业用途上。投影机直接背投在全息投影膜上，也就是虚拟偶像初音未来演唱会上采用的边缘消隐技术，如图 5-7 所示。

图 5-7　虚拟偶像未来演唱会

5.3.5　佩珀尔幻象

采用投影机或其他显示方法将光源折射 45°在幻影成像膜成像的全息投影，是目前商业应用领域采用的全息呈现方式之一。该方式采用 4 个方向的光线汇聚聚焦成全息图像，如图 5-8 所示。

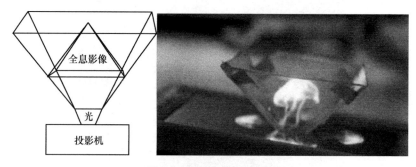

图 5-8　商业化全息展示柜

| 5.4　典型应用 |

5.4.1　全息通信

全息投影视频通话要求网络时延低于 5ms，5G 的大带宽、低时延特性大大改善了画面时延导致的眩晕，使得未来全息通信已经逐步成为可能。目前已经出现了多个全息通信的演示案例[4]。2017 年，美国通信运营商 Verizon 和韩国电信运营商 KT 合作，采用 5G 技术完成了全球第一个全息电话。5G 传输技术与特制的投影仪相配合，使得位于美国新泽西州和韩国首尔的技术人员顺利地进行了一次全息会议。在 2018 年的世界移动通信大会上，中国联通展示了 5G 全息通信系统，该系统依托中国联通的 5G 网络，并以 AR 设备为载体，搭配定制的应用软件，通过全息通信技术，有效打破了空间距离的限制。2019 年在西班牙，中兴通讯股份有限公司和 Orange 现场合作展示了全息投影视频通话，通过实时传输语音和图像，主持人现场与 Orange 总部的嘉宾实现了"面对面"通话交谈，如图 5-9 所示。

图 5-9　5G 全息投影视频通话

5.4.2　全息医疗

　　全息技术结合 VR/AR 技术在医疗领域也出现了较多的案例。世界知名医疗器械商 Stryker 联合微软研发的"全息定制手术室"如图 5-10 所示。全息定制手术室设计的初衷是帮助医生、护士和管理人员进行手术室的可视化设计和协作，让医生自行定制个性化的手术室。Stryker 利用 ByDesign 3D 软件设计手术室模型，微软在 HoloLens 的基础上，借助 ByDesign 3D 设计软件使模型可以进行交互。用户通过 HoloLens 可以操作"手术室"中的模块，同时其他用户可以在手术室二维图上看到这种变化。

图 5-10　全息定制手术室

5.4.3　全息驾驶

　　全息技术还有一种应用是在汽车显示上。捷豹路虎研发的"虚拟跟车导航"能在汽车前方投影出虚拟汽车指引驾驶员到达目的地，他们还使用激光在挡风玻璃上创建全息驱动的平视显示器。路虎首创"透明引擎盖"技术，通过全息影像为司机展示被遮挡的路面的路况。另外，奥迪为动画电影《变身特工》（*Spies in Disguise*）打造的概念车——RSQ e-tron 配备了全息投影仪表，如图 5-11 所示。

图 5-11　奥迪概念车 RSQ e-tron

5.4.4　全息航空

　　美国国家航空航天局（NASA）也利用混合现实（Mixed Reality，MR）技术研发火星车。戴上 MR 眼镜，设计者在眼前看到一辆火星车，如图 5-12 所示。随着设计者逐渐靠近，火星车的外壳将会消失，显露出内部的零件。此外，NASA 的喷气推进实验室（JPL）有一项名为 OnSight 的混合现实技术，这项技术将会使用全息投影的方式来展现火星表面的数据，戴上眼镜的瞬间地面变成红色荒地。

图 5-12 火星漫游车

┃ 5.5 未来发展方向——全息交互 ┃

5.5.1 全息交互关键技术

目前全息显示技术原理如图 5-13 所示，全息显示技术不仅可以实现 360°三维投影展示，还能实现投影内容与用户之间的互动。在前面的全息显示原理中，介绍到全息显示包括记录和再现两个过程。在记录过程中，场景中由同一物点发出的不同方向的光线经过透镜阵列不同的透镜单元入射到不同的基元图像，空间中不同物点发出的入射到同一透镜单元的光线被记录在同一基元图像。不同透镜阵列单元的基元图像记录了空间中不同观察位置的场景透视图像。集成成像的再现是记录的逆过程，将记录的基元图像阵列加载到显示面板上，经过再现透镜阵列出射，实现了对真实场景的具有水平和垂直双向视差的光场重构。

当前全息显示技术较多体现在图像呈现环节的光学处理上，无法实现数据交互处理。而全息互动投影系统是通过采集动作在传输过程中的遮挡情况，结合捕捉设备（感应器）、应用服务器和显示器等科技设备，对目标影像（如参与者）进行捕捉拍摄后，由影像分析系统进行分析，从而产生被捕捉物体的动作数据，再结合实

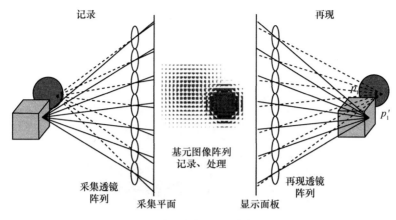

记录　　　　　　　　　　　　　　　　再现

基元图像阵列
记录、处理

采集透镜　　采集平面　　　显示面板　再现透镜
阵列　　　　　　　　　　　　　　　　阵列

图 5-13　全息显示技术原理

时影像互动系统，使参与者与屏幕之间产生互动效果的一种新型投影系统。即在图 5-13 右侧所示的再现过程中，当参与者与重构图像进行互动时，重构图像上不同位置会因为光线的遮挡带来强度等变化。感应器捕捉到这种变化后就会进行判断，接着引导全息影像做出相应的回应[5]。

　　相对于全息显示技术以单向传输为主，全息交互在用户观看全息呈现的同时，观看者的行为动作和指令还可以影响被观测的对象。这对网络通信和计算能力提出了更高的要求，也是未来发展的方向。

5.5.2　全息交互应用场景

　　全息交互使得"显示"不再局限于内容展示这一个功能，而是带来了一种前所未有的交互式体验，真正实现人机互动。就像电影《钢铁侠》里面描绘的场景一样，如图 5-14 所示，只需要用手在空中划动，就能够实现显示内容的切换。还能够将三维图像进行任意放大，观看其内容细节。医生能够更加清楚地看到病人的肿瘤位置和大小，进行精准的外科手术，甚至还能够在体外进行提前操练，提高手术成功率。全息互动投影技术在未来拥有广阔的发展空间，它不仅仅是一种传播形式，更是一种传播理念，从传统的填鸭式传播形式转换到以用户体验的满足感为中心，通过奇幻的视觉效果和美妙的动感将传播信息与消费者的距离拉到最近，体验者在操控虚拟影像的过程中很自然地接收了现实环境中传递出的信息内容与元素，这种内在吸引力无疑很容易就能占据消费者的心智，从而达到一种情感互动的共鸣[6]。

图 5-14　电影《钢铁侠》中的全息交互应用场景

| 5.6　网络性能指标需求分析 |

全息技术的发展将给人类生活带来许多便利，其中其在通信领域发挥的作用更是不言而喻。全息通信可以实现在极短时间内传输实时运动的真实图景，并有望实现人类通信从 2D 平面图像到 3D 立体显示的跨越。同时，它对移动网络承载能力提出了更高的要求，给移动网络的峰值速率、时延和计算存储等技术指标也带来了极大的挑战[7]。在记录和生成全息图像的过程中会产生十分庞大的数据流量，对端到端传输带宽的需求甚至达到了太比特级。同时，时延也是全息通信需要考虑的关键问题之一。当网络时延超过 20ms 时，用户会感受到明显的眩晕，这将极大地降低沉浸式体验的感受。另外，在未来应用（如远程手术等）中，移动传输网络必须具有较高的安全性和可靠性。同时，全息 3D 成像对图像进行合成、渲染和重建需要较高的计算能力，因此全息采集端和终端的边缘计算能力也十分重要。

ITU-T Network 2030 焦点组指出，要实现全息远程应用，要求网络带宽增长到太比特级，对时延的要求低至毫秒级别[8-9]。目前发展的 5G 移动通信系统还不具备这样的能力，未来 6G 将实现太比特级的峰值速率、亚毫秒级的超低时延以及99.999 99%的高可靠性，将有助于实现全息的远程应用。目前，全球各地已经开始

6G 项目的投入，并举办了一系列的研讨会和学术会议。6G 除了增强传统移动通信外，还将改变信息接触模式，使人类生活习惯发生翻天覆地的变化，为用户带来一场 3D 视觉盛宴。

| 5.7　本章小结 |

依托未来 6G 移动通信网络，全息显示技术将融入许多应用场景，如通信、远程医疗、办公设计、军事和娱乐游戏等，彻底改变人们的生活、工作和出行习惯。我们可以幻想：只需要用手在空中一挥，复杂的建筑物、汽车等 3D 图像直接呈现在眼前，通过对图像放大旋转能够观察到内部的细节；在网上购物时，衣服、鞋子和饰品可以直接穿戴在身上；每个人只需要待在家里或自己的办公室里，就能够面对面坐在一起开会讨论；复杂的外科手术能够很快确定最佳方案，极大地减少死亡率……这一切都将会随着全息技术的发展，借助未来 6G 网络的太比特的传输速率和亚毫秒级处理时延等能力来实现。

| 参考文献 |

[1] 王绪言. 全息投影技术研究[J]. 数字技术与应用, 2011(8): 59-61.

[2] 于美文. 光学全息及信息处理[M]. 北京: 国防工业出版社, 1984.

[3] 胡杰康, 王辉, 李勇, 等. 基于数字全息和计算全息的动态三色全息三维显示[J]. 浙江师范大学学报(自然科学版), 2019(2): 135-142.

[4] 赵亚军, 郁光辉, 徐汉青. 6G 移动通信网络: 愿景、挑战与关键技术[J]. 中国科学: 信息科学, 2019, 49(8): 963-987.

[5] CLEMM A, VEGA M T, RAVURI H K, et al. Toward truly immersive holographic-type communication: challenges and solutions[J]. IEEE Communications Magazine, 2020, 58(1): 94-95.

[6] CHEN J S, CHU D P. Improved layer-based method for rapid hologram generation and real-time interactive holographic display applications[J]. Optics Express, 2015, 23(14): 18143-18155.

[7] 郑秀丽, 谭佳瑶, 蒋胜, 等. 未来数据网络需求分析[J]. 电信科学, 2019(8): 16-25.

[8]　XU X, PAN Y, LWIN P, et al. 3D Holographic display and its data transmission require-
ment[C]//2011 International Conference on Information Photonic and Optical Communica-
tions. Piscataway: IEEE Press, 2011: 3.

[9]　XU X, SOLANKIA S, LIANGA X, et al. Full high-definition digital 3D holographic display
and its enabling technologies [C]//SPIE 2010. [S.l.:s.n.], 2010: 7.

第 6 章

沉浸式体验 XR

随着移动通信的业务从简单的语音、文字、图片向视频业务转变，人们对业务的需求也在随着技术的突破而不断发展。5G 时代，随着网络速率的提升和传输时延的降低，虚拟现实/增强现实（Virtual Reality/Augmented Reality，VR/AR）已经开始在 5G 网络中得到应用，由此给人类打开了沉浸式业务体验的大门。VR/AR 必将随着网络技术和消费电子技术的发展而不断完善，成为未来视觉相关业务的主要发展方向。本章介绍 VR/AR 的原理、支撑技术、未来发展趋势和对网络能力的要求。

| 6.1 VR/AR 的发展与进步 |

VR/AR 是借助近眼显示、感知交互、渲染处理、网络传输和内容制作等实现的全新的沉浸式视频业务。虚拟现实的概念早在 50 多年前被提出，当时第一个沉浸式人机交互（Human-Computer Interaction，HCI）模型被命名为"人机图形通信系统"[1]。如图 6-1 所示，1994 年 Milgram 提出的分类法和 1998 年 Benford 提出的分类法基于真实世界中的视觉感受是否参与，对虚拟现实（VR）和增强现实（AR）进行了分类[2]。VR 技术结合计算机软硬件、传感、机器人等技术构造可交互的虚拟世界，AR 技术实时地计算摄影机影像的位置及角度，并加上相应图像，将真实世界信息和虚拟世界的信息"无缝"集成。用户通过 VR/AR 技术，借助必要的设备与数字环境进行交互，感受在视觉、听觉、触觉等方面的沉浸式体验。

近些年，在产业界一些大型企业提出的混合现实（Mixed Reality，MR）概念中，AR 和增强虚拟环境（AVE）是 MR 的两种形态，而理想的 MR 是实现真实场景与虚拟环境在几何、光照、物理和交互一致性的完全匹配，也是 AR 技术发展的目标。经过半个多世纪的发展，VR/AR 技术在各领域渗透并不断深化，行业应用活跃，市场需求旺盛。面向 2030+，VR/AR 技术将逐步走向成熟，为人类提供丰富多彩的沉浸式体验，促进各行各业快速发展。

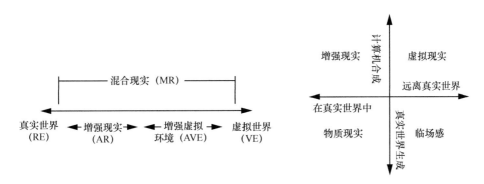

图 6-1　Milgram 分类法（左）和 Benford 分类法（右）示意图

6.1.1　VR/AR 技术发展及现状

　　VR/AR 技术体系示意图如图 6-2 所示，VR/AR 的整个技术体系包括近眼显示、内容制作、网络传输、渲染处理、感知交互 5 个功能模块。VR/AR 技术主要涉及以下 4 个方面。

图 6-2　VR/AR 技术体系示意图

（1）核心器件技术

VR/AR 的产品中核心器件主要是光学元件、显示器件和处理芯片。目前绝大部分商用虚拟现实显示和部分增强现实近眼显示采用传统光学以及自由曲面技术，国内发展水平和国际上并跑，自由曲面等技术的研发甚至领先。第一代虚拟现实显示使用传统液晶显示器（Liquid Crystal Display，LCD）和 AMOLED 技术，现阶段普遍使用 LCD 技术，而高分辨率 AMOLED 和 OLED 微型显示器件主要被三星和京东方垄断；处理芯片方面，高通骁龙占领行业的垄断地位，近几年以华为海思为代表的公司开发的麒麟系列缩小了与世界先进水平的差距。相信在不久的将来，VR/AR 呈现产品会告别无国产"芯"的历史。

（2）空间计算技术

为了精准估计六自由度位姿以及对场景物体进行高精度建模，VR/AR 需使用空间智能计算技术给用户呈现高度逼真的虚实融合场景。在现阶段发展的 5G 云 VR/AR 平台中，端/云协同的 AR 平台实现了同时定位与地图构建（Simultaneous Localization and Mapping，SLAM）技术，云建模/重建平台针对大场景的解决方案，借助无人机、激光雷达与摄像机等多传感器，实现全自动或半交互式的场景地图数字化重建渲染技术。未来，"2030+数字孪生"等新形态的兴起将推动物联网和视频数据在云端的汇聚融合与 VR/AR 呈现，有助于构建实时在线、实景可视的数字孪生平台。

（3）渲染技术

渲染技术将核心渲染计算功能代码抽象化、模块化，整合建模、动画、光照、粒子特效，以及物理系统、碰撞检测、文件管理、网络传输等多个子系统模块，构建出可快速使用与定制的渲染系统。通过渲染引擎，VR/AR 开发者仅需少量配置即可实现虚拟环境的实时呈现。现阶段通过专用的图形处理器（Graphics Processing Unit，GPU）实现渲染流水化架构，提高渲染效率。为了解决 VR/AR 渲染所需计算力不足的问题，可将端侧的渲染计算搬至云上，渲染图像经过压缩后，以视频流方式下发的方案可有效地节省端侧计算资源。

（4）传输技术

在 VR/AR 应用的端到端传输中，超低时延为用户提供了更逼真、沉浸式的虚实融合体验。针对大数据量的传输，在有限的带宽条件下，VR/AR 技术需要通过高效的编码压缩技术和传输协议来构建超低时延传输方案，现阶段使用的高效编码标准有 H.264/H.265[3]、AVS2、AV1 等。传统的 TCP/UDP 在传输时延抖动和丢包问题上均无法很好地满足 VR/AR 业务强交互、低时延、低缓存的需求，因此需要选取新型的有针对性的传输协议，如 QUIC 协议。

6.1.2 VR/AR 的应用领域

随着 VR/AR 与实体经济结合以及与通信产业的联系愈发紧密，VR/AR 广泛应用于行业应用（2B）和大众应用（2C）的许多领域，其中面向 2B 的有工业、军事、教育和城市建设等，面向 2C 的有旅游、游戏、社交和影视等。

（1）VR/AR+工业制造

VR 被列为智能制造核心设备领域的关键技术之一[4]。VR 将应用于工业制造的需求分析、总体设计、工艺设计、生产制造、测试实验、使用维护等环节。在典型的汽车产业中，汽车厂商可在与真实汽车同比例的虚拟场景中动态调整设计细节，同时进行路试、碰撞等测试，不仅缩短了研发周期，而且降低了研发成本。VR 为工业提供了便利的研发环境，某知名汽车制造企业在汽车研发中引进了 VR 技术，并取得了显著的效率提升。如图 6-3 所示，汽车设计师可以移步 VR 办公，在虚拟环境中相互协作，共同设计汽车。

图 6-3 设计师远程使用 VR 检查设计进度

（2）VR/AR+影视/直播

虚拟现实的沉浸性使其广泛应用在影视/直播领域。据预计，2025 年的直播市场营收规模将高达 800 亿美元[5]。直播通常为事件直播、新闻、体育赛事、演唱会等。如图 6-4 所示，《堡垒之夜》曾多次举办线上虚拟演唱会，有千万级的观众共同观看。现阶段国内外很多平台提供了 VR 直播业务，例如 Facebook、Twitch、花椒直播等。虚拟现实的影视作品主要采用剧情拍摄方式，同时在分辨率、刷新率、色深等方面有高画质要求，其主要受拍摄、拼接技术和设备局限性的影响。用户可以随时随地感受 VR 巨幕影院的优质体验。

图 6-4　歌手 Travis Scott 在《堡垒之夜》的虚拟世界音乐会

（3）VR/AR+游戏/社交

虚拟现实与视频游戏的结合（如图 6-5 所示）将为用户带来更真实而强烈的刺激，而庞大的用户基数以及核心玩家将形成巨大的 VR 视频游戏市场。用户对 VR 游戏的端到端时延以及画面的分辨率有更苛刻的要求，这将推动终端设备、内容制作、网络传输等技术持续发展。AR 技术在社交方面的视频通话场景中可给用户带来感知和交互升级，将更多视频手段融入 AR 视频通话中。

图 6-5　VR 游戏场景示意图

（4）VR/AR+文游产业

国务院发布的《关于进一步激发文化和旅游消费潜力的意见》提出，要促进文化、旅游与现代技术相互融合。在文化、旅游领域使用 VR/AR 技术，沉浸感可以让用户更快速地融入场景中，同时可提高参与感。除此之外，用户还可以足不出户地参观数字景区、数字博物馆，从而深刻了解知识和文化内涵的多样性。

（5）VR/AR+军事领域

虚拟现实技术可以模拟高度逼真的战斗场景、武器装备，并且在演习过程中降低作战的危险性以及演习的成本，VR 技术将在军事演习中发挥重要的作用。在场地受限的情况下，使用 VR 技术模拟环境可以很好地构造出在真实战场的地形、气候、武器装备，提高作战人员的动作水平和应变能力，提升指挥员的指挥能力。

（6）VR/AR+教育

VR/AR 在教育领域的应用，一方面体现在从小学教育（如图 6-6 所示）到大学教育的课堂上。学生戴上 VR 虚拟现实设备，加上相关场景，就可以轻轻松松地实现交互式的教学，该方式完全代替了传统的老师口述+粉笔板书的方式，可以使学生摆脱传统的、枯燥的教学方式，比 PPT 投影的方式更加有趣味性和互动性。另一方面体现在职业教育上，比如消防教育、企业的管理教育等，使用 VR/AR 技术可以降低成本开销、安全风险，同时使用户更加喜爱学习、更深层次地理解知识。

图 6-6　VR 教育应用于小学课堂

6.1.3　VR/AR 面临的挑战

随着 VR/AR 产业链的逐步形成，VR 平台实现了内容制作、版权管理、编码、内容分发、渲染计算等功能，但是现阶段在内容、终端设备、计算能力等方面仍存在着新的挑战。

- 内容匮乏，版权得不到保护。现阶段虚拟现实主要以视频业务为主，受拼接、建模、渲染技术等技术的限制，各厂商开发接口不统一、终端存量较小等因素导致生态系统难以建立、内容较匮乏。
- 终端设备笨重，待机时间短。目前市场上一些 VR/AR 终端价格较昂贵，笨重以及待机时间短导致用户长时间体验效果不佳。现有光学产品及技术方案导致视场角（Field of View，FOV）狭窄，难以满足用户需求，而且在模组元件设计、重影、Eyebox、入射角度等方面存在着困难与挑战。
- 渲染能力不足。VR/AR 的实时渲染、绘制虚拟的实体的计算复杂度高，尤其是在云 VR/AR 平台上，面向 2B 业务场景下的大型复杂物体，更需要强大的 GPU 计算处理能力及协同渲染技术。
- 传输时延高，带宽不足。现阶段缺乏针对强交互业务的编解码标准及配套的传输方案。未来，为了降低整个端到端传输时延，一方面需要优化编解码技术，另一方面需要强大的网络承载能力来支撑高质量视频流。

|6.2 本地处理到云端处理的演进|

VR/AR 产业发展与用户体验、终端成本、技术创新和内容版权息息相关，这 4 个方面的因素也成为云化 VR/AR 发展的关键因素。低成本终端有助于提升 VR/AR 硬件普及率，但有限的硬件配置同时会降低用户的良好体验，影响消费者对 VR/AR 的持续使用和接纳，限制 VR/AR 产业的良性发展。在这一背景下，云 VR/AR 有望切实加速推动 VR/AR 的规模化应用，通过将复杂计算处理和内容存储置于云端，可大幅降低终端成本，减轻终端重量，并维持良好的用户体验，为 VR/AR 业务的流畅性、清晰度、无绳化等提供保障。

云 VR/AR 将云计算、云渲染以及云感知的理念及技术引入 VR/AR 业务应用中，借助高速稳定的网络，将云端的显示输出和声音输出等经过低时延编码压缩后传输到用户的终端设备，实现 VR/AR 业务内容上云、渲染上云以及感知计算上云。

在云 VR/AR 架构下，通过云渲染、云感知技术，VR/AR 内容处理与计算能力驻留在云端，可以便捷地适配差异化的 VR/AR 硬件设备，针对高昂的 VR/AR 内容制作成本，也有助于实施更严格的内容版权保护措施，遏制盗版内容，保护 VR 产业的可持续发展[6]。

5G 网络技术成为虚拟现实、增强现实、混合现实业务发展的催化剂。VR/AR 将成为 5G 率先成熟的应用场景，5G 与 VR 的结合将为各行各业的发展带来更大的想象空间[7]。

面向 2030+，本地处理到云端处理的需求更加明显，云化处理势必成为 VR/AR 产业的最佳形态。极低时延、太比特级传输能力的未来移动通信网络将为用户提供更优质的应用场景。虚拟现实、增强现实、混合现实合并为一的扩展现实（XR）服务将在 6G 网络的助力下带来物理世界和虚拟世界的自然融合。

未来 10～20 年，终端发展趋势是轻量化、移动化，内容生态也迅速发展，逐步丰富和多样化，涵盖范围不限于影视、游戏、商业应用等。应用场景主要以多人交互为主，并且多是实时性的，例如交互式教育、多人异地协作以及多领域多方协作；真实物体绑定的虚拟信息表现出虚拟世界与物理空间的紧密连接，在大范围体验空间场景下（从桌面到房间再到区域），虚实世界间关联信息的高效流通和汇聚显得非常重要。

6.2.1　云 AR

云 AR 技术可为用户带来感知和交互升级，感知升级帮助用户更好地理解应用中的人、物、场景、语义，交互升级帮助用户更好地与应用中的人、物、场景联系起来。AR 与各类应用技术的紧密结合将开拓新的领域，产生巨大的市场前景，带来新的想象空间。

针对云化 AR 应用场景，平台侧为 AR 云化提供强大的处理能力，通过将对时延敏感的能力（包括 AR 数据处理、AR 渲染、AR 编解码、AR 中的 SLAM 以及边缘分发能力）下沉到边缘侧，将业务系统部署在中心云上，主要负责用户管理、AR 数字资产管理以及边缘调度等业务相关服务[8]。

结合计算承载平台和整体业务运营系统的发展，计算、数据融合管理及发布的云化，构建出一个区域级乃至城市级增强现实体验的蓝本，衍生出"AR 云"。狭义上的 AR 云是一个持续的点云地图与真实世界坐标的结合，通过对现实世界扫描，建立实时更新的 3D 数字世界模型，为智能终端提供索引、融合虚拟信息的能力。简单来说，就如同网络搜索引擎索引所有网络信息，AR 云索引的是覆盖在真实世界上无处不在的 3D 虚拟信息[9]。

AR 云概念框图如图 6-7 所示，广义上的 AR 云除了包含完成以上功能的核心部分，还包含对增强现实应用有所裨益的内容（如渲染素材）和信息（如应用客户使用信息等）管理功能以及多人协作的应用基础框架（如协同通信和同步协议）等。

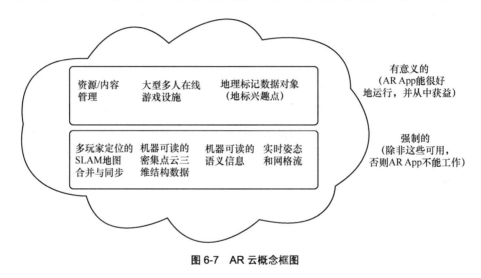

图 6-7　AR 云概念框图

同时，面向 2030+万物互联的信息数据系统，云化增强现实系统为人类完成跨越当前现实世界与数字世界之间的鸿沟注入强大动力，同时也与主流 ICT 信息部署和处理技术存在着密不可分的关系。

AR 的核心是感知技术和显示技术，终端的核心是用户交互和信息呈现，整体系统必须借助构建在云端的计算中心，由云端负责数据 3D 建模、数据分析、信号处理（根据业务场景，可能包含 AI、深度神经网络的复杂运算）、数据库存储等计算密集的操作。如果没有云计算，AR 核心只能支持非常有限的应用场景，无法泛化到大规模的落地场景，只有通过云计算增强了终端 CPU、GPU 的感知、计算和渲染能力，AR 才具有实用意义。

AR 应用需要物联网、大数据技术进行智能支撑，作为垂直领域应用，具备了大数据功能就可以完成信息加持和业务交互，这样 AR 应用才能真正快速发展，给人民的生活水平带来质的提高。

AR 系统也和人工智能技术紧密结合，这源于 AR 技术中的对象及环境感知技术，同时 AR 内容制作也可以通过人工智能来提升开发效率，并降低成本。人工智能将极大地推动 AR 系统在垂直行业的应用和规模推广。

6.2.2　云 VR

云 VR 技术的数据密度和更新速度都很高，因此它是数据量大、计算密集、整合性强的基础性技术，对未来网络、物联网、人工智能等新型信息基础设施领域的产业拉动力强，为制造业研发设计、生产制造、经营管理、沉浸体验、电子商务等全产业创新发展提供了崭新的解决方案，也为深度融合带来了新契机。5G 网络下的云 VR 端到端解决方案架构如图 6-8 所示。

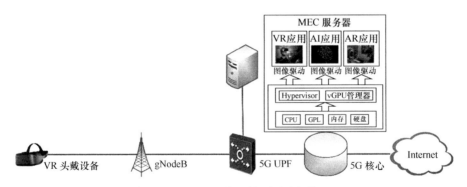

图 6-8　云 VR 端到端解决方案架构

为了降低对 VR 终端的续航、体积、存储能力的要求，有效降低终端成本和对计算硬件的依赖性，同时推动终端轻型化和移动化，通过云端图像渲染来带给用户更加逼真的沉浸式体验已经成为产业发展的必然方向。云化 VR 对渲染能力更强、渲染效率更高和渲染成本更低的云计算基础设施提出了新的需求。

通信时延导致的眩晕问题是 VR 设备向大众普及的巨大障碍，VR 对低时延的需求导致云平台由"中心云"向"边缘云"扩展，并带动渲染、转码和缓存加速业务卸载或分流到边缘云处理。边缘计算基础设施的建设和普及将赋能 VR 边缘制作服务、边缘媒体智能分析服务和 VR 边缘云渲染等业务场景。

未来网络和云计算服务的飞速发展给 VR 行业带来了新的机遇，空间智能技术也在朝着端-云协同的趋势发展，以不断扩大 VR 应用的场景规模和增强用户体验。

对于云 VR 强交互业务，最重要的体验指标是保证用户的交互操作低时延，这要求网络保证传输的低时延、高可靠性，最大限度地降低网络传输时延突发和丢包的发生。对于云 VR 弱交互业务而言，其对于时延和丢包的容忍程度均高于 VR 强交互业务，但是为了满足其交互需要，云网需要保证较少的传输时延突发；此外，云网必须能够提供足够大的网络带宽，且带宽成本较低，以适应 VR 弱交互业务大量并发用户存在的特点。

未来网络需要提供足够强大的算力以保障用户沉浸式感官享受，满足宏大复杂场景、光影和纹理的构建和渲染运算需求，为用户提供无时延和身临其境的真实操作感。为了保证提供服务的实时性，网络可以提供高效可靠的调度算法，根据终端的地理位置和所需的算力规模，选择兼顾时延和算力最优的路径提供服务。

面向 2030+，未来网络将对云化 VR 建模、显示、传感、交互等重点环节产生更重要的影响，也会加速动态环境建模、实时三维图形生成、多元数据处理、实时动作捕捉、实时定位跟踪、快速渲染处理等关键技术攻关，加快虚拟现实视觉图形处理器、物理运算处理器（Physics Processing Unit，PPU）、高性能传感处理器、新型近眼显示器件等的研发和产业化。

| 6.3　6G 云 VR/AR 展望 |

作为一种通用能力，VR/AR 技术与现实世界正趋向于深度融合，未来将更广泛地应用于各行各业，并最终改变人们的工作和生活方式。根据普华永道的预测，2030 年 AR 和 VR 技术将会为中国经济贡献 1 833 亿美元（约合 1.28 万亿元），推动中国 GDP 增长 2.09%，并带来 682 万个新增工作岗位。其中 AR 将为中国经济贡献 1 295 亿美元（约合 9 065 亿元），VR 将贡献 538 亿美元（约合 3 766 亿元）[10]，如图 6-9 所示。

图 6-9　2030 年中国 VR/AR 业务规模[10]

从世界范围来看，2030 年 AR 和 VR 将会为全球经济贡献 15 429 亿美元（约合 10.8 万亿元），推动全球 GDP 增长 1.81%，并带来 2 336 万个新增工作岗位。其中 AR 将为全球经济贡献 10 924 亿美元（约合 76 468 亿元），VR 将贡献 4 505 亿美元（约合 31 535 亿元），如图 6-10 所示。

图 6-10　2030 年全球 VR/AR 业务规模[10]

面向 2030+，高保真的沉浸式 VR/AR 将成为未来 6G 移动通信网络必然支持的应用，人们可以在任何时间和地点享受完全沉浸式的交互体验，为用户带来沉浸式体验升级——视觉、听觉、触觉、嗅觉、味觉乃至情感将通过高保真 VR/AR 充分被调动，用户将不再受到时间和地点的限制，可以享受虚拟教育、虚拟旅游、虚拟运动、虚拟绘画、虚拟演唱会等完全沉浸式的体验。这将会促进 VR/AR 业务的快速发展，进而刺激 VR/AR 关键技术的快速演进、终端设备和内容制作的逐步发展与成熟。

未来网络下的高保真 VR/AR 应用所需的数据量和数据速率将远超我们目前已知的其他无线应用。当然，基于无线通信网络实现高保真 VR/AR 将会面临诸多挑战[11]。随着多种重要能力（如云渲染和云感知上云）的发展，云端也将承载更多的VR/AR 重要能力。其对网络的上下行传输和时延都提出了很高的要求，不仅需要太比特的峰值速率，还需要较低的交互时延，即需要同时保证高吞吐率与低时延。另外，随时随地 VR/AR 意味着任何时间、任何地点都希望可以满足高速率需求，即VR/AR 不仅对峰值速率有要求，对网络平均速率和覆盖也有极高的要求[12]。

6.3.1 新场景

随着技术的发展，未来 VR/AR 技术与云计算、6G、大数据、人工智能等技术的融合将打破时空局限，拓展人们的能力，进一步深化其在各行各业的渗透，并支撑新产业生态的发展。2030 年全球 VR/AR 业务场景占比如图 6-11 所示。

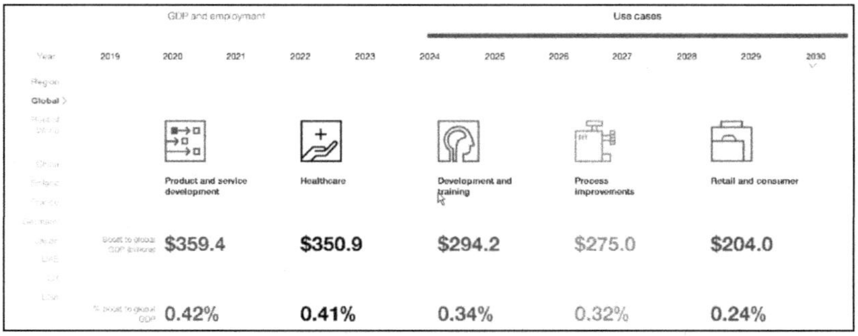

图 6-11　2030 年全球 VR/AR 业务场景占比[10]

如果说虚拟现实是构建一个完全虚拟的世界，那么数字孪生则是构建一个虚拟的真实世界。虽然都是虚拟的，但是数字孪生与 VR 不同的是，其不仅是物理世界的数字化映射，更与物理世界有着强交互性，具备双向影响的能力。比如通过数字世界对物理世界的事物下达指令、计算控制；反向也可以将物理世界中的变化实时映射到数字世界中，双向影响。在数字孪生的结构下，借助 VR/AR 技术，可以有效地整合、连接数字虚拟体与实体两端，让使用者更加有效地实现数字化操作。将物联网信息、三维地理信息、视频流等通过空间智能图进行组织，建立实景数字孪生的云平台，可以服务于智慧安防、智慧城市、智慧工厂、数据中心等领域。而随着传感器、计算能力和数字化技术的迅速发展，VR/AR 的应用场景也在不断扩大，城市级现实世界的数字化和虚实融合将有望在不远的将来得以实现。这首先需要突破大尺度场景高精度三维地图构建技术，建立虚实内容的承载平台，并且要具有多粒度的语义标注信息。以众包更新的方式来适应现实环境的变化，无限延长地图的生命周期。在技术手段上，结合 6G 的带宽、时延等网络优势，协同云、端的计算资源来实现规模化、长期化的三维地图及真实物体构建，帮助各行业数字化升级，实现基于视觉孪生、物理孪生及时空孪生的场景应用。基于数字孪生信息模型，虚拟现实可以实现以人为中心的物联网信息可视化，提升人的认知与决策能力，将视频画面通过三维的方式融合到三维空间中，将实时景象视频流和物联网数据流进行空间关联，在现有数字孪生模型的基础上融合了实景画面，提升数字孪生模型在运行服务阶段的态势感知与应急指挥服务能力。

6.3.2　新技术

构建完美的虚拟世界，需要多学科交叉融合，更优的内容画质、视觉保真度、渲染时延与功耗开销等需要引入诸多新技术创新。

渲染呈现技术通过算法将场景对象的模型数据转变为图形图像呈现于显示屏。当前 VR/AR 技术仍存在高沉浸性画面呈现所需的巨大计算量与图形渲染硬件和算法有限的计算性能之间的矛盾。云计算环境、6G 低时延网络等新兴技术的发展将为 VR/AR 渲染图像的计算提供新的解决方案，通过打造新渲染系统架构与渲染算法研究，构建云-端结合的实时渲染引擎。面对医疗、建筑等大模型的渲染场景，需要采用分布式渲染系统。

感知交互技术通过接收、理解真实世界中事物的变化来确定虚拟和真实世界的空间关系，从而实现二者的准确交互。在交互方面，目前基于手柄或者陀螺仪焦点的操作模式不是最自然、最便利的交互方式。未来需要通过"手势+眼动+语音"相结合的方式，向更加自然交互的方向演进。其中将基于 AI 的手势及图像识别、语音识别以及眼动跟踪等技术，设计更优化的硬件架构及软件算法，将成为重大的技术挑战。目前基于 Inside-Out 空间定位技术的 6DoF(six Degrees of Freedom tracking) 方案仍然存在无法复现真实的手指动作的缺陷。从体验及技术的趋势来看，当前主要问题在于遮挡等条件下的性能表现尚待提升，同时由于缺乏必要反馈，导致用户体验不佳，未来低功耗、高精度的手势识别技术会成熟。在感知方面，目前主要的技术路线是单目视觉+IMU（惯性传感器）融合 SLAM 实现厘米级准确度和毫米级精确度定位输出。未来 SLAM 技术将逐渐成熟，在跟踪、点云地图构建、重定位等方向实现突破，实现在终端产品上的广泛应用。而三维注册技术可以重建现实场景的三维信息和用户或者相机的实时位姿信息，从而能将虚拟对象准确地注册到现实场景的相应位置上且不会出现漂移，保证虚拟对象和现实场景的几何一致性。

随着人工智能技术的快速进步、虚拟现实应用领域的日益拓展及虚拟现实系统功能智能化需求的不断提高，人工智能技术开始融入虚拟现实系统，并逐步成为虚拟现实系统的重要特征。首先，深度学习渲染成为人工智能图像渲染领域的重要创新。基于神经网络的图像降噪训练可以通过深度学习来渲染边缘光滑的内容；其次，为了进一步增强虚拟现实内容的社交性和互动性，以真实用户为对象的虚拟化身成为虚拟现实领域的发展热点；最后，人工智能已被在图像识别、行为预测以及知识图谱方面取得显著成果，未来人工智能技术可以提供智能的导航、情感理解以及办公辅助等用户在工作生活场景下需要的功能，VR/AR 技术可以为这些信息提供更好的呈现平台，进一步方便人们的工作和生活。

| 6.4 通信能力需求 |

6.4.1 时延、带宽分析

VR/AR 系统中涉及用户和环境的语音交互、手势交互、头部交互等，必须满足超低时延要求才不会给用户带来明显的头晕症状。MTP（Motion to Photon）时延是用户动作产生到画面变化的时间，包含终端和服务器端处理时延以及网络传输时延。MTP 时延低于 20ms 是目前许多虚拟现实用户体验的目标，但相关研究结果表明，几乎所有用户都无法感知到小于 15ms 的 MTP 时延。为了不让传输成为整个处理流程的瓶颈，预计 2030 年业务传输时延将小于 10ms，单用户业务体验速率将达到 1.5Gbit/s。

6.4.2 可靠性分析

在现有的云化 VR/AR 应用中，影响可靠性的因素主要是云、网、端能力的不确定性，云端算力不足，网络保障带宽的变化（包传输时延的抖动），这些因素会对用户体验产生明显影响。例如，对于 VR/AR 业务而言，交互方式直接影响用户的操作体验，端、边必须提供足够简便和鲁棒性更高的交互方式，例如语音交互和手势交互，既要能提供多样的输入信息，还要能具备足够的鲁棒性，降低用户的操作难度。在面向 2030+ 的高保真 VR/AR 应用中，用户需要任何时间和任何地点的沉浸式 VR/AR 体验升级，因此需要进一步提高可靠性指标。

| 6.5 本章小结 |

VR/AR 业务近年来受到了越来越多来自工业界和学术界的关注，并被视为 6G 重点应用之一。VR/AR 有潜力作为继 PC 和手机平台之后的下一代计算平台，将成为推动我国经济高质量发展的重要动力。然而，由于时延、带宽等因素的限制，VR/AR 还有许多关键问题亟待解决。未来，VR/AR 技术将与云计算、未来网络、大数据、人工智能等技术结合[13]，成为数字孪生的重要业务呈现形式，服务于智慧安防、智慧城市、智慧工厂、数据中心等领域，助力各行各业数字化转型。

| 参考文献 |

[1] SUTHERLAND I E. The ultimate display[M] // Multimedia: From Wagner to virtual reality. [S.l.:s.n.], 1965.

[2] LI X, YI W, CHI H L, et al. A critical review of virtual and augmented reality (VR/AR) applications in construction safety[J]. Automation in Construction, 2018, 86: 150-162.

[3] SULLIVAN G J, OHM J, HAN W, et al. Overview of the high efficiency video coding (HEVC) standard[J]. IEEE Transactions on Circuits and Systems for Video Technology, 2012, 22(12): 1649-1668.

[4] SCOLARO C M, 赵嘉怡. 2025 年 VR/AR 市场规模将达 800 亿美元[J]. 中外管理, 2016(3): 20.

[5] 欧阳日辉. "中国制造 2025" 将给金融业带来什么[J]. 银行家, 2015: 2015-07-008.

[6] 中国信息通信研究院. 虚拟（增强）现实白皮书[R]. 2018.

[7] 新华网. 2018 世界 VR 产业大会：5G 赋能 VR 产业新机遇[Z]. 2018-10-22.

[8] 中国通信标准化协会. 云化增强现实关键场景及技术白皮书[R]. 2020.

[9] 中国移动通信有限公司研究院. 云 AR 创新研究报告[R]. 2019.

[10] PwC. Seeing is believing [Z]. 2020.

[11] BASTUG E, BENNIS M, MEDARD M, et al. Toward interconnected virtual reality: opportunities, Challenges, and enablers[J]. IEEE Communications Magazine, 2017(55): 110-117.

[12] 赵亚军, 郁光辉, 徐汉青. 6G 移动通信网络: 愿景、挑战与关键技术[J]. 中国科学: 信息科学, 2019(8): 963-987.

[13] 徐宪平. 新基建——数字时代的新结构性力量[M]. 北京: 人民出版社, 2020.

第 7 章

孪生医疗

随着信息化、生物技术和数字化可穿戴设备的不断发展和完善，人类对自身的认知正在飞速地发展，通过对人体信息的全域采集，使用适当的模型和算法可以实现人体的数字化，通过数字人和物理人间的互动实现人的数字孪生。人的数字孪生将会有许多的应用，比如通过数字人对人体的部分器官、部分系统的运行状态的监测来预测可能的病变，提前给出干预的建议，并在数字人中进行效果的验证和方案的优化，最终将完美的方案应用在物理人身体上，进而避免疾病的发生，实现精准医疗。当然，人的数字孪生也可以对物理人的声音、记忆、逻辑推理、情感等进行学习和模拟，甚至数字人可以代替物理人履行某些职责和执行某些任务，如承担一些日常的事务性活动，如演讲、会议、聚会等，将人从日常的很多琐事中解脱出来，有更多的时间追求更多个人价值的实现，实现更大程度上的自我解放。本章将详细介绍孪生医疗的内涵和相关的技术支撑，以及其对通信能力的需求。

| 7.1 孪生医疗 |

医疗技术水平的发展不断延长人类的寿命，改善人类生命的质量。随着医疗技术水平和人类对自身的认知水平的不断提升，医学的发展开始从"治疗为主"向"预防为主，治疗为辅"转变。在目前的网络条件下，数字技术主要用于宏观物理指标的监测和优势疾病的预防，其实时性和准确性有待进一步提高。

随着信息化和数字化医疗手段的不断发展和完善，人类对自身的认知正在飞速地发展，通过对人体信息的全域采集，实现对人体的数字化，通过人体的数字孪生来辅助疾病的预防和治疗（称之为孪生医疗）即将变成现实。孪生医疗的实现必将极大地改变传统的医疗形式和手段、提升医疗质量和效率、改善人类生命的质量。

6G 网络能力的提升及材料科学、生物电子学、医学的进步将有望实现人的数字孪生，通过大量的智能传感器（>100 项传感器/cm^3），准确地进行重要器官、神经系统、呼吸系统、泌尿系统、肌肉骨骼、情绪状态等的数字化信息采集，实时"图像映射"，形成对整个人体虚拟世界的精确复制，进而实现对人体个性化健康数据的实时监控。此外，结合核磁共振、CT、彩色超声检查、血常规、尿生物化学等专业影像和生化检查，利用医疗大数据，使用人工智能技术，便可提供对个人健康状况的准确评估和及时干预,并为下一步的准确诊断提供重要的参考和个性化的建议。孪生医疗的潜在应用如图 7-1 所示。

"数字孪生人"

生命体征全方位监测　　纳米机器人靶向治疗　　　病理研究

图 7-1　孪生医疗的潜在应用

孪生医疗有许许多多的应用场景,并且其应用场景会随着生物、医学、材料和电子技术的进步而不断丰富。

（1）纳米机器人治疗

作为目前生物工程、制药工程的热门前沿,纳米机器人被认为是下一代医疗服务的关键支撑技术之一。纳米机器人可作为药物的运载体,通过自动控制或者人工控制到达身体病变的区域释放药物。甚至部分纳米机器人可以执行体内手术,例如纳米机器人检测病变癌细胞,并进行物理和化学处理、血管冗余脂肪清除处理等。此外,纳米机器人还可以执行部分细胞的功能,例如代替红细胞进行氧气和糖类的搬运。纳米机器人治疗类业务将成为未来体域网的关键应用场景,这类新应用需要网络支持纳米机器人的精准定位和纳米机器人之间的协作通信。由于纳米机器人数量庞大,纳米机器人之间的通信速率、通信可靠性与网络统一控制等是一个非常艰巨的任务。

（2）数字化器官

数字化虚拟人体器官已经成为医学、解剖学中一个重要的研究领域,它在医学研究、教育及临床中具有广阔的应用前景,包括药物的研制、外科手术的"开窗"、术前规划，以及人体形态学的教学等[1]。目前的数字虚拟人体主要由成千上万个器官的断面信息组成，事先对各个器官进行解剖获得断面信息，并通过计算机图像处理，重构出一个数字化的器官，该三维模型可精准地描述组织的各个功能，最终获得对器官信息的精准模拟。

现有的数字化器官并不是一个实时反映器官变化的数字实体，并且每个人的器官都有略微的不同，这限制了数字化器官的进一步应用。未来，结合纳米机器人和分子通信的体域网将有能力为数字器官提供一个完全实时、动态的数字模型，医生可以根据该器官的数字模型获得及时的医疗信息。为了实现对器官的完全实时模拟，未来的体域网对部署的纳米机器人数量提出了超高要求。例如当前数字器官模型对人体心脏进行重构时切片厚度仅为 $10\mu m$[2]，那么需要 7 000～8 000 个切片才可以完成重构。如果把一个切片记录的信息当成一个纳米机器人负责重构的信息，那么部署在人体心脏的纳米机器人数量将是数千级别的。管理和传输这么多的纳米机器人是一个不小的挑战。

数字化器官的主要应用价值在于以下三方面。

一是提高相应器官的手术质量、降低风险。手术专家可以事先借助数字孪生的数字化器官进行手术预演、规划手术步骤。数字化器官可以帮助医生设计最佳手术方案，提高医生手术质量，降低风险。

二是开展各类器官临床医学的教学教研。无论是医学院，还是医院，基于数字孪生的器官，都可以低成本、高效率、高质量地开展复杂医学手术和解剖教学，从而提高医学院学者和医生的学习效率。

三是改进药物、医疗器械的设计流程及协助快速通过许可。全球医疗器械行业设计出来的医疗设备只有 45%能够最终得到监管机构的批准。医疗设备制造商可以借助器官的数字孪生体开展药物和医疗器械的仿真实验，大大缩短医疗器械的研发周期，使之能够快速通过医疗部门的认证。

（3）病毒机理的研究及疫苗、药物的研制

新型冠状病毒肺炎疫情暴发肆虐，全球都在思考一个问题：如何能快速地开发出疫苗和特效药？但现实的问题是，制药是一个高风险、长周期、高复杂度的产业，药物开发周期（从临床前靶点筛选到最终上市）平均为 13.5 年（不包括靶点确认阶段），平均投入为 13.95 亿美元，同时人们研制的新药中只有 10%左右能通过政府审批、进入市场。

医学界正通过数字孪生技术来探索加速病毒研究、疫苗和新药开发的新模式。目前人类还没能完全掌握病毒、人体和药物的数字孪生，原因在于还不能在数字世界中重建一个完整的病毒和细胞的数字孪生体（包括细胞生长分裂到制造蛋白质的整个过程）。如果能够构建出病毒和细胞的数字孪生体，就可以构建一个患者的数字孪生体，从而在数字化的孪生体内试验新药对病毒靶点产生的影响，在数字世界观察分析虚拟临床、虚拟患者、虚拟药物、虚拟病毒、虚拟细胞等相互作用的机理，也可以对不同的方案、不同的人群进行并行的试验和测试，进而大大加速研究的进程，同时也可以降低对人体的危害和风险。

如果这些数字孪生体都能构建，将会大大加快新药开发迭代速度，提高新药研发效率和成功率。从既往的经验来看，如果未来药物的数字孪生完全被掌握了，诸如新型冠状病毒肺炎的疫苗研发就比较容易了。

现阶段，通过数字孪生已经可以实现新药物的设计，如小分子药物、高分子药物的设计；基于药效和病毒的靶点，可以通过人工智能自动筛选最合适的药物；可以实现药效团设计，现有的药物如果不能实现最优治疗效果，可以设计出一种新的药物，并分析出药物哪种成分是有效的，分析出如何控制药物的毒性和副作用。数字孪生在以上这些药物设计的领域中已经做得比较好，但病毒和细胞的数字孪生还需要再取得突破。

（4）疾病的预防和提前干预

基于医疗大数据，通过对人体的部分器官、部分系统的运行状态进行监测来预测可能的病变，提前给出干预建议，并在数字人中进行效果验证和方案优化，最终将完美的方案应用在物理人身体上，进而避免疾病的发生，极大提升人类的生命质量。

当然，孪生医疗的实现很大程度上依赖于人体数据的实时采集及相应的数据建模和推理，而数据的实时采集和传输则很大程度上依赖于体域网。支撑数字孪生人的体域网技术将是下一代移动通信网络扩展的重要方向，在此基础之上的孪生医疗将是未来医疗业务的主要发展方向之一。

|7.2　体域网概述 |

　　作为网络覆盖的最小组成部分,体域网承担着个人身体数据的实时采集和传递,以及人体的数字器官及植入人体的设备和器具的控制指令传送等功能,是人体和数字人之间联系的重要一环。简单地说,体域网就是以人体为中心,由与人体相关的各种信息采集传感器、数字化器官、纳米机器人等通信单元组成的通信网络,它融合了无线传感器网络、短距离无线通信技术和分布式信息处理等技术,是实现数字孪生人的基础。

　　体域网的性质决定了其潜在的广泛应用,它将会是接下来无线通信研究的重要方向之一。然而目前体域网的相关研究仍处在初级阶段,在器件功耗、操作性、安全性等方面面临一系列挑战。近些年,得益于半导体技术与生物分子通信技术的发展,体域网有望在上述挑战中取得重大突破。

7.2.1　早期的体域网应用

　　催生体域网研究的主要原因是人们在医疗和健康方面的需求。随着人口老龄化的发展趋势越来越明显,医疗健康问题已成为世界各国的重要问题之一。因此早期的体域网应用主要集中在医疗和健康领域,例如对糖尿病和心脏病之类的慢性疾病进行连续监测和记录、病人数据收集、伤残辅助等。图 7-2 中展示了一个简单的体域网,通过内置或外置于人体的各项传感器,手持移动终端可以实时监测患者血液 pH、葡萄糖浓度、二氧化碳浓度等信息。当这些信息异常且保持了一段时间后,手持移动终端会通过网络启动胰岛素泵,向人体注射胰岛素,并通过体域网的体外网络通知计算机将信息发送给医院。体域网对心脏病等慢性疾病的监测遵循同样的原理。

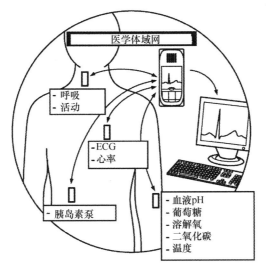

图 7-2 医疗领域的早期体域网应用

7.2.2 当前的体域网应用

随着高性能医疗设备的出现，体域网得到了极大的应用与开发。目前的 5G 技术已经开始广泛应用在医疗领域，通过可穿戴设备实现对人体信息的采集，如人体健康监测、伤残辅助、运动监测等方面，也可为远程医疗诊断、远程手术等提供高可靠性和一定速率的支持，但目前的应用主要通过基站间接实现多设备之间的互联，或者通过蓝牙实现设备和智能手机的互联，而不是直接的设备间的互联。

可穿戴设备可以被认为是由运动监测设备发展而来的，例如小米公司的智能手环、苹果公司的 iWatch 等，都是可穿戴设备的典型代表。这些可穿戴设备不仅可以完成心率监测、健身辅助等功能，还可以集成部分手机功能，例如收发短信、语音通话、实时定位等。智能手环、iWatch 与手机三者就可以组成一个简单的体域网，其中手机充当网络汇聚节点，智能手环充当数据采集节点，iWatch 相当于下放部分汇聚节点功能的网络辅助节点。

7.2.3　当前的体域网架构与标准

　　无线体域网的架构包括个人终端和分布在人体内、身体表面、衣物上、人体周围的各种传感器设备和传输处理设备。它们通过无线电磁波或者生物分子通信方式组成通信网络，可以和网络上的任何终端设备（如计算机、手机等）进行信息交互，也可以和基站直接连接，并进行数据交互。未来随着医疗技术的发展，人体也将参与到整个通信的传输过程中，从而真正地实现体域网络的泛在化，因此体域通信的场景也可分为体表到体外、体表到体内、体内到体外等，如图 7-3 所示。

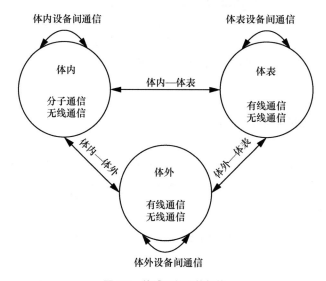

图 7-3　体域网的通信架构

　　国际上最早于 2004 年召开 Body Sensor Network 会议来讨论无线通信领域相关体系的技术细节。IEEE 于 2007 年 11 月成立了 IEEE 802.15.6 工作组，并于 2012 年 2 月提出了体域网的第一个标准[3]。IEEE 802.15.6 标准定义了一种传输速率最高可达 10Mbit/s、最长距离约 3m 的连接技术。不同于其他短距离、低功耗无线技术，该标准特别考虑了在身体表面或人体内的应用。然而，该标准提出的接入方法还不能完全满足低功耗和高可靠性的要求，进一步提升体域网络系统性能十分必要。

7.2.4　当前体域网面临的挑战

随着数字化医疗、人造器官监测与维护、靶向药物治疗等传统医疗应用的不断扩展，以及纳米机器人通信、人机智能交互、通感互联网等新场景新应用的陆续出现，当前体域网的性能已经无法满足这些业务的高性能指标要求。

作为传统的体域网典型应用场景之一，不断更新的数字化医疗业务对体域网基本性能的要求也不断提升：从简单的心电、脑电监测，到 CT、彩超等图像的实时采集与分析，体域网需要保持通信的实时性、准确性与高可靠性。未来的可视化数字医疗甚至可以获得人体的四维信息，如实时动态地显示人体的各个器官、各个部位。现有的体域网虽然可以完成实时数据采集等简单功能，但是在数据传输的速度、精确性和设备的密集度等方面仍有一些局限，对于未来畅想的数字医疗类业务，目前的体域网性能是远远达不到要求的。

制约体域网进一步发展的因素包括器件、能耗、通信能力和安全性等多个方面，其中最大的阻碍在于器件，而影响器件长时间稳定高效率工作的最重要因素就是能耗。考虑到人身体的安全性，植入设备最好采用生物发电而非电池供电，这就对器件提出了很高的要求。其次采用生物分子通信的体域网速率能否达到要求也是尚未解决的问题，体域网使用的电磁波对于人体的影响仍未可知。个人数据安全性问题需要从最高层考虑到最底层，如果被不法分子篡改，将会造成严重后果。解决好这些问题将会为体域网的发展带来动力，根据新需求重新设计和更新现有体域网络技术势在必行。

| 7.3　未来体域应用潜在关键技术 |

纳米机器人靶向治疗、数字器官和脑机智能交互是未来体域网的几个潜在应用场景，人体传感器技术、纳米机器人技术和分子通信技术等是支撑未来体域网应用的潜在技术方向。本节简单地对其中几种应用场景和关键技术进行介绍。

7.3.1 潜在关键技术

（1）人体传感器技术

人体传感器可以组成一个以人体为中心的体域网，该网络由分布在人体周围和人体内部的诸多传感器组成，人体也成为该网络的一部分。人体传感器技术将是未来高性能可穿戴设备以及完全沉浸式 VR/AR 应用的基础。

（2）纳米机器人技术

纳米机器人是机器人工程学的一种新兴科技：它以分子水平的生物学原理为设计原型，设计制造可对纳米空间进行操作的"功能分子器件"，其研制属于分子仿生学的范畴，因此纳米机器人也被称为分子机器人[4]。

纳米机器人的发展可以分为 3 步：第一步是通过生物启发机制与仿生有机材料相结合的方式设计和实现具有简单功能的机器人，目前的纳米机器人研究主要集中在这一领域。第二步是直接在原子和分子的层面组装机器人。2018 年 5 月 20 日美国率先完成了完全由人制造的单细胞细菌，为分子级别的纳米机器人组装打开了大门。第三步是制造包含纳米计算机的纳米机器人，这一类机器人可以完成现有计算机的大部分功能。

纳米机器人技术的核心问题是纳米机电技术，当物理尺寸达到纳米级别时，常规的加工技术就无法继续使用，通常使用扫描隧道显微镜的探针来堆砌出各种微型构件。另一个棘手问题是纳米机器人的动力和能源问题，完全使用扫描隧道显微镜制作的话成本较高，生产效率较低。因此当前研究的重点是生物分子与微型机器的结合方面。自然界中存在着大量的生物分子部件，原料充足，成本低，并且生物分子部件可以自复制，生产速度快。生物分子具有自然平衡机理，可以自我修复，具有低维护性和高可靠性[5]。纳米机器人假想如图 7-4 所示。

纳米机器人的潜在应用场景十分广泛，其可以应用在医疗、通信、军事和环境治理等多个领域。在医疗领域，纳米机器人主要可以用在靶向药物输送、血液毒素清除、纳米级别手术等方面。其中最具有研究价值的是将纳米机器人作为给药载体的癌细胞靶向治疗[6]。在军事方面，可以制造生物武器防御机器人、超小监控机器人等。在环境治理方面，使用纳米机器人可以实现水质检测、动物保护等功能。

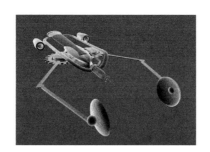

图 7-4　纳米机器人假想

（3）分子通信技术

分子通信是一种以纳米机器为硬件基础，以分子粒子为信息载体，以体内生物介质为信道的通信技术[7]。纳米机器组成的网络被称为纳米网络，它在生物医学领域中具有重要的应用，可作为体域网中体内网络的一种覆盖方式，是实现未来体域网的潜在关键技术。而且由于不受收发器的体积和能耗等因素的制约，并且适用于许多特定的应用环境（例如人体内），因此学术界普遍认为基于生物启发的分子通信是实现纳米网络非常可行的通信技术之一[8]。

分子通信这一概念最早于 2005 年被提出，目前已成为各国的重点研究课题。国外，2008 年美国国家科学基金会召开了第一届分子通信技术研讨会。此外日本运营商 NTT DoCoMo 研发中心、日本国立情报学研究所等机构在分子通信领域取得了较大进展。国内的中国科学院及一些国内高校已与外国相关学术机构开展了分子通信和纳米网络的相关研究。在标准化方面，IEEE 于 2015 年成立了相关工作组，并起草了第一个分子通信标准 P1906.1。

在分子通信中，信息载体又被叫作信息分子，在人体内这种分子可以是钠离子、钙离子等微量元素，也可能是蛋白质、酶等有机物大分子，它们可以被纳米机器产生和接收。发送器释放的信息分子通过流体（液体或气体）介质被传送到接收器后，由接收器接收并以特定的方式解码信息。分子通信系统模型如图 7-5 所示。

分子通信主要应用在体域网领域，在组件体积、生物兼容性和生物稳定性等方面具有突出的优点。例如，被移植到人体中的纳米传感器网络能够在分子尺度上提供对组织或器官的高分辨率感知，进而实现对疾病的早期诊断和预防。分子通信使用的是人体内原本就有的物质，可以避免电磁波对人体可能造成的辐射。

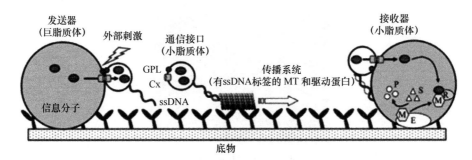

图 7-5　分子通信系统模型

在工业领域，分子通信可以用于监控食品质量；在计算领域，分子通信可以用于制造生物分子计算机等。例如，可以将纳米网络嵌入纳米材料等智能材料中，以获得更加先进的效果。

7.3.2　未来体域网发展方向

随着数字孪生、全息通信、超高速率通信、半导体材料、分子通信等技术的发展，以及数字器官、脑机智能交互、医疗等的提出，未来的体域网支持的功能将会越来越强大。根据新应用和潜在关键技术，可以大致分析出未来体域网的发展方向。

总体来说，未来的体域网有两种主流的发展方向。一是借由数字孪生技术，在人体密集部署传感器件，在虚拟世界构建数字化人体，实现人的数字孪生。通过该数字孪生人，可以进行病毒机理研究、器官研究等，还可以协助医生进行精确的手术预测。二是研究体域网如何支持综合类的设备的通信，如整合手机功能的小型设备、进行全息通信的高性能可穿戴设备、高智能医疗辅助设备和个人智能网络等，实现通信和计算、感知的融合。

此外，纳米技术和分子通信技术的快速发展为体域网的硬件实现和通信方式提供了一种新的思路，可能成为孪生医疗体系构建不可缺少的一环，为体域网在人体内部的实现提供了新的解决方案。

| 7.4　通信能力需求 |

　　IEEE 于 2012 年推出了第一个体域网标准 IEEE 802.15.6，当使用超宽带（Ultra-Wide Band，UWB）传输时，其脉冲重复频率可达到 15.6MHz，未编码时的速率达到 15.6Mbit/s，编码后达到 12.636Mbit/s。此外每个体域网必须能够支持 256 个节点，所有设备的发射功率应在 0.1mW 和 1mW 之间[9]。考虑到高频率电磁波对人体辐射的影响，现有标准的频率范围可分为两部分：403～2 483.5MHz 和 3 244.8～10 233.6MHz。

　　（1）频率

　　体域网需要考虑电磁波对人体的影响，频率越高的电磁波对人体的影响越大，例如频率极高的 X 光和伽马射线可产生较大的能量，能够破坏构成人体组织的分子。电磁辐射危害人体的机理主要是热效应、非热效应和积累效应等，因此不能一味通过提高频率来提升体域网的速率。关于电磁辐射的国家标准有 2 个，分别是国家环境环保局的《电磁辐射防护规定 GB8702-88》[10]和卫生部的《环境电磁波卫生标准 GB9175-88》[11]。

　　表 7-1 是标准[10]中公众照射的电磁辐射防护限值，公众照射指 1 天 24h 内全身连续 6min 的平均接收情况。对于脉冲电磁波，瞬时峰值不能超过表 7-1 所列限值的 1 000 倍。表 7-2 将电磁波的频率范围判断指标扩展到微波频段，它根据电磁波辐射强度及其频段特性对人体可能引起潜在不良影响的下值为界，将环境电磁波容许辐射强度标准分为一级和二级，体域网络的建设必须符合该标准的一级要求。

表 7-1　公众照射导出限值

频率范围/MHz	电场强度/(V·m⁻¹)	磁场强度/(A·m⁻¹)	功率密度/(W·m⁻²)
0.1～3	40	0.1	(40)[①]
3～30	$67/\sqrt{f}$	$0.17/\sqrt{f}$	$(12/f)$[①]
30～3 000	(12)[②]	(0.032)[②]	0.4
3 000～15 000	$(0.22/\sqrt{f})$[②]	$(0.001/\sqrt{f})$[②]	$f/7\,500$
15 000～30 000	(27)[②]	(0.073)[②]	2

　　f 是频率，单位为 MHz，表中数据做了取整处理。

　　注：① 平面波等效值，供对照参考。

　　　　② 供对照参考，不作为限值。

表 7-2　环境电磁波容许辐射强度分级标准

波长	单位	容许场强	
		一级（安全区）	二级（中间区）
长、中、短波	V/m	<10	<25
超短波	V/m	<5	<12
微波	μW/cm²	<10	<40
混合	V/m	按主要波段场强；若各波段场分散，则按复合场强加权决定	

关于未来孪生体域网使用的频段有两种可能的解决方案。一是使用更高的频段，如太赫兹，这需要重新评估更高频段的电磁波对人体的影响。一般地，频段越高的电磁波在人体内的穿透损耗越大。人体内传输环境比较复杂，需要精准的信道建模。但是太赫兹频段对人体具有比较好的穿透性，且因为波长很短，可以用于人体特征的精确感知和成像，如心跳、脉搏等场景。二是仍考虑使用 GB8702-88 内的微波频段。在该频段内，通过控制使功率密度达到 $10\mu/cm^2$，可使对人体的影响在受控范围之内。但是由于需要支持较高速率的传输，需要将频带设置得较宽。初步考虑使用的频段为 12～15GHz 与 15～20GHz。

（2）功率

IEEE 802.15.6 给出了体域网设备发射功率的大致范围，现有的一些可穿戴设备发射功率便位于这一范围之内，例如无线蓝牙耳机的功率就大致在 0dBm。

在体域网应用中，由于频段上升和传感器节点的密集部署，系统的整体电磁辐射与能量开销会显著增加，体域网的发射总功率必须很低，以保证能耗与人体健康。因此为了提供足够的数据速率支撑，未来体域网的最大发射功率需要结合硬件器件限制进行一定的折中。

首先从 5G 物联网的角度入手，分析体域网的设备密集度。5G 的设备密集程度约为 10^6 个/km²，可以预测下一代物联网的设备密集度将较现在提升 10～100 倍，在人体附近大致为 10～100 个/m²。但是体域网络不同于传统物联网，设备主要集中在人体附近，不像物联网取的是一个大覆盖范围内设备数量的平均值。因此体域网的设备密集度将更大，远大于 100/m²，每个设备的发射功率应该更低。假设保持总发射功率 1mW 不变，设备数量扩大为原来的 100 倍，则单个器件的发射功率要降低为-20dBm。从数字器官、纳米机器人的角度考虑，设备密集度还将增加上千倍。

不管是从物联网角度，还是从纳米机器人角度来看，体域网的总发射功率依然会有明确的要求。

（3）峰值速率

在现有短距离传输方案和标准中，IEEE 802.15.6 的传输级别在 10Mbit/s 左右，蓝牙 5.0 技术的数据速率可达 2Mbit/s，这些都不能支持未来孪生医疗应用中的高速率业务。为此，未来的体域网将在 5G 标准的基础上扩展很多应用。如受限于发射功率与设备制造难度，为了支持基于体域网的各种应用，体域网的峰值速率应不低于 1Gbit/s。

（4）时延与可靠性

为了支持数字孪生的实时监测与实时数字模拟，体域网对时延有一定的要求。在实时监测与增强可穿戴设备支撑方面，时延只需达到 10ms 量级即可。对于数字孪生业务，由于其是虚拟场景下的仿真预测，需要在系统产生某种变化后，快速仿真、预测接下来发生的情况，这对时延提出了挑战，因此可以把体域网的时延指标定在 0.1ms 左右。但是受限于器件的处理能力，体域网业务的时延应在 1～10ms。

5G 网络的可靠性指标为 99.99%，可以支持大部分医疗类业务，因此体域网对网络的可靠性指标与 5G 相差不大。体域网的可靠性指标更多地体现在网络安全方面，体域网必须有极高的网络安全性。

7.5 体域网的多级异构组网

作为未来网络覆盖的最小网络，体域网与孪生医疗相结合后，可从另一维度丰富原本的体域网应用。从具体的连接设备的特性来看，体域通信的场景可分为体表到外界、体表到体内、体内到体内等。从不同的连接场景来看，由于介质不同，不同的节点间的通信可能需要不同的通信传输方式，不同的通信传输方式协同实现多级异构组网，如图 7-6 所示。

体域纳米网络包含纳米节点、纳米路由器、微纳米接口设备和网关，适合分子通信传输，尽管内容有限、传输速度慢、距离短，但其具有生物兼容性强、待机能力强的特点。一定数量的纳米节点围绕着一个纳米路由器，负责收集周围的纳米节点的通信信号,并向微纳米接口设备传输信号,通常通过电磁通信来完成。微纳米接口设备比纳米节点拥有更多的计算资源,既能对来自纳米传感器的信息进行汇总,又能通过交换简单的命令控制纳米节点的行为。体域网的多级异构组网如图 7-6 所示。

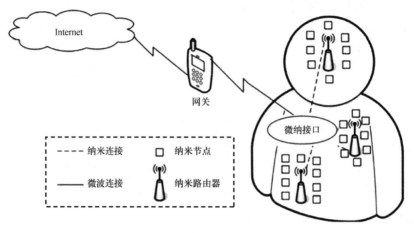

图 7-6　体域网的多级异构组网

微纳米接口设备通常只有一个,位于体表,汇总来自纳米路由器的信息,将信号传输到智能手机等网关,从而完成与传统通信的连接。

而在体表进行人体数据采集的设备则可以使用蓝牙或者 Wi-Fi 等方式连接到手机,进行数据的汇集和处理,甚至通过手机传输到云端进行存储和处理,也可以直接采用蜂窝通信终端,直接连接到基站,提升数据采集的时效性,满足实时性的要求。

因此,对于体域的连接,需要结合不同场景的特征,通过多种通信制式协同的多级异构组网实现按需连接,进而支撑全域人体数据的采集。

| 7.6　本章小结 |

本章介绍了孪生医疗的概念,以及孪生医疗的相关应用场景和支撑性技术,最后提炼出孪生医疗应用场景下的通信能力需求,包括适用的频段、发射功率、峰值速率、时延、可靠性等。

｜参考文献｜

[1] 杨芷菁, 杨泽楷, 连国云, 等. 数字化虚拟人体器官的研究进展[J]. 北京生物医学工程, 2012, 31(3): 309-314.

[2] SCHLEICH J M, DILLENSEGER J L, LOEUILLET L, et al. Three dimensional reconstruction and morphologic of human embryonic hearts: a new diagnostic and quantitative method applicable to fetuses younger than 13 week of gestation[J]. Pediatric and Developmental Pathology, 2005, 8(4): 463-473.

[3] IEEE Computer Society. IEEE standard for local and metropolitan area networks – Part 15.6: wireless body area networks[S]. 2012.

[4] 黄晓秋. 纳米机器人前景广阔[J]. 科技中国, 2018(9): 18-19.

[5] 刘菡笤, 王石刚, 徐威, 等. 微纳米生物机器人与药物靶向递送技术[J]. 机械工程学报, 2008, 44(11): 80-86.

[6] 陈恺. Pt 自驱动微纳米机器人动力学研究[D]. 苏州: 苏州大学, 2017.

[7] 何鹏. 分子通信信道模型关键技术研究[D]. 成都: 电子科技大学, 2018.

[8] 黎作鹏, 张菁, 蔡绍滨, 等. 分子通信研究综述[J]. 通信学报, 2013, 34(5): 152-167.

[9] 钱兰美, 吴芳. 体域网通信的关键技术探讨[J]. 电脑知识与技术, 2019,15(13): 52-57.

[10] 电磁辐射防护规定: GB8702-88[S]. 1988.

[11] 环境电磁波卫生标准: GB9175-88[S]. 1988.

第 8 章

通感互联

过去的通信系统传递的内容主要包括语音、文字、图片、视频，随着传感技术等的进步，人类交互的内容和形式将会进一步拓展到触觉、嗅觉、味觉，乃至情感。通感互联在带来更加丰富多彩的沉浸式体验的同时，也将带来学习、生活、工作和娱乐的革命。本章详细阐述通感互联的内涵和给人带来的全新体验，以及通感互联的不同应用场景及其对网络通信能力的需求。

| 8.1 引言 |

众所周知，人类接收信息的感官不仅仅只有视觉和听觉两种，还包括触觉、嗅觉、味觉等，其分别在不同场景下发挥着信息感知的重要作用。

在整个移动通信技术发展的过程中，通信网络传递的内容从声音开始，随后拓展到简短的文字、图片和视频，从而不断地丰富着通信的内涵。但这些传递的内容仅涵盖了人类沟通和感知的视觉和听觉，还不能支持内涵更为丰富和复杂的其他感觉。随着传感器技术等的进步，对人体其他感觉的采集和重现正在成为可能；因为这些感觉也是重要的信息获取方式，并且无法或只能部分用视觉和听觉代替，所以未来移动通信技术将会朝着多种感觉相互融合的方向发展，即通感互联。

另外，如图 8-1 所示[1]，互联网已经历经了固定互联网、移动物联网、物联网等阶段，呈现蓬勃发展的趋势，并将朝着通感互联网的方向发展。固定互联网的出现让信息交流不受空间限制，具有时域性与互动性。电子邮件和互联网的使用为人与人、人与信息之间的交流提供了良好的渠道。移动互联网可以连接任何地方，并可以随时进行语音、数据和多媒体内容的交换。信息和通信技术领域的众多创新及智能手机的出现使得用户体验更为丰富，加速了人类信息消费的发展，带来移动通信业务量的指数级增长。物联网实现了设备的互连，低功率和资源受限的传感器传输低速率、耐时延的数据，实现了人类感知能力的延伸。随着 5G 与云计算、大数据和人工智能的结合，整个社会将加速实现数字化，通感互联网将成为互联网发展的下一个浪潮，并将触发人类的学习、工作和娱乐，以及工业制造领域新的革命。本章将给出通感互联网的概念，并探讨通感互联的应用场景与其需求。

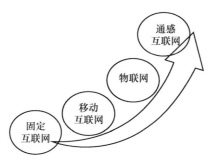

图 8-1 通感互联网的发展

|8.2 通感互联网概念|

近年来，人们已经开始了对多种感官的探索，并与通信进行结合应用。"触觉互联网"就是概念之一，该概念由德国德累斯顿工业大学教授 Gerhard P Fettweis 在 2014 年提出，其团队对触觉的初步探索和设想是利用触觉机器人，远程触碰和感受在远方发生的事情。由此概念进行扩展，未来对触觉的探索会使触感通信成为可能，即无论是否有视觉反馈，都可以远程传递触觉感受[2]。IEEE 也发起成立了制定触觉互联网标准的工作组 IEEE P1918.1。

人类在触觉领域的初步探索证明了利用其他感官来扩展通信手段的可行性。面向 2030 年后的通信，扩展更多的感官（如味觉、嗅觉甚至情感等）成为通信交互内容的一部分，并且多种感官之间协作参与通信将会成为重要发展趋势之一。因此，我们将上述面向 2030 年后进行多种感官协同交互的网络定义为"通感互联网"。通感互联网是一种联动多维感官，实现感觉和情感互通的传输网络，是一种传输体验的网络。通感互联网通过收发两端的互联基础设施进行体验传递，可以充分调动人类的视觉、听觉、触觉、嗅觉、味觉乃至情感，进而实现重要感觉和感情的远程传输与交互，如图 8-2 所示。

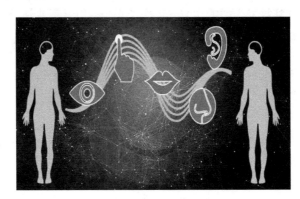

图 8-2　通感互联网示意图

虚拟现实、云计算、人工智能等多种技术的融合为通感互联网的技术发展提供了有力支撑。图 8-3 给出了通感互联网数据传输示意图，因为多感官的数据是抽象的，首先由传感器捕捉，然后进行数据化的操作。以触觉为例，触觉数据和传统的视频、语音数据不同，传感器需要获取整个感官的数据，比如手部或面部。例如，一个简单的握手动作，所需数据包括力度、弯曲度、受力点等。如果是复杂动作，数据量将更加庞大。

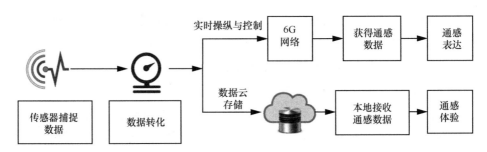

图 8-3　以触觉为例的通感互联网数据传输示意图

完成数据转化后，一方面将多感官数据通过 6G 网络进行传输，对端在获得通感数据后进行通感交互，并进行实时操作与控制；另一方面，可以将多感官数据进行云存储，需要时，本地接收数据进行技能学习。

|8.3　通感互联应用场景 |

通感互联的应用场景十分广泛，包括健康医疗、技能学习、娱乐生活、道路交通、办公生产和情感交互等领域，如图 8-4 所示。

图 8-4　通感互联主要应用场景

（1）健康医疗

远程诊断、远程手术和远程康复只是通感互联在医疗保健中许多潜在应用中的一部分。使用先进的远程诊断工具可以随时随地进行诊断，甚至可以通过触摸进行远程身体检查。医生可以命令远程机器人在患者所在位置进行操作，不仅可以接收视听信息，还可以接收关键的触觉反馈。

通感互联网可以跨越地理位置的限制，不仅能提供更加精确的医疗诊断，还能通过远程操作机器人进行手术操作。利用通感互联网连接，医生能接收到远程遥控手术刀施加的力度以及手术部位人体的反应，使得外科医生的触觉与机器人的辅助操作精确结合，从而进行更精密的手术操作或提供更好的护理质量。

未来的远程康复技术将受益于远程操控机器人技术的发展[3]。远程康复系统将为患者佩戴一种机器人设备，我们称之为外骨骼。该装置绑在身体和四肢上，可以提供比肌肉更强的力量，使患者移动四肢。外骨骼可由治疗师指挥，用于引导和纠正患者的动作。基于外骨骼的假肢和功率放大器可为残疾人提供辅助支持和帮助，将改善患者的肢体活动能力。加利福尼亚大学伯克利分校的机器人与人类工程实验室已经证明，使用轮椅的人可以利用外骨骼走路，这使得截瘫患者能够再次行走，将为残障人士提供自由移动的能力[4]。

此外，已有医疗解决方案可以产生苦味，从而阻止人在特定时间摄入某些食物。这可以作为饮食养生与医疗保健的一种方式。

（2）技能学习

通感互联网突破了地域和时间的限制，无论身处何处，学生都可以通过通感互联基础设施，获得音乐弹奏、美术、运动等技能在真实环境的沉浸式体验。人们可以实现远程触觉交互，例如远程钢琴教学等。通感互联网的即时反应时间将使教师和学生的实时交流成为可能。当学生执行任务时，教师将感觉到施加力的轨迹和程度，并根据需要对学生进行校正。这样的操作需要进行视觉、听觉和触觉的实时交互作用。当然，只有在教师和学生之间的端到端等待时间极短时，才能进行实时操作和控制。延迟时间超过 5ms 将妨碍教师对学生的即时指导。与纯粹的视听信息相比，利用通感互联网，学生能更好地体会与学习精细动作。例如，医学院的学生可以从经验丰富的外科医生的手部动作轻松学习如何进行手术。类似的方法可能会彻底改变学习演奏乐器的过程。

（3）娱乐生活

通感互联可以与 VR/AR 技术、脑机接口等技术相结合，推动游戏产业的多维发展，为玩家提供更真实的沉浸式游戏体验。利用通感互联网，顾客可以感受到真实且不消耗实物的美食试用，还可以"触摸"衣服的材质，进行服装试穿，在帮助商家节省成本、扩大宣传规模的同时，也帮助顾客得到更充实、不限时间地点的购物体验。触觉互联网还可以使分布式乐队演奏音乐成为可能。

此外，自由视点视频[5]也是未来的热门应用。自由视点视频是指依据观看者的视点，将视频信息的数字图像合成为另一个点。动态修改视点，从而可以将扩展视点投射到当前视点之外。例如，在配备有数百个摄像头的体育场内观看体育赛事。众多摄像机的实时渲染使每个人都可以选择自己感兴趣的视点，比如可以将球场上喜欢的球员的视点投影到体育场访客携带的个人平板计算机或智能手机上。

（4）道路交通

自由视点视频不仅可以应用在体育场馆中，还可以应用在道路上行驶的汽车之间、物流枢纽中的车辆之间以及拥挤区域的行人之间。利用通感互联网还可以进行远程驾驶，如果天气使驾驶员感到不安全，则驾驶员可以让呼叫中心来接管汽车的控制，并将其远程驾驶到目的地。安全的远程驾驶[2]需要视听反馈与触觉控制。

（5）办公生产

通感互联网通信的建立是为了实现操纵和控制[6]。通感互联实现触觉实时交互，直接操纵真实对象和虚拟对象，不仅需要传输内容，而且需要传输控制信息。通过通感互联网可获得精准操控平台硬件设施的云端协同办公体验，使得工厂间、工厂与技术工人间进行云协作，提高产业效率。在有毒或危险的环境（例如高风险区域的远程采矿）中，可以通过远程控制工业机器人来代替现场人工操作，保障工人的人身安全。

（6）情感交互

情感计算（Affective Computing）的概念由美国 MIT 媒体实验室的 Picard R 于1995 年提出，1997 年 Picard R 正式出版专著《Affective Computing》。书中定义："情感计算是与情感相关、来源于情感或能对情感施加影响的计算"[7]。通过脑电、心电、皮电等生理数据的采集，可以量化、判定情绪心理感知数据，通过通感互联网与情感计算的融合助力实现人类复杂表情的输出，达到情感交互的目的。例如，表情机器人将应用于自闭症辅助治疗等领域[8]。目前，大多数人机交互只是通过简单的语言、图像等模式进行交流，缺乏人类情感认知的理解和表达能力。在人机交互系统中，普遍存在着机械化、僵硬化交流的"情感缺失"等问题[9]。针对目前人机交互过程中存在的情感互动障碍，通感互联网的发展将为实现"以人为中心"的情感处理和表达能力的交互环境提供有利的技术支撑。

| 8.4 通感互联的需求 |

通感互联网的实现首先需要通信网络的底层传输支持，以如今的通信网络性能来讲，其在支持未来的通感互联网应用方面还存在着限制和不足。为了支撑通感互联网的发展，通信技术必须进行相应的革新，部分性能指标需要提升。通感互联网主要指标如下。

（1）超低时延

感知过程限制了人与环境互动的速度。在多种感官中，人与技术系统之间的视觉-触觉交互变得越来越重要。除了快速的数据传输外，人机交互还需要解决两个关键问题：一是为了直观自然，技术系统的反应时间必须适应人类感官的反应时间；二是当多种感官参与交互时，不同感官的反馈时延必须很低。人类的听觉反应时间约为 100ms。为了实现自然对话，现代电话确保语音在 100ms 内传输。人类视觉反应时间为 10ms。为了提供无缝的视频体验，现代电视机的最小图像刷新率为 100Hz，这意味着最大图像间时延为 10ms。但是相关研究表明，人体对触觉的感觉灵敏度为 1ms 以内[10]，因此通信时延需要保证在 1ms 以内，才能使网络传输触觉时，大脑不会产生时延感。

人类的触觉和肢体运动与视觉或听觉反馈相互作用。使用操纵杆或在虚拟现实环境中移动 3D 对象，如果虚拟图片与人体运动之间的时延超过 1ms，则可能会发生眩晕，使用户迷失方向，其体验类似于在海上、空中或在道路上遭受的晕车感受。技术系统具有所谓的端到端时延，即从始发地到目的地的通信所经历的所有时延，包括人通过通信网络向控制服务器传输信息所花费的时间、处理信息并产生反应结果的时间、最终将反应结果返回的时间。如果端到端的等待时间超过了人类的反应时间，则体验就不太真实。

为了实现 1ms 的往返时延，还需要考虑由于光速引起的通信时延。在 1ms 内，光线传播 300km，即从用户的交互点到放置操纵和控制服务器的最大距离为 150km。但是这种情况假设通信中没有处理时延。考虑到额外的信号处理、协议处理和切换时延，这要求端到端的交互点小于 15km[2]。

由于当前的 WLAN 和蜂窝系统无法产生接近 1ms 的往返时延，因此很难为通感互联网提供有效支持。1ms 的往返时延需求是一个巨大的挑战。另外，这说明通感互联网应用将在 6G 时代很有潜力。

（2）高速率

多种感觉协同传输时，数据量将会随着传输的感觉数量的增加而增加，因此通信网络的最大吞吐量也需要倍数提升，以保证海量信息的可靠传输。另外，通感互联网的数据类型复杂。例如，简单一个握手的操作包括力度、所有接触点、关节弯曲度等数据，这些数据转化为计算机可识别的二进制数据后，就变得非常庞大[11]。因此，通感网络对速率有更高的要求。

（3）安全性

由于通感互联网是多种感官相互合作的通信形式，通信的安全性必须得到更有力的保障，以保证用户的隐私，防止侵权事件的发生。传统的加密方法可以防止窃听，但由于传统的安全机制在更高的协议层上实现，会导致明显的时延。为了使通感互联网以极低的端到端时延提供安全的数据传输，必须在物理传输中嵌入针对窃听者和攻击者的通信安全机制，选择适当的编码技术以确保只有合法的接收者才能接收有效信息。

（4）可靠性

可靠性也是保证通感互联网应用体验的一个重要指标，收到错误的数据可能会导致错误的反应。通感互联网应用需要有 99.999 99% 的可靠性，即一年的故障停机时间需要小于 3.17s。网络的丢包率不应超过 0.001%[12]。

（5）通感数字化表征

各种感觉都具有独特的描述维度和描述方式，例如触觉需要描述碰撞强度、温度、摩擦度等；味觉需要从味道和味道的强度角度进行描述。因此味觉、嗅觉等需要新的编码方式，以支持其在通信网络中的传输。针对触觉、味觉和嗅觉，需要研究并统一其单独和联合的编译码方式，使得各种感觉都能够被有效表示。

通感互联网应用中的多种感官数据应当如何合理同步和整合，以保证用户体验，也是一个值得研究的方向。

为了促进通感互联网的发展和应用，除了通信领域的发展外，传感器、穿戴型终端设备等领域都需要进一步的发展，以保证各种通感信息可以被终端和终端的使用主体正确接收；对于人类感觉控制和社会伦理等方面也需要进一步探索，以保证通感互联网为人类和社会做出积极的贡献。超低时延与高速率、安全性和通感数字化表征相结合将定义通感互联网的特征，将对商业和社会产生显著影响。

| 8.5 本章小结 |

未来依托 6G 网络环境，通感互联网将会有广泛的应用领域，包括健康医疗、技能学习、娱乐生活、道路交通、办公生产和情感交互等，为解决社会面临的复杂挑战做出贡献，成为经济增长和创新的新动力。也许，在未来的某一天，这样的场景会变得司空见惯：远隔重洋的家庭成员，不再需要跨越大半个地球见面，手中的互联网设备会让他们感受到一个拥抱、一次握手的温度；坐在家里，抚摸着撒哈拉的沙漠，流连在马尔代夫海滩，体验沙子滑落指间、海风沁人心脾的感觉；北京、纽约、伦敦的医生为远在非洲部落的居民会诊，通过某种设备，医生可以为病人把脉、开药，甚至检查身体……这一切都将因为通感互联网的到来而实现[13]。

| 参考文献 |

[1] MAIER M, CHOWDHURY M, RIMAL B P, et al. The tactile internet: vision, recent progress, and open challenges[J]. IEEE Communications Magazine, 2016, 54(5): 138-145.

[2] FETTWEIS G. The tactile Internet: applications and challenges[J]. IEEE Vehicular Technology Magazine, 2014, 9(1): 64-70.

[3] HADDADIN S, JOHANNSMEIER L, LEDEZMA F D. Tactile robots as a central embodiment of the tactile Internet[J]. Proceedings of the IEEE, 2018, 107(2): 471-487.

[4] WOLFF J, PARKER C, BORISOFF J, et al. A survey of stakeholder perspectives on exoskeleton technology[J]. Journal of Neuroengineering and Rehabilitation, 2014, 11(1): 169.

[5] CARRANZA J, THEOBALT C, MAGNOR M, et al. Free-viewpoint video of human actors[C]//International Conference on Computer Graphics and Interactive Techniques. New York: ACM Press, 2003: 569-577.

[6] 赵亚军, 郁光辉, 徐汉青. 6G 移动通信网络: 愿景、挑战与关键技术[J]. 中国科学: 信息

科学, 2019, 49(8): 963-987.

[7]　PICARD R W. 情感计算[M]. 罗森林, 译. 北京: 北京理工大学出版社, 2005.

[8]　PIOGGIA G, IGLIOZZI R, FERRO M, et al. An Android for enhancing social skills and emo-tion recognition in people with autism[J]. IEEE Transactions on Neural Systems and Rehabil-itation Engineering, 2005, 13(4): 507-515.

[9]　王毅. 基于仿人机器人的人机交互与合作研究[D]. 北京: 北京科技大学, 2015.

[10]　ITU-T Technology Watch Report. The tactile Internet[R]. 2014.

[11]　技术宅. 触摸远隔重洋的你解密触觉互联网[J]. 电脑爱好者, 2015(17): 56-57.

[12]　王凌豪, 王淼, 张亚文, 等. 未来网络应用场景与网络能力需求[J]. 电信科学, 2019, 35(10): 2-12.

[13]　刘子闻. 触觉互联网"畅想曲"[J]. 上海信息化, 2015(9): 78-80.

第 9 章

超能交通

随着科技的不断进步，人类出行的形式变得越来越丰富多彩。过去出行，我们主要靠走、车拉马驮，后来出现了汽车、火车、轮船、飞机、高铁，人类的交通效率不断提升，这带来了社会、经济的繁荣和快速发展。近年来，随着科技的不断进步，人类的出行有望出现更多的方式，如会飞的汽车、个人飞行器、胶囊火车、自动驾驶汽车、智慧平衡车、自动驾驶自行车、水中巴士等，人类的交通将朝着立体化、多样化和定制化的方向发展，我们称之为超能交通。本章介绍超能交通的各种形式及其对通信系统的能力要求。

| 9.1　交通工具的发展与展望 |

交通之意取自于《易经·象传上·泰》："天地交而万物通也，上下交而其志同也"。交通是人类社会生产、生活的必要环节，是促进社会经济繁荣发展的重要组成部分。纵观世界历史，人类交通工具的发展历经了人力、畜力、风力、蒸汽、内燃、电气、自动化阶段，人类的出行方式趋于舒适化、便捷化，社会经济也随着交通工具的演变而日益繁荣。随着科学技术的不断发展，汽车、飞机、轮船、火车等成为现代社会交通工具的主流，人类甚至已初步实现通过宇宙飞船、运载火箭、探测器等探索浩瀚宇宙的梦想。

面向未来，数字化、协同化、智慧化的交通网络还将继续推动交通领域的深度变革，以数据衔接出行需求与服务资源，使交通出行成为一种按需获取的即时服务。然而，交通拥堵是未来交通出行不得不面临的压力。据联合国预测：到 2050 年，地球三分之二的人口将居住在城市，交通持续性拥堵将成为城市治理的一大障碍。为了进一步缓解交通运输压力，不少国家和研究人员在创新原有地面交通工具的基础上，转向空域、海域探索交通工具新模态。预计到 2030 年，"海–陆–空–太空"多模态交通工具将得到长足发展，未来的交通出行将充分利用空域进行人群的分流。

2019 年，中共中央、国务院发布的《交通强国建设纲要》[1]指出，到 2035 年，我国基本建成交通强国，基本形成现代化高质量综合立体交通网络，智能、平安、绿色、共享交通发展水平明显提高，城市交通拥堵基本缓解，无障碍出行服务体系基本完善。面向 2030+，交通关键装备将更加先进安全，新型交通工具有望实现重大突破，全自动驾驶（L5 级）、高速磁悬浮、低真空管（隧）道高速列车等成为主流地面出行交通工具；飞行汽车、个人飞行器、单轨飞碟等交通工具取得显著进展，成为未来人们自由出行的重要方式；海空两用飞行船、海底真空隧道列车等为人们的海上出行提供便捷；太空旅行逐步走进人们生活，各类航天器的研发将助力观赏太空旖旎风光梦想实现[2]。

9.1.1　全自动驾驶

自动驾驶系统（Autonomous Driving System，ADS）承诺提供安全、舒适和高效的驾驶体验[2]。到了 2030 年，随着 L5 级全自动驾驶的规模化应用，人们的出行将更加随心所欲。如图 9-1 所示，在 L5 级驾驶过程中，人类可以完全解放手、脚、眼和脑。车载信息娱乐让人们可以尽享驾驶乐趣；车载移动办公可随时随地接入，大大提高工作效率；车载智慧家居联动，便捷智慧生活。此外，为满足个性化车辆行驶偏好，面向 2030+ 的车载系统还将支持创意定制车内外装饰、座椅舒适度等功能[3]。

图 9-1　全自动驾驶（L5 级）

9.1.2　低真空管（隧）道高速列车

超级高铁（Hyperloop）是美国马斯克提出的以"真空钢管运输"为理论核心的交

通工具[2]，又称胶囊高铁，Hyperloop 初创公司正在铺设相关轨道进行试验[4]。据马斯克分析，未来 Hyperloop 可以把人、汽车和自行车在 29min 内从纽约运送至华盛顿（如图 9-2 所示），而当下美国铁路客运公司的快速列车从纽约到华盛顿要花 3h。

图 9-2　超级高铁概念机

中国超级高铁已进入实质试验阶段。为了研发高速磁悬浮列车、真空管道飞行列车等"更快高铁"，西南交通大学已搭建了真空管道高温超导磁悬浮列车试验平台；早在 2017 年 8 月，中国航天科工集团有限公司就宣布开展"高速飞行列车"的研究论证，项目落地将按照最大运行速度 1 000km/h、2 000km/h、4 000km/h 三步走战略实现。

9.1.3　空中高铁

俄罗斯新概念设计公司 Dahir Insaat 提出的另一未来高铁模型"空中高铁"可让一列火车在天空上飞行，载客量可达到 1 000 至 2 000 名。与飞机不同的是，该交通工具无法和飞机一样无拘无束地飞翔，必须借助连接在轨道上的导电线提供电能，从而使两侧翅膀的动力装置有足够的能量运行。空中高铁概念图如图 9-3 所示。

图 9-3　空中高铁概念图

9.1.4　飞行汽车、空中巴士、空中的士

飞行汽车的应用与推广将对现有交通运输系统产生深远的影响与变革。近年来，美国国家航空航天局，以及波音、戴姆勒、Google（谷歌）、我国腾讯等公司都聚焦飞行汽车的开发。我国的吉利集团此前全资收购美国飞行汽车公司 Terrafugia，并将飞行汽车命名为"太力飞行汽车"[2]，最大飞行速度可达 185km/h，飞行续航里程为 800km，完全可以胜任城际交通距离；英国航空公司 VRCO 和德比大学也正在联合开发飞行汽车 NeoXCraft，其速度可达 320km/h，其螺旋桨还可以折叠成陆地驾驶的车轮，如图 9-4 所示。此外，美国国家航空航天局于 2018 年与美国 Uber 公司合作，探索城市空中交通的相关概念和技术，从而在人口密集城市形成安全、有效的空中交通系统。

(a)　太力飞行汽车 TF-2A 原型机　　　　(b)　飞行汽车 NeoXCraft

图 9-4　飞行汽车

Dahir Insaat 公司设计的单轨飞碟是一种巨大圆盘形的空中巴士（如图 9-5 所示）。车群通过车轮上的轨道、高架交通，可重叠形成多层次的交通流。而迪拜道路交通管理局（RTA）与德国 Volocopter 公司研发的空中的士（如图 9-6 所示）未来可满足阿联酋面向 2030 年交通完全自动化达到 25% 的美好愿景。

图 9-5　单轨飞碟概念图　　　　　图 9-6　空中的士概念机

9.1.5 海底真空隧道列车

海底真空隧道列车[4]又被称为跨海悬浮隧道真空列车（如图 9-7 所示），其主要采用水下桥隧技术、磁悬浮列车技术以及真空技术，以减少管道内 90%的空气阻力，从而大幅提高列车运行速度，大幅减少空气噪声。

图 9-7　海底真空隧道列车概念图

9.1.6 太空出行

未来太空旅行将逐渐走进普通百姓的生活。目前，全球已有诸多宇航公司推出太空旅行项目，例如美国 XCOR 宇航公司研发的新型太空飞船、英国维珍银河公司提出的"太空船 2 号"（如图 9-8 所示）、美国世界景观公司研发的氦气高空气球（如图 9-9 所示）等，有可能颠覆未来的太空旅行。

图 9-8　维珍银河公司的"太空船 2 号"

图 9-9　氦气高空气球概念图

展望 2030+，"海—陆—空—太空"多模态交通工具将助力实现点对点、门到门的交通出行，让人们真正享受到按需定制的立体交通服务，促进购物消费、休闲娱乐、公务商务等新业态、模式的全面升级和相互渗透，为人们带来全新出行体验。

| 9.2　ITS 到 V2X 演进历程 |

智能交通系统（Intelligent Transportation System，ITS）是高新技术在交通领域的集成创新应用，旨在通过先进的信息技术、数据通信传输技术、电子传感技术、自动控制技术、计算机处理技术等建立起全方位的高效综合运输和管理系统，实现交通效率提高、交通出行安全、能耗大幅降低、交通环境改善等目标。ITS 主要由交通信息采集系统、信息处理分析系统、信息发布系统组成。目前较为主流的 ITS 包括交通监控系统（TMS）、交通诱导系统（TGS）、地理信息系统（GIS）、智能公共交通系统（APTS）、智能车辆控制系统（AVCS）、货代管理系统（FMS）、电子收费系统（ETC）、应急指挥系统（ICS）、紧急救援系统（EMS）等。

对 ITS 的研究可追溯至 20 世纪 60 年代。此后的二十余年里，部分科学家开始研究如何利用通信信息技术、控制技术改善交通系统，但受限于科学技术水平，道路建设仍然占据解决交通拥堵的主导地位。到了 20 世纪 80—90 年代，随着交通运输、控制技术、通信信息技术的快速发展，改善交通效率和提升安全水平的研发工作形成热潮，一些国家从主要扩建更多道路转向应用先进的信息技术改造现有道路系统，对交通系统展开了专门的规划、研究和开发。美国、日本、欧洲国家关于 ITS 的研究启动较早，美国称相关技术或研究项目为智能车辆道路系统（Intelligent Vehicle Highway System，IVHS）；日本称之为通用交通管理系统（Universal Traffic Management System，UTMS）；欧盟则称之为道路交通信息（Road Transport Informatics，RTI）技术。表 9-1 为美国、日本、欧洲研发 ITS 的计划中子系统名称及变迁信息。

表 9-1　美国、日本、欧洲研发 ITS 计划中子系统名称及变迁信息[5]

美国		日本		欧洲	
IVHS	ITS	UTMS	ITS	DRIVE II	TELEMATICS
先进交通管理系统		集成交通控制系统 动态路径导航系统	交通管理最适化 道路管理效率化 导航系统高度化	城市交通综合管理	交通管理与控制
先进出行者信息系统		先进车辆信息系统		交通旅行情报	交通与旅行情报
先进车辆控制系统		车辆运行控制系统	安全运行支援	司机援助与协作驾驶	车辆控制
商车运行管理系统			商用车高效化	货运交通及其车队管理	
	先进公交运行系统	公交有线交通	公共交通支援	公共交通管理	
	先进城际交通系统			城际交通综合管理	
		环境保护管理系统			
			电子收费系统		
			步行者支援		
			紧急车辆运行支援		
				交通需求管理	
	自动道路系统				

由于各国对于同一类技术研究和问题分析尚未形成一致的语言范畴，研究过程受到极大阻碍。为了加强国际交流与合作，欧洲、美国和日本的专家及企业界人士提议举办世界大会。随着第一届 ITS 世界大会于 1994 年 11 月在法国巴黎召开，ITS 成为国际公认的描述先进交通系统的正式名称[5]。

在随后的 20 多年，国际研发的关注点不断发生变化，应用和产业的发展在各国和地区也不尽相同。近几年，随着通信和信息技术的不断进步，以及移动互联网、宽带移动通信、移动智能终端的普及，企业和投资商对 ITS 的关注点也开始转移，ITS 的开发和应用方向发生了很大变化。在道路建设跟不上汽车数量增长的情况下，解决拥堵问题主要靠对车辆进行管理和调配。因此，不少国家不断调整 ITS 的研究方向、研究重点。更贴近实际应用的车车通信、车路通信蕴含着巨大潜力，吸引了各国政府和企业的研发投入。以车为节点的信息系统——车联网（Vehicle to Everything，V2X）逐渐形成，成为国内外新一代 ITS 的最热研究领域。

V2X 综合现有的电子信息技术，将每辆汽车作为一个信息源，通过无线通信手段将其连接到网络中，实现 V（车）与各种 X（万物）之间智能信息的交换共享，如图 9-10 所示，V2X 包括 V2N（Vehicle to Network）、V2V（Vehicle to Vehicle）、V2I（Vehicle to Infrastructure）、V2P（Vehicle to Pedestrian）等。V2X 借助传感技术感知车辆、道路和环境的信息，对多源信息进行加工、计算、共享和发布，根据需求对车辆进行有效的引导，对交通环境进行全时空控制，通过协同有效地提升通行能力，减少堵塞与伤亡的发生，同时车内可提供多样的多媒体与移动互联网应用。

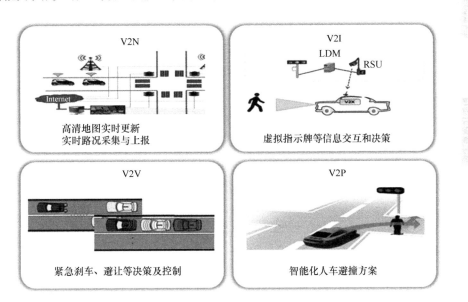

图 9-10 V2X 业务场景分类

目前国际上主流的 V2X 无线通信技术有专用短程通信（Dedicated Short Range Communications，DSRC）技术和 C-V2X（Cellular-V2X）两条技术路线。两者的优劣比较见表 9-2[6]。欧美日以 DSRC 技术发展路线为主，其标准由 IEEE 基于 Wi-Fi

制定，恩智浦、瑞萨等芯片公司在 DSRC 芯片上已经有很多的应用案例，Cohda Wireless 推出了第五代车联网产品 MK5 系列，包括 MK5 车载单元设备（On Board Unit，OBU）产品和 MK5 路侧单元设备（Road Side Unit，RSU）。C-V2X 生态系统持续演进，C-V2X 包含当前的 LTE-V2X 技术以及向后演进的 5G-V2X 技术，国内大唐继推出商用通信模组 DMD31 后又发布了车规级设计模组 DMD3A[7]、华为发布了应用于 V2X 的 5G 商用芯片以及 Balong765 芯片组[8]、高通发布了 9150 芯片组[9]；此外，华为、大唐、星云互联、东软、万集、金溢、千方科技、华砺智行、Savari、中国移动等公司基于商用模组和芯片已经可以提供 OBU 和 RSU 设备[10]。

表 9-2　DSRC 与 V2X 的比较

比较项	DSRC	V2X
推动者	欧洲、美国、日本等，部分汽车企业（大众、雷诺和博世等）	中国，通信运营商、通信设备商、部分汽车企业
优势	可靠性高、传输实时性强	• 部署相对简单、频带互粉灵活、传输可靠 • 可平滑演进到下一代移动通信系统
缺点	• 通信距离有限，需要对路边设施进行大规模投入 • 需关注安全问题，应用提供的服务需抵御窃听、伪造、修改与攻击 • 信道接入策略无协调，可能无法满足时延需求 • 容量较低	• 标准持续制定中 • 车车主动安全和智慧驾驶服务性能需充分测试验证商用车高效化

9.2.1　国外 ITS 到 V2X 的演进历程

1999 年，美国联邦通信委员会（Federal Communications Commission，FCC）为基于 IEEE 802.11p 的 ITS 业务划分了 5 850～5 925MHz 共计 75MHz 频率、7 个信道（每个信道 10MHz）的频率资源。在车辆基础设施一体化（Vehicle Infrastructure Integration，VII）的基础上，又成立了 IntelliDrive 项目组织深化车路协同研究。美国 V2X 在政策推动、标准制定和频谱确定背景下，在 26 个州展开试点示范，覆盖超过美国 50%的州。与此同时，美国也开启与 C-V2X 相关的试点工作。由于 DSRC 技术成熟相对较早，美国政府倾向部署 DSRC 技术，而当地车企（例如福特等）更倾向于 LTE-V2X 技术。

欧洲主要在欧洲高效和安全交通计划（Programme for a European Traffic with Highest Efficiency and Unprecedented Safety，PROMETHEUS）、欧洲汽车安全和专用道路设施（Drive I & II）计划指导下开展交通运输信息化领域的研究。2019年，欧盟委员会宣布采取拟议的新规则，以加强在欧洲道路上部署 C-ITS（合作智能交通系统），但对于 V2X 底层通信技术，欧盟 DG Move（欧盟运输总司）和 DG Connect（欧盟信息总司）持有不同意见。欧洲相关的代表企业（包括大众、雷诺和博世等）支持应用 DSRC 技术，而奥迪、宝马、标志、雪铁龙等国际主流汽车厂商出于自动驾驶技术演进的考虑，更倾向于支持 C-V2X 技术。

日本在车辆信息与通信系统、电子收费装置、智能导航等方面积极推动 ITS 的研究，包括先进的交通信息和通信系统（Advanced Mobile Traffic Information Communication System，AMTICS）、先进安全汽车（Advanced Safety Vehicle，ASV）及动态车载导航系统（Vehicle Information and Communication System，VICS）等。近年来，日本在 DSRC 和 V2X 技术研究方面都有所投入。在 DSRC 方面，日本在 755.5～764.5MHz 专用频段开展了基于 DSRC 的技术性能评估。在 V2X 方面，日本在 5 770～5 850MHz 候选频段采取技术中立，将 V2X 作为另一个备选技术[11]。

9.2.2　国内 ITS 到 V2X 的演进历程

我国 ITS 的起步较晚，1995 年，交通运输部公路科学研究所成立了智能交通系统工程技术研究中心（ITSC），开展智能交通系统发展战略、GPS 定位与导航系统等项目的研究。1999 年，国家批准组建国家智能交通系统工程技术研究中心（国家 ITS 中心），研究开发 ITS 领域的新技术与新产品[12]。为了跟踪国际 ITS 的进展，我国自 1995 年以来参与每一届 ITS 世界大会，开展广泛的国际交流。同时，我国也参与了国际标准化相关工作。可以说，从 1995 年起步到最近几年的关键技术突破，我国在智能交通领域经历了由弱到强的过程。作为交通现代化建设的重要内容，"十三五"期间 ITS 仍是我国交通科技领域重点支持和发展的战略方向。到 2035 年，交通基础设施完成全要素、全周期数字化，一体化交通控制网基本完成，即时出行服务更加精准，按需获取服务广泛应用，数字交通产业整体竞争能力显著提升并力争全球领先。因此，研究超能交通是形成交通产业核心竞争力的关键，对实现未来城市的智慧管理、人类生活环境的可持续发展具有重要意义。

近年来，我国 C-V2X 发展步入快车道。在顶层设计方面，工业和信息化部发布了《车联网（智能网联汽车）直连通信使用 5 905～5 925MHz 频段的频率管理规定（暂行）》，确定了基于 LTE-V2X 技术的车联网（智能网联汽车）直连通信的工作频段及使用要求。在标准化方面，国内 LTE-V2X 标准体系建设和核心标准规范也基本建设完成，包括总体技术要求、空中接口技术要求、安全技术要求以及网络层与应用层技术要求等各个部分。在产品研发方面，我国已建成全球最大的 4G 网络，并初步形成了覆盖 LTE-V2X 系统、芯片、终端的产业链。在测试验证方面，全国多地积极开展 C-V2X 应用示范，并逐步推广商用，覆盖测试园区、开放道路、高速公路等多种环境，为大规模应用示范和商用部署奠定了基础。C-V2X 产业链主体日益丰富，从上游到下游主要包括芯片/软件/硬件产品供应商、解决方案提供商、运营/集成/内容服务商[13]。此外，国内诸多科研院所、投资机构以及关联的技术与产业组织对 C-V2X 应用落地起到了关键的支撑作用。

| 9.3　超能交通 |

在 2030+网络的助力下，无论身处都市、深山、高空亦或深海，人们都将体验到优质网络性能及其带来的智慧服务。5G、互联网、大数据、云计算、人工智能的深度融合将使人、路、车、环境、社会方方面面达到有机统一，构建出超能交通美好蓝图。预计未来超能交通将在交通体验、交通环境、交通出行等方面大放异彩。如图 9-11 所示，全自动无人驾驶将大行其道，进一步模糊移动办公、家庭互联、娱乐生活之间的差异，开启人类的互联美好生活。新型特制基站同时覆盖各空间维度的用户、城市上空无人机等，使得无人机路况巡检、超高精度定位等多维合作护航成为可能，为人类塑造可信安全的交通环境。通过有序运作"海-陆-空-太空"多模态交通工具，人们将真正享受到按需定制的立体交通服务。此外，超能交通还将助力物流、信息流、资金流多流融合，智慧运输服务能力显著提升，实现快捷、精准、优质的服务体验。

图 9-11　超能交通应用场景畅想

9.3.1　超能交通的概念

超能交通是 ITS 的功能增强与技术延伸，是 5G、互联网、大数据、云计算、人工智能、虚拟与增强现实等前沿技术在交通领域的深度融合。超能交通将通过互联网、移动网、物联网、车联网等协同元素连接人与交通各个要素，使得人、路、车、环境、社会方方面面实现有机统一，从而实现具有超强算力、超快传输、超高可靠特征的全新交通形态。

9.3.2　超能交通架构及关键技术

超能交通的核心是城市交通"大脑"，通过全量多维数据融合、海量数据存储、高效与实时数据计算、领先的机器视觉能力、开放且易于接入的应用生态等为交通环境创造新的价值。如图 9-12 所示，城市交通"大脑"包括四大重要组成部分：AI 决策层、思维平台层、通信联动层、数据感知层。AI 决策层是交通大脑指挥官，负责决策交通事件；思维平台层负责分析当前的交通状况，实现建模并进行预测；

通信联动层涵盖蜂窝网、车联网等，实现信息的可靠交互；数据感知层包含摄像仪等单元，负责基础交通数据采集。各层的协同运作确保了城市交通大脑对各交通要素的"全面感知、一体监测、精准预警、动态交互、全程服务"。

（1）AI 决策层

大规模的高质量路线数据和交易信息，使得 AI 技术将成为超能交通系统的核心关键技术。以 AI 技术为基础的超能交通系统通过对海量数据的融合分析，将实现对交通实况的洞察，实现更优的城市管理。目前已有诸多研究机构对 AI 技术在交通领域的实际应用形成可实施案例[14]。

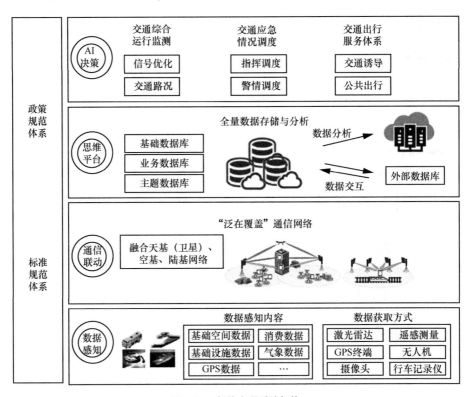

图 9-12　超能交通系统架构

随着大数据和人工智能技术的发展，AI 决策层将借助交通实时监测与研判平台形成对城市路况的全面感知，为超能交通的路口的最优配时、道路路况分析、交通大数据、交通规划等提供可靠依据；可以进行交通融合指挥、路网态势感知、营运车辆管控、智能收费稽查等应用场景的构建。例如，在严重拥堵或连环追尾已经发生时，调度严重拥堵路段或连环追尾路段尾端的车辆信息，提醒后方高速驶向拥堵路段或连环追尾路段的车辆及时减速，避免连环追尾或连环追尾范围的扩大，实现异常告警、交通疏导和智慧调度等功能，进一步强化政府决策与资源配置能力。

通过基于 AI 的图像识别、图像比对及模式匹配等核心技术，AI 决策层可在不同视频质量、光照、天气等条件下，对人、车、物和交通异常情况进行实时识别，如车牌识别、人脸识别、车身颜色识别、车型识别、车脸识别等；在此基础上，可实现对路侧违法停车的感知和抓拍，以及对路侧停车位的管理，可以有效降低交通管理成本，提高系统可靠性；基于 AI 与云端数据分析，可实现快速车位引导、路线图的选择、停车位的信息匹配。

（2）思维平台层

思维平台层的基础是对大数据的深度挖掘，对大数据进行加工处理可实现交通状况分析及预测。而大数据的价值，尤其是其在预测方面的价值恰恰在于其对全量数据的分析能力，且全量数据的价值远远大于传统的割裂数据的价值总和。

全量数据平台意味着超能交通系统的数据管理是打破数据孤岛的，多源数据实现了融合存储和调用。特别是超能交通中包含更加多样化的交通工具，其涉及的数据将远远超过现有的交通系统。

从数据层面上看，全量数据包含基本信息、交通运行数据、交通控制数据、交通状况预测分析数据。这意味着思维平台层需要满足超高在线存储能力、超高计算能力、超低时延接入能力，需要统一规划管理人员、流程、政策与技术，打破交通运输部门、医疗部门、政府部门等之间的数据壁垒，以确保可信数据快速联动，满足辅助管理决策的需要。例如，现有的海陆空交通出行模态隶属于不同管理机构，其割裂的运营方式降低了不同交通方式之间的转接效率。未来思维平台层将打破不同管理部门的数据壁垒，对整体交通运行状态进行科学规划，促进各个交通环节的有效衔接与交通资源的充分利用；当事故发生时，超能交通系统需要通过静态存储的大数据和实时交通大数据，迅速联动交通运输部门、医疗部门，完成应急车辆（如救护车、消防车等）调度，提醒社会车辆紧急避让，为受伤人员提供快速的救治。

（3）通信联动层

神经网络的主干是构建通信联动层。融合天基（卫星）、空基、陆基网络的"泛在覆盖"通信网络[15]涵盖了地面基站和光纤网络，海中航行器和潜水装置，城市上空盘旋着的无人机，高层大气层中的浮空器，甚至太空中的人造卫星、空间站、航天器等。利用"泛在覆盖"通信网络覆盖范围广、灵活部署、视距低损耗传输、不易受地面灾害影响等特点，可以快速大容量地传输神经末梢产生的数据，支持超能交通领域实现良好的业务传输和保障安全可信的交通环境通信。为了构建"泛在覆盖"通信网络，未来超能交通通信联动层将形成以下关键技术。

① 毫米波通信技术

现有的研究已针对 5G V2X 设想了毫米波通信技术的应用，为车辆与附近的路边基础设施之间提供高数据速率连接。预计未来超能交通需求将借助毫米波通信实现。但是，在具体实施应用时，毫米波面临阴影衰落严重、在 60GHz 工作频率下多普勒扩展明显等挑战。因此，毫米波通信需要特殊的框架设计。

② 超大规模天线技术

未来超大规模天线技术将在基站使用数百个甚至数千个天线，为用户提供高谱效[16]。在超大规模天线系统中，提供准确的信道状态信息是避免多用户干扰并实现高频谱效率增益的主要要求之一。然而，面向 2030+，更多模态、更高速的交通工具出现，高速移动环境下高信噪比和高用户速率因导频污染将受到极大限制。目前 C-V2X 为了支持有蜂窝网络覆盖和无蜂窝网络覆盖的部署场景，提供了两种通信接口：蜂窝通信接口（Uu 接口）和直连通信接口（PC5 接口）[17]。为了支持最高时速突破 1 000km/h 的超高速移动，需要设计更高兼容性和可靠性保障的物理层结构，从而满足超能交通中超密集用户的大容量信息交互需求。

③ 超高精准时间同步技术

现有的交通系统主要依靠智能红绿灯等基础设施确保道路上车辆与行人的井然有序。未来，当各类交通工具拥有超高精准同步技术后，车载设备便能实现精准定位与交通状况分析，确保安全驾驶。当前，C-V2X 为了保障可靠通信，终端的定时参考源可以是全球卫星导航系统（GNSS）、基站、其他终端。C-V2X 支持多种同步源的互补，当没有网络覆盖时，GNSS 定时优先级最高；当有网络覆盖时，终端的定时参考源可以由基站进行配置。未来多元化的交通工具同样需要各类定时参考源的支持，将更高精度的时频产品应用到不同的交通工具中，且可根据不同模态交通工具的需求进行个性化配置和同步信息共享，确保终端获得稳定准确的定时同步源。

④ 动态频谱共享技术

利用动态频谱共享技术[18]动态共享许可频谱和非许可频谱，可以提高频谱资源的利用率，从而为超能交通用户提供高质量性能体验。但运载工具的高速移动限制了 5G 的可用性频谱资源。因此，车辆用户需要相互协作，以动态共享不同的频谱资源，并增强频谱利用率。

（4）数据感知层

数据感知层是交通大脑的神经末梢，涵盖了道路交通基础设施设备，形成多维高密集数据感知节点协同作用的体系，感知节点包括激光雷达、车载 GPS 终端、AI 摄像机、行车记录仪、无人机等，为超能交通系统各类信息模块提供原始数据来源。

① 多维高密集数据感知节点

未来的交通大数据将涵盖多个方面，其可分为静态交通数据、动态交通数据两大类。多维高密集数据感知节点将实现全天候多密集数据采集、图像抓拍、精准快速 AI 模型识别功能。静态交通数据主要包括交通的基础空间数据（地表模型、高清正射影像等）、道路交通基础设施数据（道路基本信息、服务点设置、停车场信息等）、道路交通客运信息（公共交通信息、航班信息、轨道交通信息、航运信息等）。其数据获取方式主要有卫星测量、地面测量车、地面视频等。动态交通数据主要包括人、车、路等交通要素的数据，例如车辆定位数据、车辆实时运行数据、付费行为数据、出行行为数据、气象数据等，其获取方式主要有卫星遥感、航空摄影测量、激光雷达、超声波传感器、GPS 传感器、磁力传感器[19]、低空无人机、视频监控，以及手机、公交卡、行车记录仪等智能传感设备和移动终端。

② 超高精度定位技术

超能交通将有效地提升人们的出行效率和生活质量。无论是智慧驾驶、公共交通等出行方式，还是工业、农业生产的有序运作，都离不开超高精度定位技术。现有的定位技术包括超宽带（Ultra Wideband，UWB）技术、GNSS 卫星定位技术、蜂窝网络定位技术、超高精度惯性测量单元（Inertial Measurement Unit，IMU）定位技术等。UWB 技术通过发送和接收纳秒级极窄脉冲来传输数据，实现毫米级高精度定位，适合园区、景区、固定场景；GNSS 技术定位成本和精度都不高，约为 10m，但只适用于室外无遮挡环境；5G 网络的定位精度将大幅提高（室内 3m，室外 10m），对终端要求较低；IMU 技术对应用场景并无限制，但其存在不可避免的漂移，且精度受其成本影响较大，需针对具体应用设计相应的处理算法。

超能交通不同的应用场景对定位精度有不同的需求。例如普通的地图下载、车载娱乐等对定位的精度需求为十米级，车辆的避撞系统、泊车定位等安全级别需求较高的用例对定位精度的需求为亚米级，智慧驾驶的定位精度要求达到厘米级。未来多模态的交通工具有序运作，对定位精度将提出更高的要求。现有的单一定位技术无法满足未来超能交通的定位需求，需要融合定位支持更高级的超能交通业务。基于高精度地图数据及环境信息，融合定位将通过差分和高精度惯导、蜂窝网、卫星等多技术联合实现高精度绝对定位能力。

9.3.3　超能交通的潜在影响

根据德勤报告《未来汽车：交通技术和社会趋势如何构建全新的商业生态系统》评估分析，新交通生态系统可能会引发"虚拟"价值链，给金融、能源、电信等行业带来巨大影响[20]。对于金融行业，车队融资将得以提升，个人汽车的减少可导致汽车贷款和融资租赁下降；对于媒体行业，通过智慧驾驶，人们将获得更多的自由时间，增加多媒体和信息的消费；对于能源行业，提高汽车效能可降低能源消耗，促进可再生燃料的替代。

｜9.4　通信能力需求｜

考虑到未来超能交通更复杂的业务，其通信需求也将更高，需要采用更先进的技术满足更高的通信需求（见表 9-3）。以下给出超能交通初步通信能力需求分析。

表 9-3　通信能力需求初步分析

指标名称	指标数值
峰值速率	100Gbit/s
最大移动速度	>1 000km/h
最大端到端时延	<1ms
可靠性	99.999 99%
定位精度	0.05m
频段	需根据不同空间领域进行应用

（1）峰值速率

在 64QAM、192 天线、16 流并考虑编码增益的情况下，5G 理论频谱效率极限值为 100bit/(s·Hz)。而在 6G 时代，考虑 1 024QAM、1 024 天线，以及波束成形技术，频谱效率预计达到 200bit/(s·Hz)。面向 2030+，下一代"泛在覆盖"网络可能用到的太赫兹技术的常用载波带宽可能会达到 20GHz。假设交通领域的移动终端分配有 500MHz 带宽进行通信，则其峰值速率可达到 100Gbit/s。

（2）最大移动速度

最大移动速度是移动通信系统最基本的性能指标。5G 时代的要求是能够支持速度高达 500km/h 的高铁上的乘客的接入。而面向下一代移动通信网络，需要考虑时速超过 1 000km 的超高速列车、真空隧道列车，国内外已有研究机构开展相关工作。同时，未来还需考虑民航飞机乘客的接入，民航飞机的飞行速度基本上为 800～1 000km/h。因此，未来交通工具的移动性能建议以高于 1 000km/h 速度移动的用户接入为衡量指标。

（3）最大端到端时延

以车辆安全制动距离估算时延需求。未来无人驾驶车辆的速度通常为几十千米/小时到 100km/h，考虑到两车相向行驶，则相对速度可能达到 100～300km/h，即 28～83m/s。在某些场景下，比如需要大量传输高清视频资料时（车联网或自动驾驶典型场景），终端与服务器之间的传输信息负担显著增加，此时传输时延可能会增至数秒，对应的行驶距离可能达到数百米，造成严重的安全隐患。因此必须进一步优化时延至低于 1ms，降低伤亡事故发生的可能性。

（4）可靠性

5G V2X 业务中扩展传感器对通信性能的需求，其可靠性在 90%～99.999%。在超能交通应用场景中，以智慧驾驶为例，其除实现正常安全驾驶之外，还将承载移动办公、家庭互联、娱乐生活功能，因此需要实时传递大量高清的视频、高保真音频等数据信息，这意味着下一代移动通信网络要支持更高的数据传输可靠性，从而为用户提供极致的驾驶服务体验。

（5）定位精度

现有的定位技术以实时动态差分技术为主，在室外空旷无遮挡情况下，可达到厘米级定位。未来综合立体交通网涵盖铁路、公路、水运、民航、管道等方面，涉及隧道、地下、海底等场景，此时定位精度需要进一步提高。因此需要综合考虑蜂窝网定位、惯导、雷达等多项技术，确保交通终端在未来更复杂应用场景下始终达到高精度定位。

（6）频段

未来超能交通网涵盖空天地海多个空间领域，不能局限于一个交通维度进行频段考量，因此需要考察不同交通应用场景维度的频段。

- 车联网：目前，5 905～5 925MHz 频段是基于 LTE-V2X 技术的车联网（智能网联汽车）工作频段。
- 民航通信：118～137MHz；其高频导航：108～118MHz；长波导航：200～600kHz。
- 海底通信：主要集中在 3～300kHz 频段。
- 海上无线通信：主要集中在 300kHz～3MHz 频段。
- 卫星通信：主要集中在 3～300GHz 频段。
- 铁路通信：GSM-R 系统属于铁路专用移动通信系统，GSM-R 采用 900MHz 工作频段、885～889MHz（移动台发、基站收）、930～934MHz（基站发、移动台收）。

| 9.5 本章小结 |

未来，超能交通多层次、多资源的"融汇贯通"将持续赋能人类互联美好生活，移动办公、家庭互联、娱乐生活之间将得以"随心切换"。多维护航的可信交通环境让交通管理者实现足不出户的交通状况"全息感知"与"运筹帷幄"，让交通环境参与者对交通运行动态"实时感知、提前预知"，享用高效、绿色、安全的出行。量身定制的立体交通服务为交通出行带来全新体验，实现出行需求与交通供给的动态匹配。此外，依托"泛在覆盖"通信网络的物流、信息流、资金流融合将为城市运力资源的动态平衡、城市经济的可持续发展增添强劲动力。

｜ 参考文献 ｜

[1]　中共中央国务院印发《交通强国建设纲要》[Z]. 2019.

[2]　YURTSEVER E, LAMBERT J, CARBALLO A, et al. A survey of autonomous driving: common practices and emerging technologies[J]. IEEE Access, 2020(8): 58443-58469.

[3]　MUSK E. Hyperloop Alpha[Z]. 2013.

[4]　孙钧, 刘子忠, 刘甲朋. 畅想海上交通运输建设的伟大革命——真空高温超导磁浮高速列车桥隧工程前期工作与运行方案探讨[J]. 隧道建设（中英文）, 2018, 38(9): 1405-1415.

[5]　谢侃, 谢振东. 城市智能交通集成系统[M]. 北京: 人民交通出版社, 2019: 5-31.

[6]　何蔼. 车联网 V2X 技术现状、比对及发展展望[J]. 汽车实用技术, 2020(3): 30-33.

[7]　5G 新突破: 车规级设计模组 DMD3A 重磅发布[Z]. 2019.

[8]　华为发布全新 5G 多模终端芯片, 可支持车联网、自动驾驶[Z]. 2019.

[9]　生态系统持续演进, C-V2X 正为商业化做好准备[Z]. 2017.

[10]　中国信息通信研究院. 车联网白皮书[R]. 2018.

[11]　IMT-2020(5G)推进组. C-V2X 白皮书[R]. 2018.

[12]　王笑京, 齐彤岩, 蔡华. 智能交通系统体系框架原理及应用[M]. 北京: 中国铁道出版社, 2003.

[13]　亿欧. 道阻且长, 行则将至——2019 年中国智慧城市发展研究报告[Z]. 2019.

[14]　WANG Z, LIU Y, YE J P. Artificial intelligence in transportation[C]//Proceedings of KDD 2018. [S.l.:s.n.], 2018.

[15]　王爱玲, 潘成康. 星地融合的 3GPP 标准进展与 6G 展望[J]. 卫星与网络, 2020.

[16]　BJÖRNSON E, SANGUINETTI L, WYMEERSCH H, et al. Massive MIMO is a reality-What is next? Five promising research directions for antenna arrays[J]. arXiv preprint, 2019, arXiv: 1902.07678.

[17]　ETST. Universal mobile telecommunications system(UMTS); LTE; Architecture enhancements for V2X services: ETSI TS 123 285-2018[S]. 2017.

[18] ZHOU H B, XU W C, BI Y G, et al. Toward 5G spectrum sharing for immersive-experience-driven vehicular communications[J]. IEEE Wireless Communications, 2017, 24(6): 30-37.

[19] SHUKLA S N, CHAMPANERIA T A. Survey of various data collection ways for smart transportation domain of smart city[C]//2017 International Conference on I-SMAC. Piscataway: IEEE Press, 2017: 681-685.

[20] 德勤. 未来汽车: 交通技术和社会趋势如何构建全新的商业生态系统[Z]. 2016.

第 10 章

孪生工业

工业制造是整个社会和经济发展的关键领域，其每次转型升级都带来了巨大的社会进步。4G 的普及应用和 5G 的快速发展正在加速工业制造的数字化和智能化转型。面向 2030 年，整个社会将走向"数字孪生和智慧泛在"，数字孪生的应用也必将进一步渗透到工业制造领域，推动工业制造走向孪生工业。本章回顾整个工业制造领域的发展历史，介绍孪生工业的内涵，以及其对移动通信网络提出的具体需求。

|10.1 传统工业发展历程|

人类区别于动物的重要能力是有意识地制造工具。纵观整个人类发展史，每当工业技术发生巨大变革时，人类的生产力和生产要素都获得了本质的提升，这不仅仅是技术改革，更是深刻的社会变革。工业革命的发生往往意味着人类的生产、生活方式随之发生巨大改变，从英国开始的第一次工业革命开创了以机器代替手工工具的时代；第二次工业革命使世界由"蒸汽时代"进入"电气时代"；以计算机、原子能等新科技为主要代表的第三次工业革命开辟了"信息时代"。

10.1.1 第一次工业革命

19 世纪中期，英国的传统手工纺织业在面临与日俱增的需求时出现了生产技术供应不足的情况。1865 年，一位名叫詹姆士·哈格里夫斯的纺织工人在无意中踢翻了纺织机后发现，直立的纱锭仍在旋转。受此启发，他发明了用一个纺轮带动 8 个竖直纱锭的新型纺织机，并用自己女儿的名字将其命名为"珍妮机"。珍妮机的纺织能力比旧式纺织机的纺织能力提升了 7 倍[1]，随后大规模的织布厂陆续建立，这标志着第一次工业革命的开始。

珍妮机虽然大大提升纺织能力，但它仍然需要依靠人力或畜力提供动力，因此还是存在稳定性差、效率低等不足。蒸汽动力时代的来临才真正使人类从繁重的体力劳动中解放出来。

一提起蒸汽机，人们总是认为瓦特是蒸汽机的发明人，其实不然，蒸汽机最早的雏形是由古希腊数学家希罗于公元 1 世纪发明的气转球。1679 年，法国物理学家丹尼斯·巴本在观察蒸汽逃离他的高压锅后，制造了第一台蒸汽机的工作模型。1698 年托马斯·塞维利、1712 年托马斯·纽科门都为工业蒸汽机的发展做出了自己的贡献。1764 年，詹姆斯·瓦特在修理纽科门式蒸汽机时发现了这种蒸汽机的两大缺点：活塞运动慢且不连续；蒸汽利用率很低，浪费原材料。经过反复的理论计算和实践，詹姆斯·瓦特于 1769 年在纽科门式蒸汽机的基础上发明了装有冷凝器的新式蒸汽机，使蒸汽机的热效率有了显著提高。瓦特与瓦特蒸汽机如图 10-1 所示。

19世纪初的瓦特蒸汽机

图 10-1　瓦特与瓦特蒸汽机[2]

蒸汽机的广泛使用是第一次工业革命的重要标志。1785 年瓦特的改良型蒸汽机正式大规模投入使用，随后汽船、蒸汽火车陆续被发明，人类的交通运输进入以蒸汽为动力的时代。1840 年前后，英国率先完成第一次工业革命，机器生产基本上取代了传统手工生产，英国成为世界上第一个工业国家。18 世纪末，第一次工业革命逐渐从英国向欧洲其他国家和北美地区传播，后来又扩展到俄罗斯、日本等世界其他地区。

蒸汽机的发明和改良使蒸汽的动力替代了原始的人力、畜力以及风力和水力等自然能源，把人类带进了工业大生产时代，深刻地改变了整个社会的形态和人们的生产生活方式。

10.1.2　第二次工业革命

第一次工业革命为工业制造注入了强大的动力，但是蒸汽机仍然存在很多缺陷：如无法通过精准控制能量来改变生产状态、使用不便捷等。19 世纪，随着资本主义经济的发展，自然科学研究取得了重大进展。不同于第一次工业革命基于工匠实践经验的技术发明，第二次工业革命源于自然科学的发展，将科学和技术紧密结合，科学在推动生产力发展方面发挥了更加重要的作用。电器的广泛应用是第二次工业革命最突出的特点，社会从"蒸汽时代"进入"电气时代"。

电气时代和以前的时代完全不同，它有一个前提，就是必须有电。如果没有电，电器发明和应用都是不可能发生的事情。1831 年，法拉第在线圈通断电的瞬间发现了电流计指针的微小跳动，揭示了电磁学的基本原理——电磁感应。电磁感应的发现标志着电气时代的开端。1832 年，法国的皮克希根据电磁感应现象发明了一台手摇式发电机原理机。1866 年德国西门子公司创始人维尔纳·冯·西门子对发电机进行重大改进，发明了第一台真正意义上的自励式直流发电机（如图 10-2 所示），并在随后几年投入实际运行。1876 年，人类第一部电话在贝尔的实验室问世，开启了电信事业的发展；1879 年，爱迪生试验了几千种材料终于发明了电灯，人们告别了"黑暗时代"。1882 年，爱迪生在纽约珍珠街建成了第一座发电厂。19 世纪 80 年代后，电梯、电力机车等众多电气设备逐渐被发明出来，并投入使用。1888 年，工程师尼古拉·特斯拉获得交流发电机的发明专利，随后交流电系统取代了直流电系统得到广泛应用[3]。随着各种电器的发明和应用，以及与之配套的各种电力设施的完善，人类快速地步入了电气化时代。这就是以电气技术为核心的第二次工业革命。

图 10-2　第一台自励式直流发电机[4]

相比于蒸汽提供的动能，电能在精细程度、可控程度和便捷性上都有超越式的提升，电气动力系统的"品质"明显地优于蒸汽动力系统。由此引发了产品系统爆发式的发展，产品的功能和复杂度迅速增加。电气动力系统的应用使得制造业在规模和质量上都得到了空前发展。

第二次工业革命使得人类社会在经济、文化、政治、军事等方面都有突破性的发展，同时也进一步增强了生产能力，使得交通更加便利快捷，此外通信领域的起步和发展大大增强了人与人之间的交流。更重要的是，以自然科学的发展为源头的第二次工业革命巩固了科学技术在社会发展中的重要地位和影响力，使得全球各个地区都加大了对科技和基础研究的投入，这也为后续的科技革命奠定了重要基础。

10.1.3　第三次工业革命

第二次工业革命后，随着社会生产力的发展和生产社会化程度的提高，资本主义争夺市场经济和世界霸权的斗争更加激烈。一些西方垄断资本主义国家的经济政治发展不平衡，竞争激烈，因此帝国主义国家要求重新分割世界，第一次世界大战和第二次世界大战先后发生。西方各国的竞争和世界大战的爆发迫切需要高科技的支撑，因此科学技术高速发展，科学理论出现重大突破，形成了一定的物质基础和技术基础。

从二十世纪四五十年代开始，以原子能、电子计算机、空间技术和生物工程的发明和应用为主要代表的第三次工业革命浪潮正式登上历史舞台，这是一场涉及信息技术、新能源技术、新材料技术、生物技术、空间技术和海洋技术等诸多领域的信息控制技术革命，因此也被称为"第三次科技革命"。

其中，电子计算机技术的发明和广泛应用是第三次工业革命的核心。1946 年美国政府和宾夕法尼亚大学合作开发出第一台现代计算机 ENIAC（the Electronic Numerical Integrator And Computer）（如图 10-3 所示），其主要元器件由电子管制成。20 世纪 50 年代初，电子管计算机由实验室转入工业化生产，由军用扩展至民用，后来将这种计算机称为第一代计算机。1956 年，美国贝尔实验室用晶体管代替电子管，制成了世界上第一台全晶体管计算机。第二代计算机较第一代计算机具有速度快、寿命长、体积小、重量轻、耗电量少等优点。20 世纪 60 年代中期，集成电路的出现进一步提升了计算机的性能，其每秒钟运算能达到千万次，可以适应数据处理和工业控制的需要，并且体积进一步减小，使用方便。同时发展起来的还有操作系统，这使得计算机在中心程序的控制协调下可以同时运行许多不同的程序。20 世纪 70 年代后，集成电路朝着大规模的趋势发展，计算机的体积进一步减小，运行性能进一步提升。此后至今的几十年时间里，计算机又经过了飞速的发展，出现了智能计算机、光子计算机、生物计算机等。

图 10-3　世界上第一台计算机（左）和 2020 年新款平板计算机（右）[5-6]

对于工业发展而言，第三次工业革命中计算机技术的出现将工业控制系统带入了自动化的时代。自从可编程控制器（如图 10-4 所示）问世以来，工业控制技术发生了巨大的变化，与传统使用继电器的工业控制系统相比，可编程控制器在操作、控制、效率和精度等各个方面都具有无可比拟的优点。传统的继电器控制箱体型庞大而笨重，而且必须手工接线、安装。随着晶体管和集成电路等技术的进步，可编程控制器逐渐取代电磁式继电器，大大增加了控制系统的可靠性，降低了控制系统的成本。1986 年，通用汽车公司起草了关于"可编程逻辑控制器"详细的技术规范，工业自动化系统的快速发展就此展开。

图 10-4　世界上第一台可编程逻辑控制器及其发明人 Richard Morley（最左）[7]

工业自动化在工业生产中广泛采用自动控制、自动调整装置，用于代替人工操纵机器和机器体系进行加工生产。在工业生产自动化条件下，人只是间接地照管和监督机器进行生产，从而大幅提高生产效率，降低能源消耗。随着科学技术的进步，自动化技术逐步发展为涉及机械、微电子、计算机等领域的一门综合性技术。可以说，第三次工业革命是自动化技术的助产士。正是由于工业革命的需要，自动化技术才冲破了卵壳，得到了蓬勃发展。同时自动化技术也促进了工业的进步，如今自动化技术已经被广泛地应用于机械制造、电力、建筑、交通运输、信息技术等领域，成为提高劳动生产率的主要手段。

| 10.2　第四次工业革命——工业 4.0 |

前三次工业革命使得人类发展进入了空前繁荣的时代，与此同时，也造成了巨大的能源、资源消耗，人类付出了巨大的环境代价、生态成本，急剧地扩大了人与自然之间的矛盾。进入 21 世纪后，全球制造行业正在呈现出前所未有的发展速度，人类面临空前的全球能源与资源危机、全球生态与环境危机、全球气候变化危机的多重挑战，这一行业的竞争也愈发激烈，工业面临的挑战正在向全球蔓延。工业 4.0 在这样的市场环境下应运而生，其核心目标在于提高竞争力。

10.2.1　工业 4.0 概念

工业 4.0 这一名称的含义是人类历史上的第四次工业革命，这一概念在 2013 年的汉诺威工业博览会上由德国政府正式推出。工业 4.0 是以智能制造为主导的革命性生产方法，其目的是建立一个高度灵活的个性化和数字化的产品与服务的生产模式，通过充分利用信息通信技术和自动化技术相结合的手段，推动制造业向智能化转型。工业 4.0 概念提出的背景如图 10-5 所示。

工业 4.0 概念被正式提出后在全球范围内引发了新一轮的工业转型竞争。2013 年 6 月，美国通用电气公司提出了工业互联网革命，其内容与工业 4.0 概念有异曲同工之妙。2015 年 3 月，中国首次提出实施制造强国战略的行动纲领，旨在加速中国的工业化进程，迈入制造强国行列。除此之外，美国的"先进制造业国家战略计划"、日本的"科技工业联盟"、英国的"工业 2050 战略"等概念，尽管名称不同，但是内容都与工业 4.0 相似。

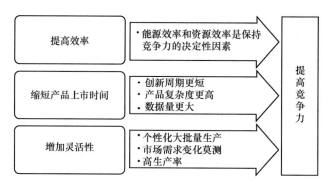

图 10-5　工业 4.0 概念提出的背景

10.2.2　发展现状和挑战

以智能制造为主导的第四次工业革命目前仍处在探索阶段。智能工厂是以智能制造为背景，在中国制造强国、德国工业 4.0、美国先进制造业等国家战略的大环境下，为了使工业生产更加可控、更少人控、高效高质、绿色低耗而提出的适应智能化、数字化的新工厂。智能工厂以信息物理系统（Cyber-Physical System，CPS）为基础，是一个综合计算、网络和物理环境的多维复杂系统，通过 3C（Computation、Communication、Control）技术的有机融合与深度协作实现。信息物理系统是以传感器和促动器为主要模块构建的。

目前，国内实际上达到数字化水平的企业只占少数。国际上，美、日、德、法、韩等国都在积极建设智能工厂，但是目前尚未有完整意义上的智能工厂[8]。

（1）国外发展现状

德国是工业 4.0 概念的提出者。工业 4.0 概念提出以来受到了德国学术界和工业界的一致认同。为了工业 4.0 项目的推进，德国在 2016 年 3 月制定了"数字战略 2025"，该战略分为 10 个步骤，由联邦政府和大企业合作完成。其中包括 2025 年前在德国实现 1Gbit/s 光纤网络全覆盖、建立数字化的手工业能力培养中心、帮助中小企业发展等内容[9]。

美国 2006 年发布《美国竞争力计划》，正式提出要重点研究信息物理系统，并将其用于交通、能源、制造等重点领域。2009 年，奥巴马政府发布《重振美国制造业框架》，将引领美国经济走出困境的突破口聚焦在"再工业化"，并于 2011 年和 2012 年相继出台《先进制造伙伴计划》和《先进制造业国家战略计划》[10]。

日本、韩国等发达国家也相继开始了面向工业 4.0 的智能工厂的研究计划。2009 年，韩国制定了《新增长动力规划及发展战略》，确定了绿色技术、尖端产业等 17 项新型产业为新增长动力。日本政府于 2015 年设立了"机器人革命行动协议会"。2015 年 6 月，日本民间团体"工业价值链计划"成立，以构建智能工厂参考模型为目标。

在各国政府及政策的引导下，国外典型的工厂服务商对智能工厂的建立进行了积极探索，具体发展情况如下。

- 西门子。西门子专注于电气化、自动化和数字化领域，其数字化工厂集团的产品组合将产品生命周期的主要环节顺畅地连接起来，为制造业提供数字化无缝集成的软硬件和技术服务。2016 年，西门子还发布了基于云的开放式物联网操作系统 Mind Spehere。

- 通用电气（GE）。2015 年，GE 回归"制造为主业"，是提供技术和服务业务的跨国工业公司。GE 在 2016 年推出了助力数字工业企业的工业互联网平台 Predix，由微软提供基础云服务，同时 GE 与华为、英特尔等硬件制造商合作，为其提供传感器、网关等数据采集传输设备。

- 霍尼韦尔。2016 年，霍尼韦尔正式将工业物联网作为集团发展的重要战略，在过程控制部成立了数字化转型业务单元。

- 艾默生。通过工业自动化、网络能源、过程管理等技术，艾默生扎根技术与工程领域。2017 年其发布的 Plantweb 数字生态系统包含一系列基于标准、规模可变的软硬件、数字设备和服务。

（2）国内发展现状

我国当前的制造业企业正面临巨大的转型压力。我国工业发展起步晚，很多中小型企业尚未完成自动化转型，如今又迎来了数字化转型的变革。同时，大中型企业面临劳动成本迅速攀升、产能过剩、竞争激烈、客户个性化需求日益增长等挑战，这迫使制造业从低成本竞争策略转向建立差异化竞争优势策略。随着我国国家和地方政府的大力扶持，各行各业的大中型企业开启了探索数字智能工厂的征程。

目前，工信部已经连续多年实施智能制造试点示范专项行动。2015 年，有 45 个试点示范项目入选，覆盖了 38 个行业；2016 年，有 63 个试点示范项目入选，覆盖了 45 个行业；2018 年，项目数量增长到 99 个。2019 年，工信部开展了工业互联网试点示范项目推荐工作，包括集成创新应用、平台集成创新应用、安全集成创新应用等 5 个方向，遴选一批工业互联网试点示范项目，通过试点先行、示范引领，推进工业互联网创新发展。

国内典型的探索数字智能工厂的企业如下。

- 石化盈科信息技术有限责任公司（以下简称石化盈科）。作为国家规划布局内的重点软件企业，石化盈科拥有信息系统集成一级、建筑智能化一级、CMMI5 等顶级资质和认证。依托中国石化信息化建设实践，构建起从咨询、设计研发到交付和运维的完整 IT 服务价值链，形成了经营管理、智能制造、智能物流、新一代电子商务、云计算和大数据五大核心业务，积极构建"入口 + 平台 + 生态"商业新模式，努力打造"产品+服务"的一流科技公司[11]。
- 中控集团。中控集团一直致力于数字工厂系列软件产品（实时数据库、先进控制、优化控制、生产执行系统、智慧能源管理、能源管理中心、安全应急管理等）的研发、工程实施和技术服务。

总体来说，工业 4.0 的发展还处于起步探索阶段，目前和未来 5～10 年的发展方向还是以数字化工厂为主，距离达到真正的智能化还有很长的路要走。目前工业 4.0 发展主要受限于标准化进展、复杂系统的高效管理、通信技术的发展、安全和保密等诸多因素。

标准化方面，随着工厂和工厂内外的很多事物和服务连接起来，通信手段和数据格式等很多事物必须制定标准。关于复杂系统的管理，随着整个系统变得复杂，管理变得越来越困难，高效的方法和手段需要进一步探索。通信技术方面主要是发展面向工业用途的、可靠性高的网络架构和技术。安全和保密方面也需要采取有效的措施，以防止工厂和网络遭到恶意软件的入侵。

|10.3 后工业 4.0 展望|

随着工业 4.0 变革的不断发展推进，生产流程数字化趋势日益明显，可以预见，未来 10 年将是数字化工业迅猛发展的阶段。面向 2030 年，工业发展将步入更加虚拟化、智能化和更大规模化的孪生工业阶段。

10.3.1 孪生工业的定义

想象一下，未来我们的商品模式会变成什么样子？而未来的工厂又将变成什么样子？也许在未来的某一天，你觉得你的计算机样式太过普通，你想要一个超大的圆形的计算机。这时，你只需要打开某个软件，自定义一个你喜欢的计算机的样子，你甚至可以自己画一张草图发给定制工厂。几天后你就将拥有你自己设计出来的圆形计算机了，而不再是只能在市场中选择标准统一、形态一致的计算机。这样的未来离我们还有多远？其实，孪生工业就能帮我们实现。

对于工业界而言，从根本上讲，孪生工业是指以数字化的形式创建整个生产过程的孪生体，对所有工业实体过去和目前的行为或流程进行动态呈现，对未来的发展状态和趋势进行预测，并根据预测结果建议干预措施和手段，通过对干预措施和手段的仿真、验证和优化，施加到物理的工业实体进行预测性的维护和优化，确保整个工业生产的持续性和可靠性。孪生工业是以针对众多层面持续、实时开展的大量物理世界数据监测为基础的。这些监测可以通过数字化的形态对某一物理实体或流程进行动态呈现，从而实时有效地反映该系统的运行情况。例如在产品开始生产前，可以由客户或设计师在软件中进行个性化的定制设计，而全自动化的设备可以处理产品或辅助人类执行必要的准备工作；还可以先在虚拟的生产线上模拟生产的过程，找到影响生产效率的关键步骤，从而优化实体生产线的效率。在生产过程中，实体生产线与虚拟生产线可以进行即时沟通，通过跟踪生产进度，实时做出变更和优化调整。在生产完成后，可以通过系统记录统计相关数据，进一步追踪产品的全生命周期。

孪生工业技术不同于以传感器和促动器为基础的数字化智能工厂，其价值要高于传统概念里的智能工厂。孪生工业是以数据和模型为基础的，更适合采用人工智能和大数据等新计算技术的概念。孪生工业可以对不同组件之间的相互作用和整个生命周期过程进行检测和建模。除此之外，还可以采集传感器指标的直接数据，借助大样本库，通过机器学习推测出一些原本无法直接测量的指标。由此实现对当前状态的全面评估、对过去发生问题的诊断，以及对未来趋势的预测，并给予分析结果，模拟各种可能性，实现更加立体的建模，提供更全面的决策支持。孪生工业概念架构如图 10-6 所示。

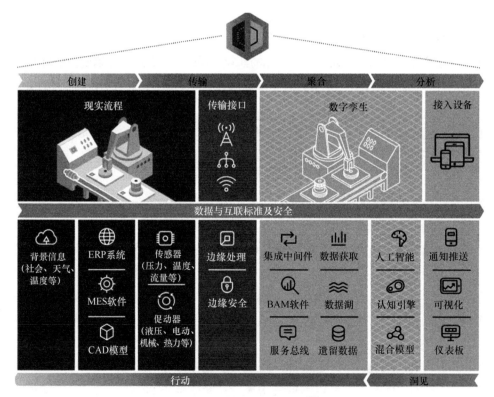

图 10-6　孪生工业概念架构[12]

同时，孪生工业将覆盖全产业链，打通上下游所有环节的虚拟化建模，以及实际产品设计、生产和维护环节，能实现对物流、资金流、信息流的系统、全面和实时控制，有效协调和优化系统内的所有业务活动，而不仅仅局限于产业链条上单一节点的智能工厂。可以说，整个工业界将从现实走向全面虚拟化，提升智慧工业的生产和管理效率，形成面向未来社会的智慧工业新形态。

10.3.2　孪生工业应用的关键环节

（1）海量工业数据采集

在德国的工业 4.0 中，工业大数据技术被认为是物理与信息融合中的关键技术。在美国 GE 提出的工业互联网中，作为联机数据处理分析的核心，大数据分析被认为是重构全球工业、激发生产力的关键技术。作为新一代的信息技术，大数据成为两化融合的关键技术。可以说，现如今把数据比作石油毫不过分，工业大数据技术的稳定流畅是智慧工业良好运行的基础。

以制造业为例，产品的全生命周期（包括市场规划、设计、制造、销售、维护等过程）会产生大量的结构化和非结构化数据，形成制造业大数据。如何充分挖掘工厂中的数据，通过对制造大数据进行分析，提升数字化工厂的运行效率，已成为制约数字化工厂向智慧工厂发展的瓶颈。

工业大数据能提升大规模生产调度的全局性能。随着工艺复杂性、环境复杂性、工艺规模的日益发展，当整个问题规模越来越大的时候，生产调度已经是一个很难解决的问题。传统的智能调度方法难以求解大规模的调度问题，基于规则和瓶颈的方法在大规模问题中又很难得到全局优化。基于孪生工业的大数据带来了新思路，它采用全局数据之间的关联关系，形成全局的调度方案，能够解决大规模生产中的全局调度问题。大数据能为产品的运行维护提供服务。在产品的运行和维护过程中，大数据模式一改传统方法被动的运维模式，通过采集和分析智能设备的传感器数据，主动进行产品的安全监测、故障诊断，优化产品的运行过程。

孪生工业将依托新一代通信技术的超高带宽、超低时延和超可靠性等特性，对生产、运输、维护等环节的工业大数据进行实时采集，更好地满足大数据的特征要求。新一代通信技术将与新兴的感知技术相结合，不断扩展数据采集的深度和广度，并通过高速可靠的网络将数据实时交互，保障各个传感器与控制单元的互联。在孪生工业中，新一代通信技术与大数据技术的融合将持续推动智慧工业的信息化、智能化发展。

（2）智能工业控制

在孪生工业中，智能化的工业控制系统是整个系统中至关重要的环节。传统的工业控制主要依靠人的经验和知识来进行，这会对系统整体的稳定性产生一定的影响。消费者个性化和产品品质升级的需求发展大大提高了工业制造业的复杂性，包括生产的组织形式、质量检测、仓储物流等环节。系统越复杂，人的学习曲线就会越缓慢，人应对复杂系统的能力会成为制约技术进步和应用的瓶颈。传统工业界大多以人的决策和反馈为核心，这就会导致系统中有很大一部分的价值并没有被释放出来。而人工智能为工业带来的变革就是摆脱人类认知和知识边界的限制，为决策支持和协同优化提供可量化依据。

人工智能应用场景通常是端到端的应用场景，数据采集在前端，算法处理在云端，处理后的结果再回到前端，从而提高前端设备的处理能力和处理效果。在这样一个人工智能应用闭环中，会产生很多对大带宽、低时延、高可靠性网络的需求。网络将所有的工业环节的数字化设备连接在一起，例如控制器、传感器、执行器的联网，然后，人工智能就可以分析传感器上传的数据，这就是孪生工业的核心。

未来的孪生工业并不仅仅是简单的自动化，而是一个柔性系统，能够自动优化整个网络的表现，自行适应并实时或近实时地学习新的环境调校，并自动运行整个生产流程。由于技术的快速发展，孪生工业的能力和规模是一个伴随着人工智能学习和升级长期进行的演变，而非过去工业变革所进行的一次性现代化过程。

（3）智能检测与安全生产

工业世界任何微小的提升都会带来很大的优势，而任何微小的故障也可能带来很大的损失。工业现场的很多数据"保鲜期"很短，一旦处理延误，就会迅速"变质"，数据价值呈断崖式跌落，工业现场的数据处理可以被称为"走钢丝"。及时可靠的智能检测系统与安全生产是工业领域非常重要的内容，也是未来的孪生工业系统亟待加强的环节。

孪生工业将利用边缘计算技术的发展来降低数据时延，在"保鲜期"内对工业数据进行及时的智能化处理。除了降低时延以外，边缘计算对数据的保密和安全性也比云计算有更强的保障。相比传统的生产设施，孪生工业面临更大的网络安全风险。在一个全面互联的环境中，由于连接点众多，网络攻击的影响范围将会扩大，预防难度也会增加。而边缘计算生成的数据在端上分布，这可以有效保护网络，并提高数据隐私性，增强数据安全性。

现代工业机器人的应用越来越广泛，生产线上的机器人、机械臂的稳定可靠性对于企业生产的经济效益保证意义重大。工业机器人的大规模部署，以及工业机器人结构复杂、维护成本高的特点，对生产企业技术人员的维护能力提出了极高要求，主要体现在：要在机器人发生故障之前检测到机器人机构部件、控制装置等方面的异常，并在停机发生前进行针对性的维护维修，从而使停机时间减少为零，实现连续生产。基于机器人的数字孪生，孪生工业将通过边云协同进行预测性维护，实现持续有效的生产。同时，未来可能还会采用更加先进的基于边缘和 VR/AR 技术来协助工作人员提升运营、维护等环节的工作效率。

10.3.3　孪生工业对通信能力的需求

由于未来孪生工业复杂的变化和对新一代通信技术的依赖，孪生工业对通信能力有更高的要求，具体分析如下。

（1）时延

由于工业数据的"保鲜期"很短，数据从采集到处理再到反馈的时延要求会很高。对于孪生工业来说，不同的业务类型，时延要求应在 0.1ms 和 10ms 之间。例如，对于工业生产机器人来说，由于需要机器人实时对生产环节进行操作，时延要求会相对较高，一般要求时延小于 1ms。而对于日常生产的一些监控管理来说，时延要求相对较松，一般为 10ms 左右。

（2）可靠性

孪生工业中需要依赖大量的数据来辅助智能模块做出对生产环境的判断和调整，设备控制对通信链路的实时性、可靠性、时钟同步要求比较严苛。孪生工业对通信系统的可靠性要求一般为 99.999 9%以上。

（3）连接数

海量的工业数据采集需要通过在工业园区内部署海量的动态传感器来实现，因此需要通信网络支持海量连接数。传感器的种类（如富士康车间已经部署了 10 万种不同类型的传感器）和功能是多样的（如温/湿度传感器、压力传感器、二氧化碳传感器和摄像头等），因此，下一代通信网络技术需要支持 10 万～1 亿个/平方千米的设备连接数。

（4）室内定位精度

未来工厂中，包括自动导引车（Automated Guided Vehicle，AGV）在内的移动机器人将成为重要的物流方式。AGV 采用自主导航方式移动，网络通过无线通信提供碰撞规避、任务更新等功能。因此，下一代通信网络需要支持室内厘米级的定位精度来满足未来移动机器人的工作需求和安全性能。

| 10.4　本章小结 |

工业 4.0 推动工业制造走向数字化和智能化，随着 4G 的普及和 5G 商用进程的加速，工业制造的数字化程度必将不断加深，为工业制造朝着数字孪生的方向发展奠定坚实基础。本章简单回顾了历次工业革命带来的变化，介绍了孪生工业可能带来的变化和关键支撑技术，以及具体的应用场景对移动通信网络的能力要求。

| 参考文献 |

[1]　珍妮机百科[Z]. 2020.

[2]　生死攸关的第四次工业革命,中国怎样挣脱最后一道枷锁[Z]. 2020.

[3]　第二次工业革命[Z]. 2020.

[4]　一文读懂西门子能够存活 169 年的秘密[Z]. 2020.

[5]　桑浩鑫, 王雪莹. 计算机的发展史[J]. 青春岁月, 2016(12): 440-441.

[6]　Is digitization and IoT a new thing? Not if you come from industrial automation[Z]. 2018.

[7]　何冠泯. 智能工厂综述与发展趋势探讨[J]. 现代商贸工业, 2019, 40(6): 196-197.

[8]　阮建兵. 德国"工业 4.0"发展现状调研及启示[J]. 新课程研究（中旬-双）, 2017(3):

　　　134-136.

[9]　张泉灵, 洪艳萍. 智能工厂综述[J]. 自动化仪表, 2018, 39(8): 1-5.

[10]　德勤. 工业 4.0 与数字孪生——制造业如虎添翼[Z]. 2018.

[11]　孙敏, 李森. 人工智能在工业自动化控制系统的应用分析[J]. 新型工业化, 2020, 10(1): 106-109.

[12]　庄解忧. 世界上第一次工业革命的经济社会影响[J]. 厦门大学学报（哲学社会科学版）, 1985(4): 59-65, 73.

第 11 章

孪生农业

民以食为天，温饱是人类生存的最低要求，也是人类在进化和发展的历史长河中努力解决的问题。在农业技术水平低下的时代，人类基本是靠天吃饭，天灾往往给人类社会的发展带来巨大的挑战。随着地球人口数量的快速增长，以及可用耕地面积的不断减少，农业生产水平也关系到人类发展的未来。信息技术的发展为农业的发展注入了新的活力，5G 与农业的结合必将推动农业的发展走向数字化和智能化，最终通过数字孪生来进一步提升农业生产的效率和质量，实现智能化、个性化的按需生产，我们称之为孪生农业。本章回顾农业发展的历史阶段，展望 2030+农业发展的方向和孪生农业对移动通信网络的需求。

| 11.1 农业发展历程 |

作为国家的基础产业，农业的发展直接影响国家经济和社会的发展，因此农业在不断地进行变革和创新，根据不同的技术应用水平，呈现出从农业 1.0 到农业 4.0 的演变规律[1]。

11.1.1 农业 1.0：以人力和畜力为主的传统农业

农业 1.0 是以人力和畜力为主的传统农业，是农业社会的产物[2]。农业 1.0 阶段，生产方式以自然为基础，人们主要依靠经验来判断农时，靠天吃饭，听天由命，农业生产受外界各种不利因素影响巨大；生产工具是各种简单传统的农业机具和畜力，它们可以减少人类的体力劳动，但也只是人体局部功能的有限延伸；生产规模较小，主要以一家一户为单元，生产力水平较低，经营管理和生产技术较落后，抵御自然灾害的能力差，商品经济较薄弱；一旦遇上大的自然灾害，必将导致社会的巨大动荡和人类的生存危机。

在近现代，我国农业 1.0 阶段主要指的是 1949—1978 年（如图 11-1 所示）。该阶段在我国历史上持续时间最久，传统农业的技术精华在我国农业生产方面产生过积极的影响，使得农产品短缺的问题得到了初步解决，但随着时代进步，这种小农体制逐渐制约了生产力的发展。这个阶段主要以"吃饱肚子"为目标，尽管没有彻底解决好粮食问题，但它是从传统农业到现代农业的起步阶段，为农业的下一步发展奠定了良好的产业基础。可以说，农业 1.0 主要追求的是农业耕种技术的"专"[3]。

图 11-1　农业 1.0 阶段

11.1.2　农业 2.0：以机械化为主的小规模农业

农业 2.0 是以机械化为主的小规模农业，是工业社会的产物[2]。18 世纪，以蒸汽机的发明和使用为主要标志的第一次工业革命将人类推入"蒸汽时代"，推动了生产力的发展。蒸汽机的应用是人类认识和利用自然力的一个大突破，改变了人类以人力、畜力、水力作为主要动力的历史，人类发明和使用了以能量转换工具为特征的新工具，使各种机器有了新的强大动力，从而使生产工具得到了革命性的发展，从根本上改变了生产的面貌，提高了劳动效率，极大地解放了生产力。

伴随着工业革命的发展，工业革命的成果逐渐反哺于农业，农业机械化工具不断出现，从而催生了农业 2.0。与农业 1.0 的传统手工农具和畜力相比，农业 2.0 阶段农业基础设施全面改善，农业装备等工业品广泛使用。传统农业"牛耕马犁""扬鞭和号"，以及农民"面朝黄土背朝天"的景象发生了根本性的变化，农业 2.0 标志着粮食生产已从以人力、畜力为主转到以机械化为主的历史新阶段。

我国的农业 2.0 阶段主要指的是 1978—2003 年（如图 11-2 所示）。该阶段以机械化为主，同时伴随着一些农场的出现，农业开始出现种养殖等大户。这种家庭联产承包责任制相比于一家一户的小生产来说，能较好地抗御自然风险和市场风险，实现农业的产业化。农业 2.0 时代以产量高为主要目标，但也慢慢向高质量方向发展，主要表现在农副产品深加工企业和食品制造企业向产业上游延伸，或者农业生产企业向产业下游延伸，企业提供给市场的已经不是初级农产品，而是加工后的农副产品或者食品，既解决了"吃饱的问题"，又解决了"吃好的问题"[3]。比如中粮集团、北大荒集团等都属此类的典型企业。但是此时土地规模化程度不足，生产与销售环节严重脱离，企业缺少足够的品牌经验，可以说，农业 2.0 追求的是农业产值的"大"。农业 2.0 阶段还经历了化学化过程，例如，投入化学肥料、化学农药、激素、各种类型的塑料制品等化学制品，这些措施也显著提升了农业的产出效率和效益。

图 11-2　农业 2.0 阶段

11.1.3　农业 3.0：以信息化为主的自动化农业

农业 3.0 是以信息化为主的自动化农业，是信息社会的产物[2]。20 世纪后期，随着软件技术和微电子技术的发展，人类改造自然的工具也发生了革命性的变化，最重要的标志是数字技术使劳动工具自动化。随着局部生产作业自动化、智能化，以及现代信息技术的应用，农业进入 3.0 时代。通过加强电信网、农村广播电视网及互联网等信息基础设施建设，充分开发和利用信息资源，构建信息服务体系，促进信息交流和知识共享，使得现代信息技术和智能农业装备在农业的生产、经营管理和服务中实现普及应用。如果说工业社会产生的劳动工具解放了人类四肢，那么信息社会产生的劳动工具则解决了人脑有效延伸的问题，是一次增强和扩展人类智力功能、解放人类智力劳动的革命。

我国农业 3.0 阶段主要指的是 2003—2017 年（如图 11-3 所示）。由于农业 1.0 阶段和农业 2.0 阶段的农业耕种不规范、农民老龄化问题严重，此阶段出现了专业化的农民、市场化的农业科技人员及农业科技类企业。农业生产的集约化程度进一步提高，技术应用更利于农业企业化和集团化运作[4]。企业使用无人机进行遥感监测、喷洒农药，使用智能化农机进行精准作业等，利用物联网、大数据、人工智能技术实现农业的数字化、精准化和定制化发展[5]。农业 3.0 阶段的技术水平更高、生产效率更高，同时农业生产也更加个性化；它不仅满足"量"的需求，也能很好地满足"质"的要求。总之，这是一种完全不一样的、颠覆性的农业。

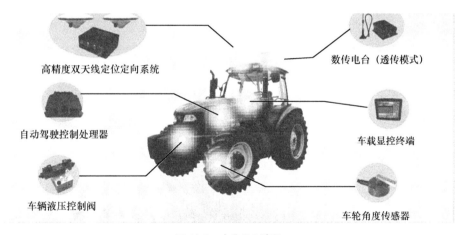

高精度双天线定位定向系统

数传电台（透传模式）

自动驾驶控制处理器

车载显控终端

车辆液压控制阀

车轮角度传感器

图 11-3　农业 3.0 阶段

伴随着生活水平的提高，城乡居民对农业的需求已经由单一的物质需求向精神需求不断延伸。顺应这种形势，农业 3.0 时代新的商业模式也不断出现，比较重要的有智慧农业、绿色农业、有机农业、循环农业、养生农业、观光农业等。比如绿色农业把农业可持续发展的要求与民众对高品质、安全健康农产品的需求相对接，采用农药减量、生态循环、施用有机肥等绿色生产方式，生产市场认可的绿色农产品，实现经济效益和环境效益的双赢。可以说，农业 3.0 时代其实就是"一产+三产"的主流时代，农业 3.0 追求的是经营模式的"新"。

11.1.4 农业 4.0：以无人化为主的智慧化农业

2013 年，德国正式提出了工业 4.0 的概念，明确了信息化在工业化中的重要作用。工业 4.0 打破了传统的行业界限，带来跨行业的重组和融合，而作为工业生产原材料的提供行业和工业制成品的使用行业，农业也必将融入这场时代的变革中，因此农业 4.0 的概念也被广泛讨论。农业 4.0 是以无人化为主的智慧化农业，是智能社会的产物[2]。

中共十九大报告提出，要推动互联网、大数据、人工智能和实体经济深度融合，培育新增长点、形成新动能。随着《新一代人工智能发展规划》《促进新一代人工智能产业发展三年行动计划（2018—2020 年）》等政策、规划的接连出台，人工智能与实体经济将进入深度融合时期。随着机器人技术和人工智能技术的发展，人类改造自然的工具也发生了革命性的变化，最重要的标志是劳动工具智能化，无人化和智能化成为农业 4.0 时代的主要特征，将进一步增强和扩展人类智力功能、解放人类智力劳动。

我国农业 4.0 阶段指的是 2017 年至今（如图 11-4 所示），从技术应用方面来看，它通过互联网等进行资源软整合，是以物联网、大数据、移动互联、人工智能、云计算和机器人等技术为支撑和手段的一种现代农业形态，是新型智慧农业。比如，通过传感器等获取数据以后，利用有线或者无线传输到云端，通过人工智能和大数据技术对数据进行处理分析，从而实现对农作物全生命周期的可控，生产出高效、安全、绿色的农产品。同时，由于物联网等信息技术的强力渗透、信息流的"无孔不入"以及智能化的快速发展，人们能够充分结合市场对农业和农产品需求的变化生成更加有效的决策信息。这意味着农业 4.0 的生产、流通、销售等全产业链的各个环节将相互衔接，形成高度融合、产业化和低成本化的新的农业形态，是现代农业的转型升级。此外，农户、企业、消费者客户端的普及使用，以及线上线下的结合，将使得农业 4.0 成为运用共享思维铺就的共享经济农业，成为农业进步到更高阶段的产物。总之，农业 4.0 是智能化技术在农业全领域、全产业、全链条的应用，体现的是无人化智能应用的"广"[3]。

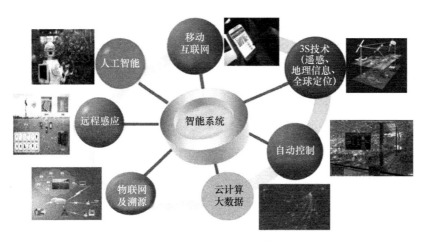

图 11-4　农业 4.0 阶段[5]

从 1.0 的体力和畜力劳动农业到 2.0 的机械化农业，再到 3.0 的信息化（自动化）农业，最后到农业的最高阶段 4.0，亿欧智库对其进行了总结[5]，见表 11-1。我国农业耕地种类多样，幅员辽阔，区域发展不均衡，农业 1.0 到农业 4.0 在各地均有所分布。根据统计局的数据，2017 年中国农业综合机械化率达到了 66%，其中，三大主粮小麦、水稻、玉米的综合机械化率分别达到了 94%、79% 和 83%，假如将 70% 的覆盖率视为完成的情况，中国的农业整体上正处于农业 2.0 向农业 3.0 的过渡阶段[5]。后续会持续推动农业 3.0 和农业 4.0 的演进，农业 3.0 和农业 4.0 的演进并不是完全割裂的，而是相互叠加、互相影响的。农业 4.0 的新技术应用将加速农业 3.0 的完成。

表 11-1　农业发展的 4 个阶段

发展阶段	农业特征	劳动者/劳动工具	优势	劣势
农业 1.0	传统农业	传统农民/简单工具	解决了农产品短缺问题	生产效率低，无法抵抗自然灾害等
农业 2.0	小型规模化农业	传统农民/机械化工具	提高生产率，促进食品加工业加速发展	规模化不足，发展不平衡
农业 3.0	自动化农业	职业农民/计算机	专业化经营，资源利用率、劳动生产率更高	单一化生产，各农业机器无法联动
农业 4.0	智慧化农业	计算机/机器人	资源整合，数据打通，无人化生产	—

来源：《农业 4.0》、亿欧智库。

|11.2 智慧农业发展现状与问题 |

我国农业发展的 1.0、2.0、3.0、4.0 阶段是并存的,要以信息技术助推农业的转型升级,其中智慧农业是现代科技与农业相结合的高级产物,是实现农业现代化的必经之路。"十三五"规划中也提到要走农业现代化道路,推动农业信息化建设,加快融合信息技术与农业生产,大力发展智慧农业。一般认为,智慧农业指的是利用感知、监测、跟踪、预测、数据分析等技术对传统农业生产进行升级改造,从而实现农业的精准化生产、可视化管理和智能化决策,全面提高农业生产力。智慧农业是发达农业的重要标志,世界各国都十分注重发展智慧农业。

11.2.1 国外智慧农业发展现状

国外"互联网+农业"早就先行发展起来,美国、日本、以色列等国家对智慧农业进行了推广和应用[6-8]。

美国是世界上农业最发达的国家,也是世界耕地面积最大的国家,是地广人稀的农业大国。美国的智慧农业主要利用发达的信息技术、科技水平和自动化工业构建农业科技服务体系,率先提出"精准农业",实现玉米、大豆、甜菜等作物的精准种植。比如利用农田遥感监测系统、农田地理信息系统、环境监测系统等对农作物进行精细化的自适应喷水、施肥和洒药,目前,美国平均每个农场将拥有 50 台连接物联网的设备。

日本农业也高度发达,日本适合耕种的耕地面积仅为 4.5 万 km^2,而且由于人口老龄化的问题,劳动力短缺,弃耕面积不断增多。日本智慧农业通过信息化技术在农业生产、经营和管理上的应用,建立起了一套完整的农业信息化体系;此外日本结合物联网技术大力发展精准农机,要求农业机械的精准度要控制在 2~3cm;最后日本高度重视农业教育,使得日本农民素质普遍提高。

以色列是将智慧农业发挥到极致的国家,以色列国土近一半是沙漠,耕地仅为 4 400km^2,土地和淡水资源都极度匮乏。以色列通过兴修水利和使用现代农业物联网技术实现了精细化生产作业，主要包括精准控制农田灌溉、精准种植粮食作物等。其中，灌溉技术通过传感器采集土壤中的温度、湿度等数据，并将上传到数据中心，自动控制用水时间和用水量，从而使水资源的利用率达到 90% 以上。此外，以色列正致力于利用大数据技术让农业生产标准化，如利用大数据技术进行农作物品种优化、培育优质种子等。

在荷兰的现代温室中，与植物生产相关的一切因素（如湿度、温度、水分、光照以及空气等）均可由计算机控制，配合传感器检测植物的生理状况，几乎实现了理想的精细化农业生产。

表 11-2 对不同国家的智慧农业发展现状进行了梳理。

表 11-2　国外智慧农业发展现状[8]

国家	智慧农业发展现状
美国	美国的智慧农业主要运用了农业的科技服务体系，它主要体现在玉米、大豆、甜菜等作物的种植上
日本	日本智慧农业以信息技术为特点，主要解决劳动力短缺问题，且相关的农业信息网络架构完善；农业顺利实现转型升级，极大提高了农业单产量
以色列	以色列智慧农业应用现代农业物联网技术，在技术体系中融合最新的灌溉和育种技术，成就显著
荷兰	现代温室几乎达到了理想的精细化农业生产
英国	希望通过大数据精准整合农业。政府在农村地区实现高速网络全覆盖，建立合适的平台将农业生产的相关信息进行准确汇总，以便能够利用大数据精准地整合农业
法国	法国农业信息数据库是十分健全的，其中包括种植业、渔业、畜牧业、农产品加工等领域。而且法国正致力于打造一个集高新技术研发、商业市场咨询、法律政策保障以及互联网应用等在内的"大农业"数据体系
德国	德国早在 2015 年就投入 54 亿欧元用于推广农业技术。2016 年德国 SAP 公司推出"数字农业"解决方案，将多种生产信息呈现在计算机上，方便农民使用，从而优化农业生产，实现增产
加拿大	加拿大地广人稀、人均用地面积大，农业物联网技术是其智慧农业的主力

11.2.2　国内智慧农业发展现状

我国智慧农业起步于 20 世纪 80 年代，与国外发达国家相比较落后。但伴随着 2018 年政府工作报告"深入推进农业供给侧结构性改革""提高农业科技水平，推进农业机械化全程全面发展""深入推进'互联网+农业',多渠道增加农民收入,促进农村一二三产业融合发展"等政策的支持,以及传感器监测、大数据、物联网、人工智能等新技术的应用,近几年我国逐渐实现了农业的自动化和智慧化发展,提高了农业生产的管理水平,提升了生产效率。

2018 年全年,我国为了推动农业技术推广和成果转化,成立了 4 个国家级示范区和 246 个国家农业科技园区。从图 11-5 可以看出,自 2010 年起,我国农业财政支出逐年递增,这推动了农业发展的科技化、现代化和智能化,第一产业劳动生产率也呈持续提升之势[9]。这既得益于财政支出的支持,也得益于智慧农业的进步。

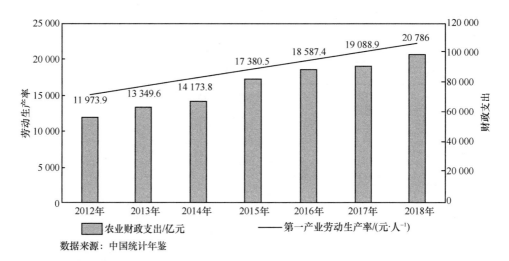

数据来源：中国统计年鉴

图 11-5　2012—2018 年我国农业财政支出和第一产业劳动生产率

表 11-3 对我国部分区域智慧农业的推广和应用情况进行了梳理。

表 11-3　国内智慧农业发展现状[8]

区域	推广及应用情况
安徽省	阜阳市智慧农业的发展现在还处于萌芽阶段,采用的卫星定位、无线通信技术和深松机具状态监测传感技术系统在三秋季节发挥了重要作用,该系统是阜阳市第一个大面积应用的智慧农机系统
江苏省	南京市智能化设施在 2015 年种养殖面积近 40km², 规模设施农业物联网技术应用程度达 15%, 全市农业信息化覆盖率达 60%, 居江苏省第 2 位
河南省	2014 年商水县提出搭建首个县级农业大数据平台的想法,并着手调研和进行产品设计;2015 年商水县的农业大数据平台获评了中国农业信息化最佳解决方案

（续表）

区域	推广及应用情况
浙江省	杭州市的农业生产在"互联网+"思维下充分发挥自身基础条件，抢抓机遇，顺势而为，主动出击，适应和引领经济发展新常态，加快新一代信息技术与农业生产的融合
上海市	金山区通过农业科技创新的政策引领，在农业科技创新方面做了大量的实践与探索，在推动金山农业现代化发展历程中以"智慧农业"为载体的一系列实践工作发挥了重要作用

11.2.3　智慧农业发展问题

智慧农业的发展仍然面临着很多问题，这些问题直接或者间接地影响了智慧农业的发展。

（1）人均耕地面积逐年减少

根据世界银行以及国家统计局统计的数据，我国人均耕地面积（总耕地面积/总人口）逐年减少，远小于世界平均水平，同时建设占用、自然灾害、生态退耕以及农业结构调整等多种原因导致我国耕地面积不断减少。不仅如此，根据国土资源局2015年的统计，将我国耕地按照不同级别进行分类，其中优质土地面积只占总面积的2.9%，将近53%的土地质量属于中等级别。由于随意使用化肥、农药以及大气污染、不科学轮作耕地等原因，耕地质量问题严重，影响粮食产量以及农产品质量[10]。

（2）产业链源头信息化程度不高

智慧农业的生产、管理、运输和销售等环节都需要信息和数据的支撑。目前农业产前阶段的生产资料信息化、透明化程度不高，导致产业链条从源头就难以达到智慧农业对信息和数据的要求。目前农业智能化的发展多集中在生产、溯源环节，无法实现对整个行业的智能化跟踪、监控、管理、决策，现阶段的智慧农业相对片面且不完整[11]。

（3）生产与流通体系信息不对称

信息技术的资源整合难以实现实时共享，导致农业数据信息缺乏权威性，生产与流通系统信息不对称。农业生产者缺乏可靠的信息渠道，造成农产品的供给在"品质"的层面与消费升级的需求存在"错配"，如农产品供过于求，出现农产品卖不掉、价格低等问题，也可能出现"蒜你狠""姜你军""豆你玩"等供不应求的情况。同时，智慧农业标准化程度较低，农业数据的收集缺乏一定的准确性和有效性，造成无法正确辨别虚假信息的情况，出现农业信息安全问题，影响智慧农业的长远发展[12]。

（4）传感器技术受限

当前农业传感技术仍在发展阶段，无法满足智慧农业发展的全部需求，制约着农业向智能化、自动化方向的发展。传感器技术受限主要体现在：农业数字化程度低，传感器获取数据较难；传感器采集信息少，精度不准；传感器长期处于自然环境中，接受风吹日晒等，会降低其使用周期，提升维修成本。总体来说，当前的传感器没有对植物生长的综合环境形成动态的检测系统，联动性不强，无法提供真正意义上的传感功能，影响智慧农业的发展[13]。

（5）专业技术人才和资金不足

智慧农业的发展离不开专业技术人才和充足资金的有效保障。当前我国农业从业人员年龄偏大，农村高素质人才流失严重，农民的文化程度偏低，学习能力不足，且现代职业农民培训没有系统地建立，导致农业从业人员对智慧农业的了解和认知均不充分，其整体素质无法满足智慧农业发展对从业人员的要求。此外，当前智慧农业的规模化程度差，使得智慧农业所需的信息化设备（包括传感器、通信设备、多种软件系统等）成本较高，绝大部分农民难以承担，导致智慧农业项目很难迅速大面积推广。

11.2.4　新型农业展望

为了解决人均耕地面积逐年减少的问题，未来信息化的生产场地将不限于地面等常见区域，而是更加多样化、碎片化、自由化。植物将摆脱土壤的束缚，室内、阳台、屋顶、墙面等环境都将实现植物的正常种植，真正实现所见即所得，在减少土地浪费的同时实现绿化。在意大利萨沃纳（Savona），有个叫尼莫花园的项目，该项目致力于寻找在水下建造温室来种植植物的方法，目标是扩展农业的可能性，在那些看似没有条件的环境下实现种植，目前该项目已经种植了 50～60 种不同的植物种类。未来，融合陆基、空基、天基和海基的"泛在覆盖"网络将进一步解放农业生产场地（扩展到空中、水下、太空等场地），利用光伏发电、风能、潮汐等清洁能源来满足种植条件。此外，为了保证农产品的总量供给，新型农业将强化生物技术，通过基因编辑技术等，改变种子的某种基因，从根源上消除病虫害。目前，袁隆平带领团队用 CRISPR 技术规避了水土污染对水稻品质造成的危害。他们从水稻根部入手，利用 CRISPR 技术修改根部细胞中调控金属离子跨膜转运蛋白、韧皮部镉转运蛋白等多个与镉吸收相关蛋白的基因的表达量，以达到降低水稻胚芽中镉离子浓度的目的。结合原先的水稻杂交技术，袁隆平筛选出了在尽可能不影响产量的情况下，含镉量更少的新一代抗镉超级稻。

为了解决产业链源头信息化程度不高的问题，未来的新型农业将打造一个透明的全新时代。目前，阿诺捷喷码标识技术公司提供的硬件 UV 喷码机可为食品赋上溯源码（即二维码），消费者只需要扫码查询农产品的溯源码，就能找到该农产品全生命周期中的所有溯源信息，既包括人工录入的生产、流通或销售信息，又包括感知设备自动采集的感知数据信息。未来，消费者只需要一个二维码，就可以追溯整个农产品的生产、加工、销售等真实过程，从而减少欺诈现象，获得安全、绿色、有机的产品。

为了解决生产与流通体系信息不对称的问题，未来新型农业将建设国家农业农村大数据中心与应用体系，从而根据生产所得和市场所需，得到存储与销售的最优信息，实现精准销售，并且反馈到正在进行的农业生产中，提供生产种类和数量建议，保证市场供需平衡。同时，由于每一个环节都掌控在用户手中，用户可以根据系统分析出的自身身体状况选取所需的食材，并由无人飞机将食材送到家中。

为了解决劳动力流失问题，农业生产者可以利用自动化、无人机、机器人等技术进一步解放潜在生产力。农业机器人可以执行重复和标准化的任务，比如利用无人机为农作物做打药植保工作，利用农业机器人收割果实，并通过无人车送到指定地点完成装箱等。2019 年年底，中国发布全球首款量产农业机器人，从耕、种、管、收 4 个角度，定义了数字农业基础与精准农业执行。未来，随着人工智能、脑机接口等技术的进一步发展，农业机器人将实现与农户的智能交互，从而进一步承担更加复杂的任务，还可帮助农民就具体问题提供答案和建议。

为了解决资金不足的问题，未来新型农业将不断提升资本运作水平，通过加快引进现代化农机设备提升设备智能化水平，不断降低生产成本，提升劳动生产率，实现精准化、智能化、科学化远程控制，管理农业生产。

为了解决水资源短缺、化肥农药使用过量问题，未来，生物传感器将会被广泛应用。纳米封装的传统肥料、杀虫剂和除草剂将组成纳米颗粒，随后被输送到植物和先进的生物传感器上，缓慢而持续地释放出营养物质和农药，从而精确地控制用量，保护环境，促进农业的可持续发展。

|11.3 孪生农业展望 |

未来，随着数字孪生、大数据、人工智能、边缘计算、区块链等与通信技术的深度融合，智慧农业将会更加数字化、信息化、智能化和高级化。现实世界的农业生产全过程包括规划、生产、流通、销售等，未来可以将种植的农作物等通过数字化的手段构建成一个相对应的数字世界中一模一样的数字实体（称为数字孪生体），实时和动态反映该物理实体的状态和全生命周期过程，甚至超越物理实体的生命周期，更加科学地对各种数据进行分析、预测，进而对农作物的生长实现可视化管理、智能化决策和预测性的精准干预，实现农作物的个性化生长，大幅提升农作物的种植效率和农作物的质量。我们称之为孪生农业，如图11-6所示。孪生农业将更有效地解决农业发展中遇到的问题，提升农业生产效率与农产品质量，实现农业绿色、可持续发展的目标。

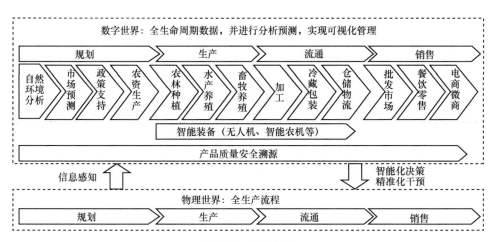

图 11-6 孪生农业

11.3.1　规划

随着整个社会的数字化转型，依托数字孪生、大数据等先进智能化信息技术，在农产品开始生产之前进行产业分析和行业预测，明确种苗、农药、化肥、饲料等农资的生产量，就可以避免以往由于信息不对称导致的供需结构失衡问题，打造出按需生产、责任主体明确的农产品流通交易新形态。

通过对土壤墒情、空气温度、相对湿度、pH、光照强度等数据进行分析梳理，可以选择与当地环境相适应的生产项目，降低风险；通过分析市场信息，可以根据消费者信息及需求情况反馈动态调整供需关系，增加收益；通过分析政策信息，可以把握政府对行业发展的指向，从而有的放矢顺应社会化发展，也可以在很大程度上解决农业生产中的融资问题，为我国农业发展提供有力的资金支持；此外，可以应用区块链去中心化功能申请贷款，不再依赖银行、诚信公司等中介机构提供信用证明，贷款机构通过调取区块链的相应数据信息即可开展业务，大大提高工作效率。

11.3.2　生产

数字孪生技术将会助力农业生产，包括农林、畜牧、水产养殖等，使得农业生产更加智能化和更加高效。基于农作物的自身数据、生长数据、环境数据等全量大数据，可以对农作物的全生命周期进行数字化建模，对农作物的生长状态进行实时感知和预测，对病虫害进行提前预测和预测性防护，对环境的温度、湿度、光照、空气等进行最佳配置，结合生长曲线与环境、饲料等配置的深度数据挖掘，寻找最佳生长曲线，进而可以实现对农作物的个性化种植、病虫害的精准治理，从而保证农作物的最佳生长，大幅提升农作物种植的效率和质量。

当然，数字孪生的农业生产需要数字化的标准养殖环境、全量环境和生长大数据采集，以及对农作物生长及其环境的精确建模等的支持。

（1）农林种植

种植业生产数据包括良种信息、地块信息、农药信息、化肥信息、灌溉信息等，通过对海量数据进行数据分析和预测，数字孪生农林种植可以基于农林生产环境的智能感知、分析、预警、决策、专家在线指导，实现种植环境和种植过程的数字孪生，为农林生产提供精准化和个性化的种植、可视化管理、智能化决策，结合农林作物的生长尽可能配置最合理的环境（包括土壤环境、湿度、温度、光照和肥料等），以及进行病虫害的预测性防护和精准治疗，提高农业生产质量与效率。也可根据数字孪生体的预测，通过提前进行环境干预，控制农林产品的成熟和收获时间，精准满足市场供应，避免农林产品因供过于求而大量积压、提高存储和流通成本、产品定价过低，进而保证生产的价值最大化。

• 精准种植

精准种植可实时、精准采集农作物及农作物生长环境信息，实现地块管理、智能水肥控制、农作物产量预测等。

借助于融合陆基、空基、天基和海基的"泛在覆盖"网络，结合地理信息系统和全球定位系统等技术，可以快速、准确地实现对每一块农田的精准测量和动态监测，如识别农作物种类、统计种植面积等，从而构建地块级农田大数据，实现对地块的合理规划，最大化提升种植收益，促进智慧农业科技创新发展。未来，也将出现全新的农产品供给模式。首先它不需要大量耕地，仅通过营养液、培养基或者土壤一层一层垒起来，就可以进行农业生产。其次，它不需要阳光照射，用红光就可以保证农作物的需要。

依托于大数据技术，精准种植可指导大田、大棚农业生产活动，通过在田间对土壤进行采样，绘出一幅土壤样品点位分布图，自动控制环控、灌溉、喷施等，从而达到科学合理地利用农业资源、节水节肥，提高土地产出率、资源利用率、劳动生产率、提升品质、降低生产成本、减少环境污染、提高经济效益的目的。同时也保护了农业生态环境及土地资源，促进农业发展由过度依赖资源消耗、能够满足量的需求，向追求绿色生态可持续、更加注重满足质的需求转变。农业生态环境是影响农产品质量的基础，通过对农业环境进行监测，从源头控制动植物生产、加工、流通等环节的环境条件安全，以保障农产品质量安全。

此外，通过对农作物生长环境的检测及对其生长过程的监测，可以实现对农作物的全生命周期的体检，如提取农作物生长状况参数，获得农作物的长势信息，实现对农作物成熟期的精准预测，估算农作物的产量，合理安排收割计划。大数据、物联网、云计算等技术将支撑更大规模的无人机、机器人等智能设备的使用，极大地解放农业劳作，提高全要素生产率。

- 病虫害预防

在作物的生长过程中，影响病害发生的因素非常多，如农业气象灾害（包括冻害、霜冻、干旱、洪涝等），以及病虫害。轻则导致农作物生长速度缓慢，重则导致农作物严重减产，甚至颗粒无收。

未来，随着数字孪生、人工智能、大数据等技术的加持，基于生产过程和生产环境的数字化，通过数字孪生，可预先进行农业生产过程模拟推演，对负面因素提前应对。结合历史气象资料和病虫害资料，通过大数据分析、机器学习等方法建立主要农作物病虫害的知识图谱，整合病虫害识别、防治手段等相关内容，构建农作物病虫害防治系统，显著降低化学农药的使用量，避免农产品中的农药残留超标，提升农产品质量安全水平，增加市场竞争力，提升作物附加值，促进农民增产增收。此外，还可以通过基因编辑技术等，改变种子的某种基因，从根源上消除病虫害。

（2）畜牧养殖

数字孪生技术将帮助畜牧养殖变得更加智能化和更加高效。基于牲畜的身体数据、生长数据、环境数据等全量大数据，可以对整个畜牧养殖进行全生命周期的数字化建模，对牲畜的生长状态进行实时感知和预测，对病虫害进行提前预测和预测性防护，对环境的温度、湿度、光照、空气等进行最佳配置，结合生长曲线与环境、饲料等配置的深度数据挖掘，寻找最佳生长曲线，进而实现对牲畜的个性化养殖、病虫害的精准治理，从而保证牲畜的最佳生长，大幅提升畜牧养殖的效率和质量。

养殖业生产数据主要包括个体系谱信息、个体特征信息、饲料结构信息、圈舍环境信息、疫病情况等。

- 畜禽标准化养殖

利用传统的耳标、可穿戴设备以及摄像头等实时收集畜禽的进食、生长繁殖、消毒防疫等数据，同时也可保存所有前期数据，养殖者或参观者可通过 VR/AR 设备查看任意时间和区域的图像资料。这种方式不仅提升了养殖者对畜禽生长情况的了解，也减少了人们出入圈舍的次数，降低了外来疫病传入的风险。通过对收集到的数据进行分析，对畜禽进行健康监测、环境监控、饲料监控、繁育指导、喂养指导及防疫指导等。此外，还可以配置巡逻机器人，这些机器人具有畜禽脸识别功能，除了检测并调控圈舍气体、温度、湿度外，还可统计畜禽个体的进食、健康状况等关键信息。

• 环境因素监测与调控

根据畜禽的日龄及气温变化，自动调整饮水量和饲喂量，可优化饲料转换率，节约用水，提高经济效率。同时，还可进行资源环境检测，通过各种传感器采集畜禽圈舍的温湿度、光照时间、氨气浓度、二氧化碳浓度等相关数据。借助数字孪生、人工智能和大数据技术，自动化操控温度、湿度、光照、通风等，合理地进行畜禽的生长周期管理及氨气管理等。

• 畜禽疾病预防

依托数字孪生、人工智能等技术，可以建立畜禽疾病诊断系统。通过对畜禽叫声、行为等物理世界的监控建立疾病监测系统，在物理世界和数字世界之间全面建立准实时联系，实现物理世界与数字世界互联、互通、互操作。根据从虚拟世界收集的数据来分析畜禽个体的健康情况，对异常情况及时做出预警，并为疾病的控制提供解决方案，降低了用药成本，提前防止疾病传播，减少损失，保障养殖场及产品的安全。

（3）水产养殖

与孪生畜禽养殖类似，水产养殖中数字孪生的应用主要包括水域环境监测、水产疾病预防等方面。

• 水域环境监测

温度是影响水产养殖的重要环境因素之一，水温越高，鱼类摄食量越大，生长越快，孵化时间越短，而光照时间长短、强弱决定着鱼类的繁殖周期和生产品质。水质好坏直接影响水产养殖的产量和品质。其中，水体酸碱度异常会引起鱼类发生病变，导致氧的利用率降低，造成水中细菌大量繁殖；溶解氧的含量关系着鱼类食欲及生长速度；氨氮含量过高会直接造成鱼类中毒死亡。

为了对海洋和养殖物种的实时情况进行准确把握，未来将建立水产养殖智能监控系统。该系统通过各类传感器对水温、空气温湿度、光照强度、溶解氧、pH、氨氮含量、浊度等参数进行实时测量，并通过空天地一体化的网络进行数据传输，通过数字孪生的养殖环境的数据分析对养殖环境的状态进行监控和预测，并在数字孪生养殖环境中对可能的提前干预措施进行数字化验证和优化，最后将可行的干预措施实施于真实的养殖环境中，通感自动智能调控鱼塘环境，确保养殖物种的最佳生长条件。比如控制鱼塘中的增氧设备，当池塘中溶氧量不达标，鱼群面临缺氧危险时，可以自动打开增氧机，及时为鱼群供给氧气，减少不必要的损失；控制喂养时间和喂养量，从而实现饲料成本的削减，提高养殖效率。

- 水产疾病预防

养殖品种及关键参数对养殖个体的影响不同，根据相关专家经验构建知识库，对光照强度、水温、溶解氧、浊度、pH 等关键参数进行分析，并与知识库进行比对，确定水质参数是否达标，预测是否可能发生疾病，并给出必要的疾病预防和干预措施。同时构建养殖个体疾病知识库，当用户输入症状及图片信息后，系统优先通过机器自动识别案例，若未能有效识别，则通过专家辅助对症状进行识别，并对未能自动识别的案例进行自我学习与维护。症状识别完成后，系统向用户给出诊断结果、建议治疗方法，并在数字孪生的养殖环境中进行验证和优化，确保有效后再在真正的养殖环境中实施。此外，不仅可以利用水池内设置的传感器获取相关数据，还可以结合通过人造卫星获取的地球观测数据进行分析，对赤潮等自然灾害进行预报和提前干预。

11.3.3　流通

在仓储、运输、流通等各个环节，利用物联网等技术，可实现仓储环境条件智能调控，从而满足不同农产品对环境条件的不同要求。通过仓储过程多维度可视化，保证产品品质的真实可靠。根据不同产品的特性，建立智能仓储、物流数据模型，不断更新和完善信息化系统，建立标准化仓储物流体系，联通智慧农业产业链闭环[11]。同时，借助数字孪生技术，在农产品物流运输过程中，实现跟踪、检测、路线规划，使得农产品位置和所处环境（温度、湿度等）变得实时可见。从而在无须人为干预的情况下，进行库存转移或者重新规划路线等纠正措施，实现供应链的全球化协同，共享全球生态资源，共创高价值的智能商业模式，最终改变每个人的生活和工作模式。

11.3.4　智能装备

农业种植主要包括播种、施肥、灌溉、除草以及病虫害防治 5 个部分，通过传感器、摄像头和卫星等收集数据，可实现农业装备数字化和智能化。智能装备主要包括无人机和农业机器人。

无人机可以搭载先进的传感器设备，依托大数据技术，勾勒出一个多层次、全方位的"农业地图"：土壤信息、作物信息、气候信息乃至农户信息，从而可以根据"农业地图"搭配专用的药剂，对农作物实施精准、高效的喷药作业。无人机在作业过程中实时规划路线，且有以下优势：高压喷施，农药使用量少，喷施更为均匀，减少了农药用水量；高空喷施，更容易喷施在叶片表面；作业人员不用在农药喷雾环境中作业，减少甚至杜绝了人员中毒情况；效率高，能有效降低人工成本。可以说，无人机的广泛使用将促进人与自然的和谐相处，构建可持续的生产方式，推动农业技术革命。

农业机器人包括无人驾驶机械、农耕机器人、采摘机器人、自动分拣机器人等，它们可以从事高危险、高重复性和高精度的工作，无须休息，也很少犯错，将极大地缓解农民的负担，降低土地对劳动力的需求量，提高生产力和安全性。随着人工智能、脑机接口等技术的进一步发展，农业机器人将可以实现与农户的智能交互，从而进一步承担更加复杂的任务，还可帮助农民就具体问题提供答案和建议。

依托孪生农业，可以对自动驾驶农机进行预测性维护，机器内嵌入的传感器将性能数据实时传输到数字孪生体，不仅可以预先识别和解决故障，还可以定制服务和维护计划，更好地满足用户的个性化需求，更好地保证农机的可用性，延长农机寿命。

11.3.5　销售与溯源

（1）农产品精准溯源

农产品质量及安全问题是目前人们日常生活中重点关心的问题之一。为了让居民吃上"放心菜"，需要对农产品从"源头到餐桌"的各个环节进行监控，确保每个环节的生产都符合规范。

　　现在，农产品经销商都在使用农产品追溯系统，给自己销售的农产品贴上一个追溯二维码，但市面上销售的各种农产品追溯系统都属于"伪溯源"，因为账本信息主要由各市场参与者零散地记录和存储，各参与者间近似一种信息孤岛。在这种模式下，能否可信维护账本就成为问题的关键，无论是源头企业、渠道商，还是流转链条上的其他相关人员，当账本信息不利于自己时，拥有者都可以随心所欲地对记录进行篡改，或者直接编造。因此，随着未来企业市场范围的扩大，对智能高效和防伪溯源能力的需求进一步提高。

　　未来，可利用区块链去中心化、公开透明、数据难以篡改、数据共享、点对点传输等技术特点，将农场、农户、认证机构、食品加工企业、销售企业、物流仓储企业等加入联盟链上，每个关键节点上的信息都形成一个信息和价值的共享链条，实现来源可查、去向可追、责任可究，从技术上突破传统的溯源平台信息不透明、数据容易篡改、安全性差、相对封闭等弊端和弱点。同时，区块链可通过多重隐私保护方案来保护用户隐私。底层交易数据通过加密方式存储，仅对企业用户本身可见；上层应用通过严格的权限控制确保隐私安全。

　　确保居民能够"放心购"以后，在数据云平台的支持下，根据生产所得和市场所需，得到存储与销售的最优信息，实现精准销售，并且将存储和销售信息反馈到正在进行的农业生产中，提供生产种类和数量建议，保证市场供需平衡。同时，还可根据个人健康状况等提供定制化服务，只要把个人身体指标信息输入系统，系统就会为不同用户合理搭配不同种类的农产品。依托于通感互联网的发展，用户也可根据气味、口感等进行自主挑选。

　　（2）畜禽溯源系统

　　畜禽溯源系统是指对农产品生产记录全程进行"电子化"管理，为农产品建立透明的"身份档案"。在养殖环节，将电子标签穿戴于畜禽身上，产生的数据与区块链平台进行对接，记录养殖过程中畜禽的身高体重、免疫程序、环境因子、产品加工等信息。在消费环节，可通过特定条码或二维码，快速查询到相关生产信息，消费者通过扫码，可实现对原料采集、物流运输、商店销售等信息的全程追溯，满足了消费者的知情权，使消费者放心采购和消费。同时，消费者在多次对比后，会挑选最优的品种购买，这样的优胜劣汰可以帮助养殖者精确定位养殖品种，实现增销，提高经济效益。

传统模式的溯源系统要么使用中心化账本模式，要么由各个市场参与者（养殖、屠宰、加工、流通、销售）分散独立记录和保存数据，是一种信息孤岛模式。在传统模式下市场的各个参与者各自维护一份账本，但不论是实体台账，还是电子化的进销存系统，拥有者都可以随心所欲地进行篡改或集中事后编造，最终导致无法快速追溯问责。未来将把区块链技术应用在溯源、防伪、优化供应链上的内在逻辑方面，其核心技术就是去中心化，在登记结算场景上具有实时对账能力，在数据存证场景上不可篡改，且可加盖时间戳。同时引入第三方认证，为溯源、防伪提供有力的保障。通过智能畜禽溯源系统，整个养殖链条将更加高效、规范，同时可打造健康、高效、安全、美味的全生态系统的食品供应链。

（3）水产溯源系统

水产溯源系统将提供一套完整的质量追溯体系，实现水产养殖全过程的信息追溯，让产品生产透明化，让消费者吃得放心。水产溯源系统提供智能终端录入系统，利用条码识别技术，可对水产品生产过程中的养殖信息、过程影像、投入品的使用、监管信息等进行信息录入，并通过条码联系在一起，用户通过扫描二维码，便可获知养殖、运输、销售的所有流程信息。

| 11.4　孪生农业对通信能力的需求 |

结合上述对孪生农业的全新应用场景的预测和相应业务模式的分析，可以推演出孪生农业对网络性能指标的需求。

（1）时延

在孪生农业中，依托于通感互联网的发展，用户可根据气味、口感等自主挑选农产品。为了满足触觉、嗅觉、味觉等感官传输需求，时延要小于或等于 0.1ms。

（2）峰值速率

孪生农业最重要的技术是数字孪生，目前已有公司开发出面向工业的数字孪生网络组件，其传输速率为 1Gbit/s。未来孪生农业将会收集农业的规划、生产、流通、消费等全产业链的数据，产前规划、产中精细管理和产后高效流通数据量将大幅提高，通信的容量将进一步大大提升。

（3）连接数密度

孪生农业需要依托部署在农业生产现场的各种传感器节点（环境温湿度传感器、土壤水分传感器、二氧化碳浓度传感器等）和无线传感器实现对农业生产环境的智能感知、智能预警、智能决策和智能分析。有研究预计 2030 年物联网设备数量约达到 1 250 亿。5G mMTC 应用定义的连接密度为 10^6 设备/km^2，在 6G 时代，连接数密度将提升 10～100 倍，并且统计方式将从二维发展到三维，达到 10^7～10^8 设备/km^3。

（4）定位

孪生农业中农机耕种、牲畜定位等精细化作业需要厘米级精度空间定位。

（5）能耗

由于农业地理位置分布较广，孪生农业应用具有作物类型与地势多样、受干扰因素多等特点，为了建设具有较强环境适应性的孪生农业平台，必须解决无线传感器网络节点能耗、节点通信效率等问题，未来网络能效相比 5G，将提升 10～1 000 倍。

11.5 本章小结

智慧农业利用感知、监测、跟踪、预测、数据分析等技术对传统农业生产进行升级改造，从而实现农业的精准化生产、可视化管理和智能化决策，但是仍然存在人均耕地面积逐年减少等问题。未来，随着数字孪生、大数据、人工智能、边缘计算、区块链等与通信技术的深度融合，智慧农业将会更加数字化、信息化、智能化和高级化，向孪生农业的方向发展。本章简单回顾了农业发展历程，介绍了智慧农业的发展现状与问题，最后展望了新型农业和孪生农业，并提炼出其对移动通信网络的能力要求。

参考文献

[1] 王铁军. 开启中国农业 4.0 新时代[J]. 农经, 2015(7): 9.

[2] 农业 1.0 到 4.0 的标志, 中国农业生产从畜力时代进入智能时代! [Z]. 2019.

[3] 李道亮. 农业 4.0—即将到来的智能农业时代[J]. 农学学报, 2018, 8(1): 215-222.

[4] 布局农业 4.0 加快引领新型智慧农业现代化[Z]. 2019.

[5] 农业发展的四个阶段, 中国正处于农业 2.0 向农业 3.0 的过渡阶段[Z]. 2018.

[6] 刘来毅, 张晓娟. 关于智慧农业发展现状的探析[J]. 辽宁农业职业技术学院学报, 2019(2): 58-60.

[7] 赵春江. 智慧农业发展现状及战略目标研究[J]. 中国农业文摘-农业工程, 2019(3): 15-17.

[8] 宋展, 胡宝贵, 任高艺, 等. 智慧农业研究与实践进展[J]. 农学学报, 2018, 8(12): 95-100.

[9] 李娟. 基于农村电子商务的智慧农业发展路径探析[J]. 农村市场商业经济研究, 2020(7): 140-142.

[10] 亿欧智库. 2018 智慧农业发展研究报告——新科技驱动农业变革[Z]. 2018.

[11] 张丽丽. 关于智慧农业的概述[J]. 新农业, 2019(20): 36-38.

[12] 王海宏, 周卫红, 李建龙, 等. 我国智慧农业研究的现状, 问题与发展趋势[J]. 安徽农业科学, 2016 (4417): 279-282.

[13] 王彦文. 智慧农业传感器的应用现状及展望[J]. 农民致富之友, 2019.

第 12 章

智能交互

到2030年,整个世界将逐步走向数字孪生,通信连接的主体将变成智能体,包括人、机器人、情感机器人等,智能体之间交互的形式和内容都将发生变革。一方面,智能体之间交互的形式将会变得更加智能,带来沟通和交流形式的变革;另一方面,交互的内容更加智能(即经验和技能),带来学习的革命和学习效率的巨大提升。本章从机器人的发展和 AI 的进步出发,分析智能交互的内涵以及其对通信能力的需求。

|12.1 引言 |

人工智能改变了人类与机器互动的方式，重新定义了人类与机器的关系。回顾科技发展史，革新都是由交互体验的跨越式发展导致的：鼠标、键盘开启了计算机时代的大门，触摸则开启了移动互联网时代的大门。随着 AI 能力在面向 2030+网络中的全面渗透与深度融合，智能交互的革新将不只是一种进化，更是一种重构，它将重构人类社会中的工具、生产力和生活方式，同时将带来学习的革命。

智能交互是指智能体之间产生的智慧交互，其含义既包含交互的形式变得更加智能，也包含交互的内容更加智能。智能化的交互是与认知心理学、人机工程学、多媒体技术、虚拟现实技术等密切相关的综合学科[1]。长久以来，"输入-反馈"循环是智能交互的基础，在这个循环中，人类负责"向机器表达自己的目的"，机器负责"计算并反馈一个结果"，人始终是主动的，机器始终是被动的，机器完全依赖于人类的需求输入[2]。

随着 AI 在各领域的全面渗透与深度融合，面向 2030+的智能体将被赋予更加智慧的情境感知、自主认知能力，实现情感判断及反馈智能，进而产生主动的智慧交互行为。未来的智能体和环境将可以在对人类心理、行为状态以及所处情境的综合识别的基础上，主动地适应人类的需求，这种研究"人–机–环境"一体化作为人因工程这一新兴学科受到越来越多的关注。未来的智能交互将不再局限于语音、视觉等间接信号传递交互形式，可以直接进行大脑信号传递的脑机接口、情感计算交互等新兴技术将逐步走进人类生活。

随着微纳体域网、孪生数据中台、感知通信计算一体化等技术的发展，物理世界将从"万物互联"逐步走向"万物智联"，智能体将逐步建立起对用户和情境的全方位映射网络，不断对用户画像进行学习，从而更准确地把握用户需求，并逐步提供个性化的服务，灵活使用多种主动交互模型，使智能体的表达更"贴心"。

在 2030 年后，随着数字孪生技术的发展，一个数字化的虚拟世界将会生成，并与现实物理世界平行存在，我们称之为数字孪生世界。物理世界的人和人、人和物、物和物之间均可通过数字孪生世界来传递信息和智能。通过对物理世界的复制和模拟，孪生虚拟世界可以形成对物理世界真实状态的精确反映与预测。对于智能交互技术而言，数字孪生技术可以实现交互形式与交互手段的智能化，同时，物理世界与孪生虚拟世界的融合有助于实现智能本身的交互和传递。在 2030 年后，孪生虚拟世界中的数字人将成为人类智能的自然延伸和扩展，人机协同现象将趋向泛化，并且开始走向深度协同。数字人可以将人类从重复、繁重、容易出错的体力劳动和脑力劳动中解放出来，人类则可以将更多时间投入思考和创造中，从而让智能交互技术的梦想之光真正照进人类生活。

面向 2030+的智能交互潜在应用场景如图 12-1 所示。

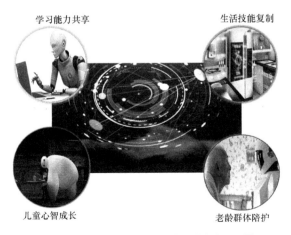

图 12-1　面向 2030+的智能交互潜在应用场景

| 12.2 机器人的发展与进步 |

人类正处于继蒸汽时代、电气时代、信息时代之后的又一次伟大变革时代。产业革命的演进、技术的发展和社会需求的变化驱动了全球机器人革命的爆发，带来了机器人产业的飞速发展。世界各国争相推出机器人发展战略，带动全球机器人产业向智能化、创新化迅速迈进。

12.2.1 机器人技术发展现状

目前，机器人的发展历程可以划分为 3 个阶段，分别为机器人 1.0、机器人 2.0、机器人 3.0[3]。3 个阶段的发展象征着人类社会从电气时代到信息时代再到智能时代的演进。

（1）机器人 1.0（1960—2000 年）

在机器人 1.0 时代，机器人对外界环境没有感知，只能单纯复现人类的示教动作，在制造业领域可替代工人进行机械性的重复体力劳动。1.0 时代机器人的主要特征如下。

- 示教再现：机器人控制系统将操作者预先编排示范的动作存储为运动指令，通过逐条取出进行再现，并反复精确执行。
- 人机分离：机器人被隔离在生产流水线上，是单纯的生产设备，与人没有任何交互。

（2）机器人 2.0（2000—2015 年）

2.0 时代的机器人通过传感器和数字技术构建起机器人的感觉能力，并模拟部分人类功能，这不但促进了机器人在工业领域的成熟应用，也促使机器人逐步开始向商业领域拓展。2.0 时代机器人的主要特征如下。

- 局部感知：视觉、力觉等多种传感器开始被集成到机器人系统中，帮助机器人识别工作对象的位置和周边环境的变化。
- 有限智能：数字化信息处理系统为机器人提供了基础的数据分析和逻辑判断

能力，可实现执行动作的自主修正和对操作指令变化的主动响应。

- 人机协作：应用领域扩大到工业和商业，人与机器人之间产生有限互动。

（3）机器人 3.0（2015—2030 年）

随着感知、计算、控制等技术的迭代升级和图像识别、自然语音处理、深度认知学习等新型数字技术在机器人领域的深入应用，机器人领域的服务化趋势日益明显，机器人逐渐渗透到社会生产、生活的每一个角落，机器人技术也进入了 3.0 阶段。机器人 3.0 时代实现了从感知到认知、推理、决策的智能化进阶。3.0 时代的机器人将逐步具备以下能力特征。

- 互联互通：通过传感器等环境感知设备收集海量数据，将其快速传递到云端，并进行初级处理，实现信息的有效分享。
- 虚实一体：即虚拟信号与实体设备的深度融合，实现数据收集、处理、分析、反馈、执行、物化的流程闭环，实现"实-虚-实"的转换。
- 软件定义：收集的海量数据需要大量的智能运算，3.0 时代的机器人将向软件主导、平台化、API 中心化的方向发展。
- 人机融合：通过深度学习技术实现人机间的音像交互，乃至机器人对人的心理认知和与人的情感交流。

12.2.2　机器人应用领域分析及面临挑战

（1）工业领域

工业机器人是指可自动控制、可重复编程、多用途的操作机，包括离散制造和流程制造两类，主要在工业自动化领域使用。目前，工业机器人在汽车、金属制品、电子、化工等行业中已经得到了广泛的应用。随着性能的不断提升，以及各种应用场景的不断清晰，近十年来工业机器人的市场规模一直保持着 10% 以上的增长速度，2020 年机器人销售额达到 230 亿美元[4]。随着人力成本的上升，机器人在工业制造领域的应用前景良好，将会保持快速增长的势头。同时，工业机器人也需要拥有更高的灵活性、更强的自主避障和快速配置的能力，提高整体产品的易用性和稳定性。工业机器人的应用极大地提高了企业的生产效率，推动了相关产业的发展，为人类物质文明的进步贡献了重要力量。

（2）服务领域

服务机器人现有数量虽然低于工业机器人，但近几年一直维持着较高的销售额年增长率。服务机器人可进一步划分为特种机器人、商用服务机器人和家用服务机器人 3 类[5]。特种机器人是指由专业知识人士操控的、面向特种任务的服务机器人，包括国防军事机器人、搜救机器人、水下作业机器人、空间探测机器人等；商用服务机器人在商场、银行、酒店、机场等应用场景有了更多的落地部署，主要提供导览、问询、送物等基础服务；而家用服务机器人也已经悄然进入千家万户，例如扫地机器人销量在家用服务机器人销量中占主要份额，成为目前家用服务机器人中的主导品类。除此之外，家用服务机器人还包括教育娱乐、养老助残、安防监控等多种类型。然而，由于本体能力不足，以及隐私、安全等多方面的问题，家庭管家机器人和陪伴型机器人的市场渗透率较低。

（3）机器人产业面临的挑战

机器人产业的出现和发展在一定程度上满足了人们在生活和生产中各个领域的需求，将人们从繁重的劳动中解放出来，提高了人类的生活品质。然而，机器人想要达到大规模商用，还有诸多问题亟待解决。

首先，机器人目前的能力不能满足用户期望，缺少关键场景。得益于人工智能带来的红利，近年来机器人感知能力明显提升，如可以通过视觉进行人脸识别，还可做语音交互。但是要真正代替人类的劳动，做一些实际工作，机器人除了要具备感知能力外，还要能够理解和进行决策。机器人需要有记忆、场景理解的能力，拥有知识，才能够优化决策，自主实施工作，并进行个性化演进。目前的机器人依然缺少令人瞩目和必不可少的应用场景，大部分人对于在家中拥有一个机器人没有很高的兴趣。在机器人提高自身能力、解决特定和复杂问题之前，这一挑战将持续存在。

其次，机器人无法识别并纠正出现的错误。虽然目前的人工智能技术有了长足的进步，但与机器人相关的技术仍然是不完美的，无论如何改进，系统仍然会有一些错误。更为棘手的是，机器人往往无法知道自己犯错了，而且常会犯自己觉察不到的错误，这些都使得机器人的服务质量很难保证。这个挑战也是不少机器人技术落地到实际应用碰到的一个主要困难点。在机器人的多种关键能力中，识别正确率必须达到很高的要求，而且机器人要准确地知道何时出错，因此必须针对这一问题提出好的解决方案，这样才能使机器人的多种先进应用能力得以可靠地实现。

最后，隐私、安全和数据保护问题亟待解决。随着机器人的应用领域越来越广泛，其物理安全和用户的数据安全问题更加凸显。在与机器人的交互过程中，机器人会不断收集用户的图像、语音、行动数据来进行导航和决策，这些数据有的在本地处理，有的在云端处理，人们对这些数据的安全抱有疑虑。对于能够自由移动的服务机器人和拥有机械臂的工业机器人，保证机器人自身的物理安全，不被恶意攻击，避免造成人身伤害也至关重要。

12.2.3　机器人技术未来发展趋势

近年来，人工智能和机器学习获得快速发展，但机器人个体的自主智能距离人们的期待还有较大的差距，这影响了机器人产业的规模化发展。如何利用跨领域的技术推动力加速对机器人的赋能是机器人产业亟待解决的问题。

机器人 3.0 预计将在 2025—2030 年完成，在此之后，机器人将进入以智能交互为主要形式的 4.0 时代。具有主动交互能力的智能体将取代现有被动交互的机器设备，智能体也将被赋予情境感知和自主认知能力，同时人类可以构建智能体主动服务于人的交互模型，大幅提升智能交互的体验水平。

同时，随着数字孪生技术的兴起，未来的智能交互将广泛应用数字孪生技术。在面向 2030+ 的移动通信网络中，物理世界中的各种事物都可以使用数字孪生技术进行复制，并在虚拟空间中完成映射，从而反映相对应实体的全生命周期过程[6]。在机器人 4.0 时代，智能交互将不仅仅存在于人和机器之间。利用数字孪生技术，可以通过传感器等设备获取现实世界中人类的各种重要参数，并据此建立数字孪生人。通过数据的传递和分析，数字人将成为物理世界中人类的虚拟助理，数字人同样可以成为智能交互的主体，从而替代物理世界中的人类实现智能的传递和信息的交互。利用数字孪生技术，可以在虚拟空间中对人类的行为进行真实的再现，通过对虚拟的数字人状态进行实时监控，并对未来的活动轨迹进行精准的预测，从而在出现突发情况之前对人类进行及时的干预。

除此之外，4.0 时代的智能体也将具有明确的人物设定。通过从语音、产品外观、虚拟形象等多个维度对智能体进行整体设计，并利用混合现实、全息投影等多种技术将人设具象化，可以让人们在不同场景下均感受到智能体一致、明显的人设特征。面向 2030+，智能体将在人设层面与人们建立更加紧密的关联，从而提升用户的使用意愿、包容度和信任感。

| 12.3　智能体的定义与分类 |

12.3.1　智能体概述

智能体指任何能通过传感器感知环境和通过执行器作用于环境的实体[7]。智能体在感知、思考和行动的周期中往返运行。一个智能体不仅应该具备传感器和执行器，还应具备微处理器、通信设备和电源。智能体通过传感器和执行器与物理世界进行交互。在一定的速度和一定的复杂度下，微处理器能够处理由传感器获得的数据，通信设备能够完成智能体与外界的数据交换，并接收来自其他智能体的信息。

以人类为例，我们可以通过自身的 5 个感官来感知环境，然后对其进行思考，继而使用我们的身体部位去执行操作。类似地，机器类智能体通过安装的传感器来感知环境，然后进行一定的计算和思考，进而使用各种各样的执行器来执行操作。物理世界中充满了各种各样的智能体，甚至人也可以被看作生活在现实环境中的智能体。

尽管对一个智能体的行为很难进行准确预测和判断，但是任何一个智能体都具有两种相同的行为属性：与物理世界的交互能力、通信能力。因此，智能体应该具有下列基本特性。

- 自主性：智能体具有独立的知识和知识处理方法，能够根据其内部状态和感知到的环境信息自主决定和控制自身的状态和行为。
- 反应性：智能体能够感知、影响环境。智能体的行为是为了实现自身内在的目标，在某些情况下，智能体能够主动采取行动，改变周围环境的状态，以实现自身的目标。

- 社会性：智能体具有与其他智能体或人进行合作的能力，不同的智能体可根据各自的意图与其他智能体进行交互和协同，以达到解决问题的目的。
- 进化性：智能体能够在交互过程中逐步适应环境，自主学习，自主进化。

12.3.2　智能交互的主体

在面向 2030+的移动通信网络中，智能交互的主体将不只局限于物理世界中的人和机器人。随着数字孪生技术的发展，孪生虚拟世界中的数字人将成为物理世界中的人类的虚拟助理。数字人也可以作为智能交互的主体，参与到信息和智能的传递中。

未来整个世界都将被数字化，一切事物都将在虚拟数字世界里有一个复制品，虚拟数字世界就像是现实世界的一面镜子。在这样的虚拟数字世界中，人类只需通过虚拟数字人，就可以更深入地看到和理解整个世界的全貌。通过各种新型医疗检测和扫描仪器，我们可以完美地复制出一个数字化身体，并可以追踪这个数字化身体每一部分的运动和变化，从而更好地进行健康监测和管理[8]；利用虚拟数字人，也可以基于数字化技术找出人类大脑的思考方式。虚拟数字人将极大地提升人类的时间利用效率和工作效率，人类可以将一些重复、繁重、容易出错的工作留给数字孪生空间中的虚拟助理来完成，从而使智能交互的形式变得更加简洁和高效。虚拟数字人将越来越多地参与到未来的智能交互过程中，并作为虚拟助理帮助物理世界中的人类进行沟通与学习，并将结果反馈给人类，从而实现效率的极大提升。

另外，随着智能体在人类生活中的逐步渗透，4.0 时代的机器人也将具有更加完备的功能。具有感知和认知能力的情感类智能体也将在未来得到广泛应用。面向 2030+，情感类智能体将具备情感计算能力，其核心思想是赋予智能体识别和表达情感的能力，让智能体与人的交互过程更加自然，最终使智能体可以与人进行自然、亲切和生动的交互[9]。未来，情感计算技术的提升以及硬件的升级将赋予智能体在"视""听"等方面更强的情感识别能力，同时智能体对人类思维理解、情境理解的能力将更加完善，其情感交互能力将更智能、更体贴。

|12.4 智能体间的交互 |

12.4.1 智能体间的交互形式

依托面向 2030+的移动通信网络中的泛在智能算力与太比特级的数据传输能力，未来的智能交互将向自然交互的方向发展，用户可以用最自然的方式对智能体进行多维、非精确信息的输入，智能体将对信息进行整合与精准理解，并为用户输出立体化的反馈。人机关系也会向更加平等的类人交互转化，通过实现真正的人机协同，让智能体成为人类智能的自然延伸和扩展。面向 2030+的智能交互技术不仅将会在语音交互、视觉交互和体感交互方面得到极大提升，更有望在情感交互和脑机交互（脑机接口）等全新研究方向上取得突破性进展。

（1）语音交互

智能语音交互技术主要研究智能体之间语音信息的处理问题，简单来说，就是让智能体通过对语音进行分析、理解和合成，实现"能听会说"、具备自然语言交流的能力。

智能语音交互过程一般包括 4 个步骤：语音采集、语音识别、语义理解和语音合成[10]。语音采集完成音频的录入、采样及编码；语音识别完成语音信息到智能体可识别的文本信息的转化，即让智能体听懂人说话，通过机器自动将语音信号转化为文本及相关信息；语义理解根据语音识别转换后的文本字符或命令完成相应的操作；语音合成完成文本信息到声音信息的转换，即让智能体开口说话，通过智能体自动将文字信息转化为语音。常见的语音交互场景示例如图 12-2 所示。

图 12-2 语音交互场景——智能音箱

语音交互是智能交互领域相对成熟的技术，在人工智能时代已经有了先发优势，正在逐渐落地，并且有望大规模应用。目前，语音交互已经加速在智能家居、手机、车载、智能穿戴、机器人等行业的渗透和落地。然而，目前语音交互仍不够自然，会受诸多条件限制，例如需要在安静环境下、先唤醒然后发出指令、使用普通话交流等，这些并不符合人们日常对话的习惯。同时目前的语音交互多以"一问一答"的单轮对话为主，每次对话时人们都需要先唤醒智能体，且智能体在对话过程中不能理解上下文信息。随着语音交互技术的发展，智能体将根据上下文语境预判和推测用户下一步的语音指令，免去中间的唤醒环节，实时生成回应，并控制对话节奏，实现自然流畅的多轮对话。

此外，人类的听觉具有选择性，能够在众多声音中选择性地听取自己需要或者感兴趣的声音。随着 AI 语音分离技术的发展，智能体也将具有听觉选择的能力，在多人对话场景下，可以区别不同人的声音指令，并进行个性化的反馈，提升多人对话体验。例如未来可以设计一种智能讲解机器人，在有多人同时向它提问的情况下，其仍然可以区分出不同人的声音，并分别进行针对性的回答。

作为人类沟通和获取信息最自然便捷的手段，与其他交互方式相比，语音交互具备更多优势，能为智能交互带来根本性变革，是大数据和认知计算时代未来发展的制高点，具有广阔的发展前景和应用前景。未来，随着语音技术的不断完善，语音交互的自然度将进一步提升，并愈加趋向人类自然对话的体验。而随着云-边-端融合的语音交互模组的标准化、低成本化，在面向 2030+的移动通信网络中，每一个空间内都至少会有一个可以进行语音交互的触点，语音交互技术将从多个应用形态角度出发，成为未来智能交互的主要方式。

（2）视觉交互

视觉交互利用人自身固有特征进行交互，具有自然、方便、快捷等特点。伴随着计算机视觉技术的发展以及深度学习算法的不断突破，智能体可以通过识别人脸、指纹、面部表情、肢体动作等人体信息，更加方便快捷地判断用户的意图和需求，并适时准确地提供服务或给予回应。

在面向 2030+的移动通信网络中，智能体还可以准确地检测和识别更细维度的面部特征，拓展更多交互空间和场景，如表情、微表情、精神状态（是否疲劳、是否专注）、视线等，以判断人的情绪、疲劳状态、专注度等，并在情感互动、疲劳驾驶预警、专注力监测与应对等场景发挥作用。

随着视觉交互算法的不断进步，空中手势交互将成为新的研究热点（如图 12-3 所示），其种类和自由度也将不断提升。从二维静态、近距离手势扩展到三维动态、远距离手势，手势交互自然、高效的优势将进一步凸显出来，未来空中手势交互有望成为视觉交互的主要表现形式。随着可识别的手势种类和自由度的不断提升，作为接近人类自然交互的一种方式，空中手势交互将在智能驾驶、智慧家居等领域得到广泛应用。

图 12-3　视觉交互场景——空中手势交互

在未来的移动通信网络中，触控、语音、手势、人脸等多通道融合交互将成为智能交互的主流方向，而人体的各种生理信号也可以作为信息被输入智能体中，帮助智能体更好地识别人的显性或隐性需求，并基于此进行及时恰当的应对和服务。

（3）体感交互

体感交互技术是一种以体感技术为基础，直接通过肢体动作与周边智能体或智能环境进行自然交互的技术。体感交互技术不需要借助任何复杂的控制系统，直接利用躯体动作、声音、眼球转动等方式与周边环境互动，智能体对用户的动作进行识别、解析，进而做出反应。它强调运用肢体动作、手势等现实生活中已有的方式与智能体交互，而无须进行额外学习，从而减轻了人们对鼠标、键盘等非自然的操控方式的依赖，使用户更加关注任务本身。

在体感交互技术中，通常需要运动追踪、手势识别、运动捕捉、面部表情识别等一系列技术支撑。目前体感交互技术在软件和硬件方面的发展都十分迅速，交互设备的体积越来越小，携带越来越方便，同时在交互过程中不需要发生直接接触，大大降低了对用户的约束，提高了智能交互的沉浸感，使得交互过程更加自然。目前，体感交互技术在游戏娱乐、医疗辅助与康复、全自动三维建模、辅助购物、眼动仪等领域有了较为广泛的应用，如图 12-4 所示。

图 12-4　体感交互场景——虚拟试衣

体感交互技术可以帮助用户从二维的界面交互操作中脱离出来，建立更加自然的、三维环境下的交互方式，从而带来更好的用户体验。随着面向 2030+的未来网络中 AI 算力的泛在化，体感交互技术必将以更加方便的操作模式、更加精彩多样的交互内容快速发展，一定会在更多领域发挥举足轻重的作用。

（4）情感交互

情感是一种高层次的信息传递，而情感交互是一种交互状态，它能够在表达功能和信息时传递情感。随着科学技术的不断进步和完善，传统的智能交互已经满足不了人们的需求。传统的智能交互主要通过生硬的机械化方式进行，注重交互过程的便利性和准确性，而忽略了智能体之间的情感交流，机器无法理解和适应人的情绪或心境。如果缺乏情感理解和表达能力，机器就无法具有与人一样的智能，也很难实现自然和谐的智能交互，使得智能交互的应用受到局限。情感交互就是要赋予智能体类似于人的观察、理解和生成各种情感的能力，最终使智能体像人一样能进行自然、亲切和生动的交互。

目前的一些智能产品（比如情感陪护机器人等）已经初步具备情感识别能力，可以根据不同的场景、对象进行适当的情感交互，如图 12-5 所示，但在情感交互信息的处理方式、情感描述方式、情感数据获取和处理过程、情感表达方式等方面还面临诸多技术挑战。

图 12-5　情感交互场景——情感陪护机器人

　　面向 2030+，情感交互技术将基于网络中泛在的 AI 算力与人们的日常生活深度融合，从而为人类提供更好的服务。在健康医疗方面，具有情感交互能力的智能系统将通过智能穿戴设备及时捕捉用户与情绪变化相关的生理信号。当监测到用户的情绪波动较大时，系统可及时地调节用户的情绪，或者提出保健建议；在远程教育方面，应用情感计算可以提高学习者的学习兴趣和学习效率，优化智能体辅助人类学习的功能；在安全驾驶方面，智能辅助驾驶系统可以通过面部表情识别或者眼动、生理等情感信号动态监测司机的情感状态，根据对司机情绪的分析与理解，适时地提出警告，或者及时制止异常的驾驶行为，保障道路交通安全。情感计算技术的提升以及硬件的升级将赋予智能体在"视""听"等方面更强的情感识别能力，同时智能体对人类思维、情境的理解能力将更加完善，其情感交互能力将更智能、更体贴。

　　（5）脑机交互

　　通过在脑后插入一根线缆，人类就能够畅游计算机世界；只需一个意念，人类就能改变"现实"；学习知识不再需要通过书本、视频等媒介，也不需要花费大量的时间，只需直接将知识传输到大脑当中即可。这是 1999 年上映的经典科幻片《黑客帝国》为我们描绘的画面。这并非天马行空的幻想，而是基于早已存在的脑机交互技术进行的合理设想。

　　脑机交互又称为脑机接口（Brain-Computer Interface，BCI），它是指在智能体之间建立的不依赖于常规大脑信息输出通路的一种全新的智能交互技术。在脑机接口中，不使用常规大脑信息传递所需的外围神经和肌肉等神经通道，而直接实现大脑与外界的信息传递[11]。

在脑机接口技术中，"脑"指有机生命形式的脑或神经系统，并非仅仅指抽象的心智；"机"代表任何处理或计算的设备，其形式可以是简单电路，也可以是硅芯片、外部设备等；"接口"则表示用于信息交换的中介物。

脑机接口系统检测中枢神经系统的活动，并将其转化为人工输出指令，代替、修复、增强、补充中枢神经系统的正常输出，从而改变中枢神经系统与内外环境之间的交互作用。脑机接口技术通过信号采集设备从大脑皮层采集脑电信号，经过放大、滤波、A/D 转换等处理，将其转换为可以被计算机识别的信号；然后对信号进行预处理，提取特征信号，并利用这些特征进行模式识别；最后转化为控制外部设备的具体指令，实现对外部设备的控制。

脑机接口通过对神经信号解码，实现脑信号到机器指令的转化，一般包括信号采集、信号处理、控制设备、反馈 4 个步骤。从脑电信号采集的角度，一般将脑机接口分为侵入式、半侵入式和非侵入式（脑外）三大类。

目前，主流的脑机接口技术研究主要运用非侵入式的脑电技术，尽管侵入式技术容易获得分辨率更高的信号，但其风险和成本依然很高。在面向 2030+ 的移动通信网络中，非侵入式脑机接口势必将向小型化、便携化、可穿戴化及简单易用化方向发展；而对于侵入式脑机接口技术，未来如果能解决人体排异反应及颅骨向外传输信息减损这两大难题，再加上对大脑神经元研究的深入，有望实现对人的思维意识的实时准确识别。这一方面将有助于人类更加深入地了解大脑的活动特征，以指导智能体更好地模仿人脑；另一方面可以让智能体更好地与人类协同工作。

根据相关研究机构的测算，单纯从脑机接口设备的维度来看，市场规模在 5 年内将达到 25 亿美元。如果从脑机接口将深度影响的数个科技领域来看，市场规模将在 2030 年达到数千亿美元。脑机接口技术的应用前景非常广阔，例如它可以帮助人们直接通过思维来控制基于脑机接口的智能体，并从事各种工作。基于脑机接口的智能体不仅在残疾人康复、老年人护理等医疗领域具有显著的优势，而且在教育、军事、娱乐、智能家居等方面也具有广阔的应用价值。面向未来，脑机接口技术将在大脑反馈治疗、大脑监测系统、教育科技、娱乐游戏等方面获得长足进展。脑机交互场景示例如图 12-6 所示。

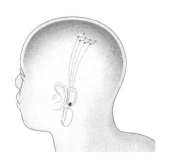

图 12-6　脑机交互场景示例——Neuralink 侵入式脑机接口

总体来说，目前的脑机接口技术只能实现一些并不复杂的对脑电信号的读取和转换，从而实现对计算机/机器人的简单控制。要想实现更加复杂的精细化的交互和功能，实现"所想即所得"，甚至实现思维与计算机的完美对接，以及通过"下载"熟练地掌握新知识、新技能，还有很漫长的路要走。另外需要注意的一个问题是，如果人的大脑意识可以被准确地读取，那么意味着大脑当中丰富的隐私数据将有可能会泄露或被窃取。随着脑机接口技术的发展，未来无疑需要足够安全的措施来保障用户的隐私数据安全。

希拉里·普特南 1981 年在他的《理性、真理与历史》一书中，提出了著名的"缸中之脑"智能交互终极设想，即人只剩一个大脑，并将其放在维持脑存活营养液的缸中。脑的神经末梢连接在计算机上，这台计算机按照程序向脑传送信息，以使他保持一切完全正常的感觉。对于他来说，似乎人、物体、天空还都存在，自身的运动、身体感觉都可以输入。这个脑还可以被输入或截取记忆（截取掉进行大脑手术的记忆，然后输入他可能经历的各种环境、日常生活）。他甚至可以被输入代码，"感觉"到他自己正在这里阅读一段有趣而荒唐的文字。现代医学已通过"幻肢"等试验证明这种终极智能交互是可能的，这一设想甚至引起了关于人类本源的哲学思考。

人类目前已经开始攀登脑机智能交互 4 层金字塔。

- 通过心念操纵机器，让机器替代人类身体的一些机能，修复残障人士的生理缺陷。这个技术实现后，人类可以不用说话，只要通过意念，就可以随心所欲地控制外物，实现以意驭物。

- 通过脑机接口，改善大脑运行，让人们时刻就像刚刚睡了一个好觉醒来，精神抖擞、注意力集中、思维敏捷，能够清醒、高效地去做一件事情。

- 通过脑机接口，人们短时间内拥有大量的知识和技能，获得一般人类无法拥有的超能力。
- 有了脑机接口，人类仅靠大脑中的脑电信号就可以彼此沟通，实现"无损"的大脑信息传输。

脑机接口技术的发展对脑电的机理、脑认知、脑康复、信号处理、模式识别、芯片技术、计算技术等各个领域都提出了新的要求，人们也会大大加深对大脑的结构和功能的认识。

现有 BCI 技术主要是单向解读大脑信息，尚难以顾及将来必须建立起人脑智能与人工智能、生物智能与机器智能之间有机交互融合的最终目标。因此，BCI 技术最重要的长远发展趋势是从目前脑—机单向"接口"（interface），进化为脑—机双向"交互"（interaction），并最终实现脑机完全"智能"（intelligence）融合（如图 12-7 所示），将生物智能的模糊决策、纠错和快速学习能力与人工智能的快速、高精度计算及大规模、快速、准确的记忆和检索能力结合，从而发展出更先进的人工智能技术，并组建由人脑与人脑以及人脑与智能机器之间交互连接构成的新型生物人工智能网络，进而彻底改变现有人类与智能机器之间的关系，为人类创造出前所未有的智能信息时代新生活。

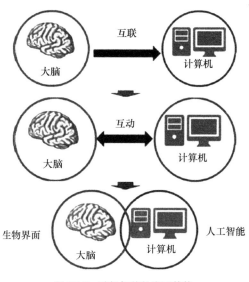

图 12-7　脑机智能的发展趋势

展望 6G 时代，作为一种全新的控制和交流方式，脑机接口将被应用到更广阔的脑机融合领域，即将所谓的硅基生物和碳基生物进行融合，打造超强人类，通过对智能体的设计和构建，实现人脑的进一步自然延伸。随着技术的不断完善和多学科融合的发展，脑机接口必将被逐步应用于现实，从而让智能体成为人类的分身，真正实现"心动即行动"。

12.4.2　智能体间的交互内容

高度自主智能化的超灵活网络是面向 2030+ 的移动通信网络非常明显的特征之一，网络中的泛在智能将贯穿于网络端到端的每一个环节。因此，未来智能体间的交互内容也将呈现多模态发展趋势。

首先，数据将依然是未来智能体间的主要交互内容。为了能够精确地感知、理解环境以服务于智能交互过程，智能体通常集成了大量的传感器，因而机器人系统会产生大量的数据。比如采用了高清摄像头、深度摄像头、麦克风阵列以及激光雷达等传感器的机器人每秒可以产生 250MB 以上的数据。如此海量的数据全部在本体进行计算既不现实，也不高效。若将这些数据全部上传到云端进行处理，则会因为云端处理的非实时性产生明显的处理时延。因此，在面向 2030+ 的网络中，需要将智能交互的数据处理合理地分布在云、边、端上，实现信息处理和知识生成的协同完成。

其次，作为智能交互领域关键技术，AI 也有望在面向 2030+ 的未来网络中实现直接交互。利用其他智能体已经训练好的交互模型和参数，并引入当前智能体的系统中，就可以迅速建立一个全新的智能交互应用情境。由于智能体大部分行为间是存在相关性的，因此通过 AI 算法的直接交互就可以将某个智能体已经学到的知识直接分享给其他智能体，从而实现智能体之间的快速交互。

再次，基于面向 2030+ 网络中的智慧泛在属性，未来网络中的交互内容将不再局限于数据和算法，智能本身也有望在智能体间实现直接交互，进而实现快速的技能学习。随着数字孪生技术的蓬勃发展，现实的物理系统将可以向虚拟空间中的数字化模型进行反馈。由此，在面向 2030+ 的网络中，可以将当前智能体训练出来的智慧模型通过孪生虚拟世界直接传输给其他智能体，从而实现智慧能力的直接交互。

在不久的未来，生活技能与学习能力将有望通过智能的交互而在智能体间实现快速复制，智能体掌握新技能的速度将会得到大幅提升。

最后，未来智能的交互过程将越来越隐匿和不可见，通过智能体对情境的感知能力，直接实现智慧能力的交互，从而让计算设备在背景中运行，最小化用户的感知程度。

| 12.5　智能交互对通信能力的需求 |

12.5.1　时延分析

目前，智能交互的形式以语音交互和视觉交互为主。在语音交互中，对于超过100ms 时延的混响，人类能够明显区分出，即一个声音出现了两次，出现了类似于回声的现象。而在视觉交互场景（例如在一些第一人称射击类游戏）中，相关研究指出，10ms 的时延完全不会影响游戏的体验，只有当玩家与服务器之间出现了 50ms以上的时延时，玩家才会感觉到游戏出现了轻微的卡顿。

以语音交互过程为例（如图 12-8 所示），系统的时延包括语音识别时延、请求响应时延、加载响应时延 3 部分[12]。

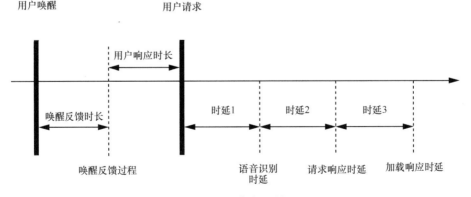

图 12-8　语音交互过程

基于上述分析，在 5G 时代，为了在语音与视觉交互过程中不让大脑出现延迟感，端到端传输时延不高于 10ms 即可。

而在面向未来 2030+的智能交互场景中，智能体将产生主动的智慧交互行为，同时可以实现情感判断与反馈智能。因此，由智能体实现的智慧交互的数据处理量将会大幅增加，为了实现智能体与人类的实时交互与反馈，传输时延必须小于 1ms。

12.5.2　用户体验速率分析

展望未来智能交互领域的发展，语音交互将从机械的单轮对话进阶到更加流畅的多轮对话，计算机视觉交互将聚焦更细维度的图像特征，拓展更多的交互空间和场景。智能交互将不仅仅局限于人与机器之间，人与人之间将可以实现学习能力的共享与生活技能的复制，而基于自适应的知识图谱更新与多模态的融合行为识别的机器间智能交互技术也将得到广泛应用。此外，基于类脑神经计算与认知功能模拟的脑机接口技术也将得到充分发展。可以预见，5G 时代 1Gbit/s 的用户体验速率将无法满足未来智能交互的需求，因此预计面向 2030+的智能交互的用户体验速率将大于 10Gbit/s。

12.5.3　可靠性分析

在现有的智能交互应用中，影响可靠性的因素主要是交互过程中语音识别和图像识别的准确程度。以语音交互为例，虽然语音识别技术已经取得了长足的进步，但是现有的语音识别系统很难做到排除各种声学环境因素的影响，而人类语言在日常生活中的随意性和不确定性给语音识别系统造成了极大的识别困难。在 5G 支持的智能语音与视觉交互场景中，可靠性最多只能达到 99%。面向 2030+的智能交互应用场景将融合语音、人脸、手势、生理信号等多种信息，智能体对人类思维、情境的理解能力也将提高，因此需要可靠性指标进一步提高。

| 12.6　本章小结 |

　　智能交互的发展史就是走向自然交互的发展过程——从以机器为中心的人机交互走向以人为中心的自然交互。随着通信技术的发展，网络中泛在的 AI 算力将赋予智能交互更多的介质，同时也让智能体拥有了更加强大的大脑。在面向 2030+的通信 4.0 时代，具有感知能力、认知能力，甚至会思考的智能体将彻底取代传统智能交互中冰冷和被动的机器设备，人与智能体之间纯粹的支配和被支配关系将开始向有灵有肉、更加平等的类人交互转化。智能交互的未来发展目标是实现真正的人机协同，即通过人工智能增强人类智能，让人工智能成为人类智能的自然延伸和扩展，而非取代人、超越人。未来，人机协同现象将趋向泛化，并且开始走向深度协同。智能体擅长数据处理与运算，人类则在思维、推理、创造方面见长，智能交互可以最大化地发挥双方优势，实现合作共赢。通过人类和智能体的持续有效互动，智能体将成为可指挥、可纠正、可理解、可自我解释的系统，而人也可以更好地理解智能体的行为，并利用智能体来满足自己的需求。

| 参考文献 |

[1]　KEHOE B, PATIL S, ABBEEL P, et al. A survey of research on cloud robotics and automation[J]. IEEE Transactions on Automation Science and Engineering, 2015, 12(2): 398-409.

[2]　百度人工智能交互设计院. 2019 AI 人机交互趋势研究报告[R]. 2019.

[3]　IDC. 人工智能时代的机器人 3.0 新生态[R]. 2017.

[4]　腾讯研究院. 数字经济崛起: 未来全球发展的新主线[Z]. 2017.

[5]　MUTHUGALA M, JAYASEKARA A. A review of service robots coping with uncertain information in natural language instructions[J]. IEEE Access, 2018(6): 12913-12928.

[6]　QI Q L, TAO F. Digital twin and big data towards smart manufacturing and industry 4.0: 360 degree comparison[J]. IEEE Access, 2018(6): 3585-3593.

[7]　GTI. 5G and Cloud Robotics White Paper[R]. 2017.

[8]　BARRICELLI B, CASIRAGHI E, GLIOZZO J, et al. Human digital twin for fitness management [J]. IEEE Access, 2020(8): 26637-26664.

[9]   HAN J, XIE L, LI D, et al. Cognitive emotion model for eldercare robot in smart home[J]. China Communications, 2015, 12(4): 32-41.

[10]   陈志刚, 刘权. 人工智能技术在语音交互领域的探索和应用[J]. 信息技术与标准化, 2019(1): 16-20.

[11]   JAYARAM V, ALAMGIR M, ALTUN Y, et al. Transfer learning in brain-computer interfaces[J]. IEEE Computational Intelligence Magazine, 2016, 11(1): 20-31.

[12]   CHEN X , ZHOU M , WANG R. Evaluating response delay of multimodal interface in smart device[C]//International Conference on Human-Computer Interaction. Cham: Springer, 2019.

第 13 章

2030 年的发展需求与 5G 能力的差距

数字孪生将给整个社会的发展带来翻天覆地的变化，并由此产生众多的全新应用场景，诞生出对移动通信网络的全新技术需求。本章结合前面各章介绍的 2030 年以后的全新移动通信应用场景的特点，归纳、总结 6G 移动通信网络的技术需求指标，并与现有的 5G 系统的能力进行对比，给出未来移动通信系统需要努力的方向。

| 13.1 2030 年的需求指标归纳 |

面向 2030+ 的全新应用场景预计将涉及智享生活、智赋生产、智焕社会 3 个方面。

在智享生活方面，通感互联网、孪生医疗、智能交互等将充分利用脑机交互、AI、全息通信、分子通信等新兴技术，塑造高效学习、便捷购物、协同办公、健康生命等生活新形态。

在智赋生产方面，通过应用新兴信息技术为现有工业生产、农业生产深度赋能，催生孪生工业、孪生农业，为生产的健康发展增添强劲动力，促进数字经济的迅猛发展。

在智焕社会方面，面向 2030+，移动通信网络将是一个融合陆基、空基、天基和海基的"泛在覆盖"通信网络，不仅能极大地提升网络性能以支撑基础设施智能化（比如超能交通），更能极大地延展公共服务覆盖面，缩小不同地区的数字鸿沟（如精准医疗），切实提升社会治理精细化水平（如即时抢险等），从而为构建智慧泛在的美好社会打下坚实基础。

这些场景对时延、速率、可靠性、定位精度、移动性等指标都有较高需求。

（1）峰值速率

例如，在增强可穿戴设备的全息通信中，一张全息照片大小为 7~8GB，折合为 56～64bit。如果视频也是同样的清晰度，考虑 30f/s，折算速率需求为 1.68～1.92Tbit/s，达到了 Tbit/s 量级[1]。

在通感互联网场景中，由于多种感觉协同传输，数据量将会随着传输的感觉数量的增加而增加，所以通信网络的最大吞吐量也需要倍数提升，以保证海量信息的可靠传输。另外，通感互联网的数据类型比较复杂，例如一个简单的握手操作，所需的数据包括接触点、弯曲度、力度等，因此通感网络对速率有更高的要求。

在孪生工业场景中，目前已有公司开发出面向工业的数字孪生网络组件，其传输速率为 1Gbit/s。未来孪生农业将收集农业的规划、生产、流通、消费等全产业链数据，产前规划、产中精细管理和产后高效流通的数据量将大幅提高，峰值速率将大大提升，达到 Tbit/s 级别。

（2）用户体验速率

展望未来智能交互领域的发展，语音交互将从机械的单轮对话进阶到更加流畅的多轮对话，而计算机视觉交互将聚焦更细维度的图像特征，拓展更多的交互空间和场景。智能交互将不仅仅局限于人与机器之间，人与人之间将可以实现学习能力的共享与生活技能的复制，而基于自适应的知识图谱更新与多模态的融合行为识别的机器间智能交互技术也将得到广泛应用。此外，基于类脑神经计算与认知功能模拟的脑机接口技术也将得到充分发展。可以预见的是，面向 2030+的智能交互的用户体验速率将大于 10Gbit/s。

（3）时延

为了支持数字孪生的实时监测和实时数字模拟，孪生医疗对时延有一定的要求。在实时监测与增强可穿戴设备支撑方面，时延只需达到 10ms 量级即可。对于数字孪生业务，由于其是虚拟场景下的仿真预测，需要在系统产生某种变化后，快速仿真预测接下来发生的情况，这对时延提出了挑战，因此可以把孪生医疗的时延指标定在 0.1ms 左右。

在面向 2030+的智能交互场景中，智能体将产生主动的智能交互行为，同时可以实现情感判断与反馈智能。因此，由智能体实现的智能交互的数据处理量将会大幅增加。为了实现智能体与人类的实时交互和反馈，传输时延必须小于 1ms。

在孪生农业中，依托于通感互联网的发展，用户可根据香味、口感等自主挑选农产品。为了满足触觉、嗅觉、味觉等感官传输需求，时延要小于或等于 1ms[2]。

在超能交通场景中，根据车辆安全制动距离估算时延需求。未来无人驾驶车辆的速度通常为几十到一百 km/h，如果两车相向行驶，则相对速度可能达到 100～300km/h，即 28～83m/s，1s 内的相对行驶距离相当于 11～33 辆小型车车身长度、10～31 辆中型车长度。在某些场景下，比如需要大量传输高清视频资料时（车联网或自动驾驶典型场景），终端与服务器之间的传输信息负担显著增加，此时传输时延可能会增至数秒，对应的行驶距离可能达到数百米，造成严重的安全隐患。因此必须进一步优化时延至低于 1ms，降低伤亡事故发生的可能性。

（4）可靠性

在超能交通应用场景中，以智慧驾驶为例，除实现正常的安全驾驶之外，还将提供移动办公、家庭互联、娱乐生活功能，因此需要实时传递大量高清视频、高保真音频等数据信息，这意味着下一代移动通信网络必须支持更高的数据传输可靠性，才能为用户提供极致驾驶服务体验。

在现有的智能交互应用中，影响可靠性的因素主要是交互过程中语音识别和图像识别的准确程度。以语音交互为例，虽然语音识别技术已经取得了长足的进步，但是现有的语音识别系统很难做到排除各种声学环境因素的影响。而日常生活中人类语言具有随意性和不确定性，这给语音识别系统造成了极大的识别困难。面向2030+的智能交互应用场景将融合语音、人脸、手势、生理信号等多种信息，对人类思维、情境的理解能力也将更加完善，因此需要可靠性指标进一步提高。

（5）移动性

移动性是移动通信系统最基本的性能指标。面向下一代移动通信网络，需要考虑时速超过 1 000km 的超高速列车、真空隧道列车，国内外已有研究机构开展相关工作。同时，未来还需考虑民航飞机乘客的接入，民航飞机的飞行速度基本上是800～1 000km/h。因此，未来交通工具的移动性能接入建议以高于 1 000km/h 速度移动的用户接入为衡量指标。

（6）连接数密度

孪生农业需要依托部署在农业生产现场的各种传感器节点（环境温湿度传感器、土壤水分传感器、二氧化碳浓度传感器等）实现农业生产环境的智能感知、智能预警、智能决策和智能分析。2020 年物联网设备数量达到 100 亿，2030 年物联网设备数量约为 1 250 亿，由此可以推算出 2030 年生产业物联网设备将相对于 2020 年至少增加 10 倍。在 6G 时代，连接数密度将较 5G 提升 10～100 倍，并且统计方式将从二维发展到三维，达到 10^7～10^8 设备/km³。

（7）能效

由于农业地理位置分布较广，孪生农业应用具有作物类型与地势多样、受干扰因素多等特点。为了建设具有较强环境适应性的孪生农业平台，必须解决无线传感器网络节点能耗、节点通信效率等问题。相比 5G，未来网络能效将提升 10～1 000 倍。

（8）定位精度

孪生农业中农机耕种、牲畜定位等精细化作业需要厘米级精度空间定位。现有的定位技术以实时动态差分技术为主，在室外空旷无遮挡情况下可达到厘米级定位。未来综合立体交通网涵盖铁路、公路、水运、民航、管道等方面，涉及隧道、地下、海底等场景，需要综合考虑蜂窝网定位、惯导、雷达等多项技术，以确保交通终端在未来更复杂的应用场景下始终达到高精度定位。

（9）安全性

通感互联网是多种感官相互合作的通信形式。通信的安全性必须得到更有力的保障，从而保证用户的隐私，防止侵权事件的发生。传统的加密方法可以防止窃听。但是传统的安全机制在更高的协议层上实现，会导致明显的时延。为了使通感互联网以极低的端到端时延提供安全传输的数据，必须在物理传输中嵌入针对窃听者和攻击者的通信安全机制。选择适当的编码技术将确保只有合法的接收者才能接收有效信息。

总体看来，面向 2030+ 的全新应用场景具有超高速率、超低时延、超高可靠性、超高移动性、超大连接数密度等特征。

13.2　5G 的能力差距分析

5G 已经步入商用部署的快车道。它将开启一个万物互联的新时代，逐渐渗透到工业、农业、交通等各个行业，成为各行各业创新发展的使能者，最终实现"信息随心至，万物触手及"的总体愿景。

为了推动 5G 与经济社会各领域的充分融合，中国移动已经开始全面实施"5G+"计划，包括 5G+4G 协同发展、5G+AICDE 和 5G+生态，最大限度地释放 5G 对各领域的放大、叠加、倍增效能。"5G+"将以 5G 为基础，衍生出一系列创新解决方案，覆盖人们生活、生产和社会治理的多个方面，打造新体验、新动能和新模式，助力综合国力提升、经济高质量发展和社会转型升级[3]。

13.2.1 5G 关键能力

ITU 定义了 5G 的性能指标和关键效率指标，如图 13-1 所示。性能需求和效率需求共同定义了 5G 的关键能力，犹如一株绽放的鲜花。红花绿叶，相辅相成，花瓣代表了 5G 的六大性能指标，体现了 5G 满足未来多样化业务与场景需求的能力，其中花瓣顶点代表了相应指标的最大值；绿叶代表了 3 个效率指标，这 3 个指标是实现 5G 可持续发展的基本保障。具体地，5G 需要具备比 4G 更高的性能，支持 0.1～1Gbit/s 的用户体验速率，每平方千米一百万的连接数密度，毫秒级的端到端时延，每平方千米数十 Tbit/s 的流量密度，每小时 500km 以上的移动性和数十 Gbit/s 的峰值速率。其中，用户体验速率、连接数密度和时延为 5G 基本的 3 个性能指标。同时，5G 还需要大幅提高网络部署和运营的效率。相比 4G，频谱效率提升 5～15 倍，能效和成本效率提升百倍以上[4]。

此外，3GPP 的自评估报告 37.910[5]指出，5G 的下行峰值频谱效率最高可达 48.9bit/(s·Hz)，上行峰值频谱效率最高可达 25.8bit/(s·Hz)；下行平均频谱效率最高可达 22.6bit/(s·Hz)，上行平均频谱效率最高可达 19bit/(s·Hz)；下行峰值速率最高可达 171.2Gbit/s，上行峰值速率最高可达 64.6Gbit/s；下行用户体验速率最高可达 149.29Mbit/s，上行用户体验速率最高可达 73.15Mbit/s；小区流量密度最高可达 22.76Mbit/(s·m^2)；下行用户面时延最低可达 0.23ms，上行用户面时延最低可达 0.24ms，控制面时延最低可达 11.3ms；网络侧能效最高可达 99.87%，设备侧能效最高可达 99.5%；移动性（信道链路数据率）最高可支持 4.76bit/(s·Hz)；下行可靠性最高可达 99.999 999 1%，上行可靠性最高可达 99.999 999 999 2%；连接数密度最高可达 36 323 844 设备/km^2。

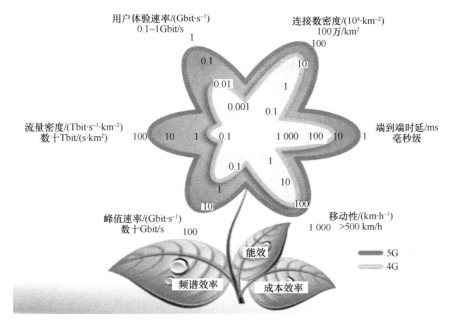

图 13-1　5G 关键能力

13.2.2　5G 的能力差距

为了满足 2030+全新应用场景对性能指标的需求，仅依靠 5G 网络难以实现，必须依赖于科学技术的新突破以及新技术与通信技术的深度融合，下一代移动通信网络的出现成为必然。如果说 5G 时代可以实现信息的泛在可取，6G 应在 5G 基础上全面支持整个世界的数字化，并结合人工智能等技术，实现智慧的泛在可取，全面赋能万事万物。

相较于 5G 场景来说，6G 场景技术指标需求将进一步提升，6G 网络应尽可能满足各个场景的关键性能指标需求。因此，6G 的峰值速率将达到太比特级，用户体验速率将达到吉比特级，用户面时延进一步降低至小于或等于 0.1ms，可靠性达到99.999 99%，移动性达到 1000km/h 以上，并且较 5G 来说，连接数密度提升 10～100 倍，网络能效提升 10～1 000 倍。由于频谱感知和人工智能等技术的引入，6G 网络的频谱效率预计比 5G 提升 2～3 倍；小区流量密度被定义为设备密度、带宽和平均频谱密度的乘积，在现有 5G 网络室内热点 eMBB 测试环境中，小区流量密度的目标值是 10Mbit/(s·m²)。未来移动通信网络将是一个融合陆基、空基、天基和海基的"泛在覆盖"通信网络，未来设备密度可能会增加到每立方米数百个设备，并且在太赫兹频段中可以找到高达 10GHz 的带宽，因此未来网络的小区流量密度预计将增加 10～1 000 倍，并且需要考虑三维空间流量密度。

除了 5G 定义的关键性能指标之外，未来的 6G 网络还需要提供比 5G 更全面的性能指标。6G 的室外定位精度将实现米级以下，室内定位精度将实现厘米级；此外还有超低时延抖动、超高安全性、立体覆盖、智慧级别等指标要求。

为了极大地提升未来网络的能力，多种使能技术（如全频段接入、新型编码调制技术、超大规模天线、太赫兹和可见光通信、电磁波新维度以及空天地一体化网络、柔性网络、分子通信等）将为网络的演进提供技术支撑。表 13-1 给出了 6G 网络的技术指标体系和潜在使能技术。

表 13-1　6G 技术指标体系和潜在使能技术

网络性能指标	5G KPI	6G KPI	潜在使能技术
峰值速率	DL: 20Gbit/s UL: 10Gbit/s	Tbit/s 量级	轨道角动量，超大规模天线，可见光，新型编码调制，柔性网络
用户体验速率	DL: 100Mbit/s UL: 50Mbit/s	10～100Gbit/s	轨道角动量，超大规模天线，可见光，新型编码调制，柔性网络，人工智能
控制面时延	10ms	<1ms	超大规模天线，新型编码调制，柔性网络，人工智能
用户面时延	eMBB<4ms uRLLC<0.5ms	<0.1ms	超大规模天线，新型编码调制，人工智能
可靠性	99.999%	>99.999 99%	全频段接入，空天地一体化网络，可信计算
移动性	500km/h	>1 000km/h	全频段接入，空天地一体化网络
流量密度	10Mbit/(s·m²)	0.1～10Gbit/(s·m³)	轨道角动量，超大规模天线，可见光，新型编码调制，全频段接入，空天地一体化网络
连接数密度	100 万/km²	1 000 万～1 亿/km³	新型编码调制，全频段接入，空天地一体化网络
频谱效率	DL: 30bit/(s·Hz) UL: 15bit/(s·Hz)	较 5G 提升 2～3 倍	轨道角动量，超大规模天线，新型编码调制
网络能效	较 4G 提升 100 倍	较 5G 提升 10～1 000 倍	人工智能
定位精度	室外：10m 室内：3m	室外：米级以下 室内：厘米级	超大规模天线，人工智能

| 13.3　本章小结 |

未来 6G 将助力人类走向虚拟与现实结合的全新时代，"数字孪生，智慧泛在"的世界将在智享生活、智赋生产和智焕社会 3 个方面催生全新的应用场景。本章结合前面各章对 2030 年以后的全新应用场景的描述，总结归纳了 6G 网络的性能指标需求，并和 ITU 及 3GPP 定义的 5G 系统能力进行对比，分析差距。为了弥补这一差距，仅依靠 5G 网络和技术是难以实现的，6G 空口技术和网络架构需要相应的变革，潜在使能技术的研究迫在眉睫。

| 参考文献 |

[1]　STRINATI E C, BARBAROSSA S, GONZALEZ-JIMENEZ J L, et al. 6G: the next frontier: from holographic messaging to artificial intelligence using subterahertz and visible light communication[J]. IEEE Vehicular Technology Magazine, 2019, 14(3): 42-50.

[2]　Tactile Internet. ITU-T technology watch report[R]. 2014.

[3]　中国移动研究院. 2030+愿景与需求报告[R]. 2019.

[4]　IMT-2020(5G)推进组. 5G 愿景与需求[R]. 2014.

[5]　3GPP. Study on self evaluation towards IMT-2020 submission: TR 37.910 V16.1.0[S]. 2019.

第 14 章

6G 关键候选技术概述

相较于 5G 场景来说，6G 场景的需求指标在速率、可靠性、时延、移动性、能耗等各方面进一步提升。其中，在速率方面，6G 的峰值速率将达到太比特级，用户体验速率将达到吉比特级，频谱效率预计比 5G 提升 2~3 倍，流量密度预计将增加 10~1 000 倍，并且要考虑三维空间的流量密度。要满足速率方面的需求，需要从频率带宽、频谱效率、空间自由度三方面进行提升。其中，提升频率带宽的手段有使用更高的频段，如太赫兹、可见光等新频段；提升频谱效率的手段有新调制编码、新波形多址等技术；提升空间自由度的手段有超大规模分布式天线、智能超表面等技术。本章主要介绍用于提升传输速率、频谱效率和流量密度的候选技术，包括可见光通信、太赫兹通信、轨道角动量等。

|14.1　可见光通信技术 |

可见光通信（Visible Light Communication，VLC）是一种利用发光二极管（Light Emitting Diode，LED）进行通信的新型无线光通信技术。VLC 技术结合了 LED 低功耗、低成本、无电磁干扰和可见光频段丰富的频谱资源等诸多优点。将 LED 的照明功能与通信功能进行整合，被认为是未来移动网络的潜在关键技术之一。

14.1.1　可见光通信发展与应用

随着通信技术的不断发展，其使用的电磁波频率越来越高，无线频谱资源也越来越紧张，开拓新频谱和提高频谱利用率成为通信技术发展的主要方向。从传统的微波频段到 5G 时代的毫米波频段，再到未来的太赫兹频段，频谱资源的竞争越来越激烈。作为非授权频带，可见光频带具有极高的研究价值。可见光通信有 400THz 候选频谱，如图 14-1 所示，相比于射频通信，可见光的频谱宽度是前者的上千倍，可有效缓解频谱资源枯竭的情况。此外，VLC 将 LED 作为光源，并可与照明相结合，进行"通信照明一体化"，其能耗与部署成本将大大低于射频通信。VLC 将成为射频通信的有力补充，将在多个领域得到应用。

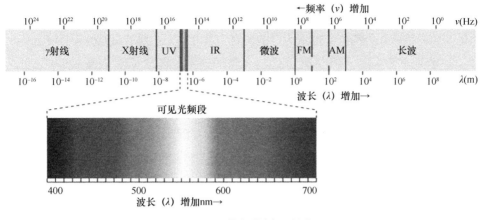

图 14-1　无线电磁波频段划分

14.1.2　国内外发展现状

VLC 最早起源于中国，并由日本学者扩大和深化了相应的研究与发展。日本的研究人员探索过很多具体的应用形式，极大地丰富了可见光通信的应用领域和研究内容。在庆应义塾大学的 M. Nakagawa 研究团队提出 LED 可见光通信的接入方案后，这种技术在日本国内非常受重视，先后有名古屋大学、东京理科大学、长冈技术科学大学、日本电信电话株式会社（NTT Corporation）的科研团队参与研究。在可见光通信的各类应用方面，日本的研究人员做了大量的工作，从局域网高速互连、LED 显示器数据下载、智能交通系统、智能灯塔到测量等，种类繁多。

欧洲在 2008 年 1 月实行了 OMEGA（Home Gigabit Access）计划，参与者来自欧洲的 20 多个厂商和学术机构。该计划致力于开发出 1Gbit/s 传输速率的室内互连技术，其中可见光通信技术被当作研究的重点。围绕这一项目，主要的研究机构有海因里希赫兹研究所、西门子实验室、牛津大学、思克莱德大学、爱丁堡大学、比萨圣安娜大学等。其中海因里希赫兹研究所在单个 LED 采用 DMT 调制方式的可见光通信系统研究方面一直处于世界领先地位，牛津大学在 MIMO 与均衡方面取得了众多成果。

美国政府于 2008 年 10 月启动"智慧照明"计划，专门研究可见光通信技术，希望能够通过可见光光束实现无线设备与 LED 照明设备之间的通信。这项计划投资 1 亿 8 500 万美元，有超过 30 所大学的研究人员参与，主要的研究机构有波士顿大学、佐治亚理工学院、加利福尼亚大学河滨分校等。美国的研究人员主要关注可见光通信系统中一些关键点、关键问题的改进方案和创新。

虽然我国 VLC 领域的研究起步较晚，最初与国外研究存在一定差距，但是经过十余年努力，我国已经追赶上并达到了与世界发达国家同等的水平，并在其中某些方向处于领先地位。

在学术界，国内的主要研究机构有复旦大学、清华大学、北京邮电大学、东南大学、中国科学院半导体研究所等。其中，复旦大学主要研究高速可见光通信系统理论与实验，其 VLC 系统的速率研究一直处于国内领先地位；清华大学在室内可见光通信的信道特性、信道容量、VLC 定位和 VLC 调制方面有一定的研究基础；北京邮电大学在可见光通信信道模型、LED 驱动电路均衡技术方面的研究较为深入；东南大学在室内可见光通信方面的研究较为广泛，从多用户接入、信道容量、多光源布局、可见光 OFDM 调制到信道均衡等方面都有涉及。在产业界，各地政府都加大了对 VLC 产业发展的投入力度，国内多家企业在可见光通信技术应用转化方面也取得了较多成果。华策光通、深圳光启、东莞勤上、上海数字产业集团均推出了各自的 VLC 应用产品，涵盖室内定位、App、安全通信、支付和车联网等众多领域。

VLC 在标准化方面的进展紧随业界脚步，美国电气电子工程师学会（IEEE）是国际上最早开始制定可见光通信技术标准的组织。IEEE 于 2009 年成立了可见光通信工作组 IEEE 802.15.TG7，并于 2011 年发布可见光通信标准第一版 IEEE 802.15.7-2011[1]，其对现有 VLC 调制方式、组网方式、物理层设计等进行了详细介绍。我国信息技术标准化技术委员会无线个域网标准工作组在 2016 年发布《可见光通信标准化白皮书》，开始制定中国的可见光通信标准，并于 2018 年开始陆续发布了 GB/T 36628《信息技术系统间远程通信和信息交换可见光通信》系列标准。

14.1.3　可见光应用场景

VLC 具有广泛的应用场景，包括室内通信、室内精准定位、车联网、水下通信、电磁敏感环境通信（例如保密通信、油田、矿井、医院等）等，如图 14-2 所示。在办公室、图书馆和商场等室内环境中，可通过手机和计算机等设备接收来自光源的信息，进行高速的下行通信和厘米级别的精准定位。在飞机、医院等电磁敏感场景，可见光通信可以更好地减少事故发生的概率，提高安全性。在物理设备之间使用可见光通信可以减少物理设计空间，更易集成更多的功能。VLC 也将与 5G 车联网、智慧城市等应用相结合，为人们带来更加便捷、高效、环保的生活方式。此外由于光传输易遮挡的特性，VLC 也可用于特殊场合的简单保密通信。

图 14-2　VLC 潜在应用场景

14.1.4　可见光通信关键技术

（1）可见光通信器件

可见光通信器件主要包括发射端器件和接收端器件。发射端主要采用各种类型的 LED 发射光信号，接收端通常采用光电探测器（Photo Detector，PD）对光信号进行接收。

人们常说的可见光波长大概为 380nm 到 750nm，包括近红外光和近紫外光，但是为了契合照明的需求，可见光通信中使用的光通常指白光。根据发射端产生白光光源的方式，发射器件可分为两大类：一是红绿蓝发光二极管（RGB LED），二是荧光转换型二极管。前者使用 3 种颜色的 LED，通过控制它们的光通量，混合产生白光，其中每盏 LED 灯都需要独立的控制电路完成相应的处理操作。使用这种光源的发射机还可进一步使用颜色调制（Color Shift Keying Modulation，CSK）来传输信号，目前的高速 VLC 验证系统均采用 RGB LED 作为其白光光源。荧光转换型二极管是目前最常用的白光光源，它通过在蓝光 LED 上（波长 450nm 至 470nm）覆盖一层淡黄色荧光粉涂层来实现，实际出光光通量是部分透射蓝光与黄色荧光粉二次发光之和。这种方法更简单，成本更低，但是其调制带宽较小，通常不超过 5MHz。

在光接收系统中，发挥主要作用的是 PD。PD 是一种把光辐射信号（光能量）转变为电信号（电能量）的器件，其工作原理是基于光辐射与物质的相互作用所产生的光电效应。常用的光检测器有 PIN 光电二极管、雪崩二极管（APD）等[2]。这些半导体接收器通过光电效应将接收到的光信号转变为电信号，其中 APD 具有最高的灵敏度。使用 APD 的接收机被认为是解决远距离传输的最佳方案。除了 PD，也可以使用成像传感器 CMOS 来接收光信号，成像传感器由以矩阵形式排列在集成电路上的大量 PD 组成，具体原理类似于照相机，当外界光照射像素阵列时，在像素单元内产生相应的电荷。像素单元内的图像信号通过各自所在列的信号总线传输到对应的模拟信号处理单元以及 A/D 转换器，转换成数字图像信号输出。但这种接收机受限于传感器的帧速率和阵列规模。

（2）可见光通信物理层信道模型

VLC 分为室内和室外两种应用场景，不同场景下的信道模型有一些不同。目前业界对可见光室内信道和室外信道的研究已经取得了一定进展，中国信息通信研究院于 2018 年发布了对 VLC 的研究报告，其中对 VLC 室内物理层信道做了比较详细的分析，包括视距 （Line of Sight，LOS）链路和非视距（Non-Line of Sight，NLOS）链路的信道模型及接收机视场角（Field of View，FOV）对室内信道的影响。相比于室内场景，室外场景下的信道模型更多地考虑大气环境对信道的影响，包括大气衰减和大气湍流效应等，此外接收机极高的灵敏度也会在接收端引入一定的量子噪声和暗电流噪声[3]。相比于室内场景，室外场景仅考虑了 LOS 的情况，且要求收发机之间进行精确的对准。

在发射端，通常使用朗伯辐射强度来描述 LED 的发射功率，大多数 LED 属于朗伯辐射体。它指的是辐射源各方向上的辐射亮度不变，辐射强度随观察方向与面源法线之间的夹角 θ 的变化遵守余弦规律变化的辐射源。在接收端除了需要考虑

FOV 外，通常还需要考虑聚光器和光学滤波器带来的增益与 PD 响应度。

参考文献[4]中对 VLC 室内信道模型做了简单分析，图 14-3 给出了一个常见的室内 VLC 信道模型，室内信道不仅包括直射分量，还包括一次或多次反射后到达的散射分量。其中 LOS 分量主要由收发机距离、发射机发射角和接收机到达角（入射角）决定，发射角和入射角的角度范围受到发射机全光束角与接收机 FOV 的限制，不能超出这个范围。同时，由于发射机与接收机的距离远大于接收机中光电探测器的尺寸，光电探测器表面各处的接收光强被认为近似相等，信道系数由光电探测器的器件特性与光源的朗伯发射模式决定[2]。NLOS 分量主要由多条路径中每条路径经过的反射点的反射率、反射路径距离、反射次数和反射角决定。具体定量分析每条反射路径是十分困难的。参考文献[5]中给出了统计学下的散射信道模型，包括对各个物理反射率的统计和反射面积的计算，从另一角度对反射多径进行了分析。室内场景下的直射分量是信道的主要组成部分，在房间角落时，直射分量约比 1 次反射后的散射分量高 7dB，因此大多数理论研究直接将 LOS 径作为信道组成部分。

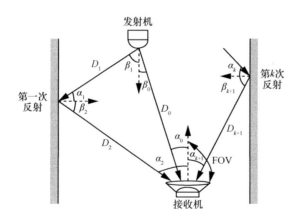

图 14-3　室内 VLC 信道模型

（3）可见光通信调制技术

最开始的 VLC 相关研究常使用开关键控（On Off Keying，OOK）、脉冲宽度调制（Pulse Width Modulation，PWM）和脉冲位置调制（Pulse Position Modulation，PPM）等调制方法。OOK 调制通过改变载波的幅度来传递二进制信息，该技术相对简单，易于实现，但是受噪声影响较大。PPM 调制通过发送的数据信息来决定脉冲所在的位置，该技术通过调光控制可见光通信系统中 LED 的亮度。PPM 调制复杂度低，同时误码性能较好，但其功率效率和带宽效率较低[6]。

为了进一步提高传输速率，还需要考虑多载波的调制方法。作为多载波调制的代表性技术，正交频分复用（Orthogonal Frequency Division Multiplexing，OFDM）可以有效地应用于可见光通信，以实现宽带高速数据传输。基本思想是将高速串行数据变换成多路相对低速的并行数据，并将其调制到每个子信道上进行传输。这种并行传输体制大大扩展了符号的脉冲宽度，提高了抗多径衰落的性能。由于可见光传输一般使用强度调制/直接检测（Intensity Modulation/Direct Detection，IM/DD）机制，发送信号受到非负实数约束。因此传统射频 OFDM 方法无法直接应用于可见光通信。VLC-OFDM 技术主要包括直流偏置光 OFDM（DC-Biased Optical OFDM，DCO-OFDM）和非对称限幅光 OFDM（Asymmetrically Clipped Optical OFDM，ACO-OFDM）等。前者在 OFDM 的基础上，将反向快速傅里叶变换（Invert Fast Fourier Transformation，IFFT）的输入矩阵变为 Hermite 矩阵，并且采用直流偏置得到适合强度调制/直接检测传输的正实值，通常采用的星座映射包括相移键控（Phase Shift Keying，PSK）、正交振幅调制（Quadrature Amplitude Modulation，QAM）等。ACO-OFDM 在使 IFFT 输入矩阵满足 Hermite 矩阵特性的同时，只使用奇数载波传输数据，利用离散傅里叶变换（Discrete Fourier Transform，DFT）的性质产生奇谐对称的双极性时域 OFDM 信号，去除负值部分即可得到单极性时域 OFDM 符号，且不丢失有效信息。

为了克服低速率限制和其他方案中受限的调光支持，IEEE 802.15.7 还针对 VLC 专门设计了 CSK 方法，其在该标准的物理层 Type Ⅲ场景下已经可以支持十几 MBit/s 的速率。CSK 使用颜色来构建星座图，因此 CSK 只能用于 RGB LED 设备。在 CSK 中，数据被调制到红绿蓝三色光的强度上，可使用波分复用技术在每一条光信道进行独立的信号传输。具体而言，借助 CIE 1931 定义的色度空间（如图 14-4（a）所示），数据比特首先被映射为色度值，然后根据色度值计算出对应三色光的强度，然后通过多色光源进行数据传输。

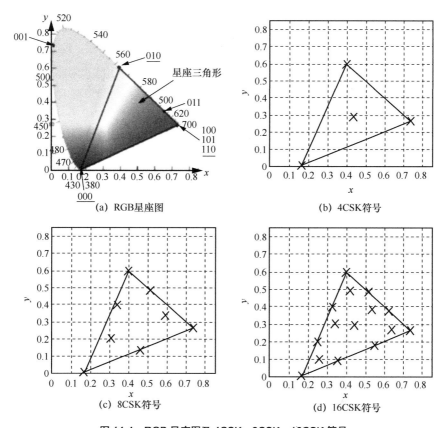

图 14-4　RGB 星座图及 4CSK、8CSK、16CSK 符号

　　将 RGB LED 中 3 种颜色对应波段的中心波长作为 CSK 星座图的 3 个顶点，构成星座三角形。信息比特对应于 CIE 坐标系上特定的颜色，每个符号的颜色点通过调节红绿蓝各色光的强度得到。不同符号间应满足相互间距离最大且干扰最小，此外符号应均匀分布在三角形中，以便在输出不同符号时保持白光。图 14-4 中展示了 4CSK、8CSK 和 16CSK 的星座三角形情况。

（4）可见光通信 MIMO 技术

　　单个 LED 的照明效果有限且调制带宽不足，难以满足室内的照明需求和通信需求，因此在实际应用中通常采用 LED 阵列集成的方式，由多个 LED 灯珠组成一个 LED 阵列，并在室内天花板等位置部署多个 LED 阵列保持光照和通信。合理利用多个 LED 阵列的多输入多输出（Multiple Input Multiple Output，MIMO）通信方式成为 VLC 技术的重要方向之一。LED 多阵列的 MIMO 传输方式可以提高可见光通信系统的传输速率[7]，减少移动性带来的遮挡问题和室内盲区问题，改善通信质量，降低物理对齐难度。根据接收端是否有成像透镜，VLC-MIMO 可分为非成像 MIMO 和成像 MIMO，如图 14-5 所示。

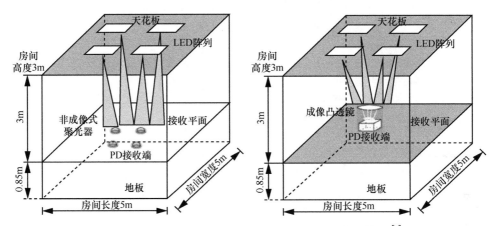

图 14-5　非成像 MIMO（左）与成像 MIMO（右）传输系统模型[8]

在 VLC-MIMO 传输中，每个 LED 阵列会传输独立的数据流，LED 阵列中的 LED 传输相同的数据流。在发射端，首先需要在发射端进行串并变换，将不同的数据流加载到不同的 LED 阵列上，进行调制和编码后从 LED 阵列发射，经由信道到达接收端 PD，在经过前向放大器、均衡器、解码解调、并串变换等操作后恢复得到原始数据。

非成像 MIMO 与成像 MIMO 主要区别是接收端有所不同。非成像 MIMO 类似于传统的 MIMO 技术，其接收端有多个 PD，不同的 LED 阵列到不同的 PD 对应于 MIMO 中的一条通道。VLC 信道不是复值信道，因此在房间的中心和轴线位置会出现信道矩阵不满秩的情况，在这些位置时 PD 会接收到相同的光功率和时延。解决这一问题需要合理的 LED 阵列与 PD 位置的几何设计。

由于非成像 MIMO 在一些特定位置性能受限，后来的研究者又提出了成像 MIMO，成像 MIMO 使用成像凸透镜将 LED 阵列的像投影在接收成像传感探测器阵列上。相比于非成像 MIMO，成像 MIMO 使用成像透镜代替非成像 MIMO 中每个 PD 使用的聚光器，减小了接收机尺寸。成像传感探测器阵列由多个探测器像素点（又称像元）组成，投影的像会撞击阵列上的多个像素点，激发电流。其中每个像素点都可以被视为一个接收端，每个探测器像素点到 LED 阵列的信道构成信道矩阵。传感器阵列由大量 PD 组成，而像素点指的是接收端可以识别的有效区域范围，因此一个像素点可能包含一个或多个 PD。因此即便接收到的像出现重叠情况，接收端依然可以通过一些具体算法还原出接收信号。

（5）可见光通信组网技术

VLC 组网技术涵盖多址接入技术、上行通信设计、多种类型的网络架构设计、混合组网设计等。在多址接入方面，通常可以借鉴射频的多址方式，例如时分多址、空分多址、OFDM 多址和码分多址，此外还可以使用光通信的色分多址等。目前大多数 VLC 应用是下行传输场景，鲜见上行场景，这是因为接收端设备的硬件限制和功率限制等其他因素。因此在 VLC 组网技术中必须要考虑系统的上行传输方式，目前研究的可见光通信网络上行方式包括射频上行、红外上行、白光上行等方法。

针对 VLC 可能的网络架构，IEEE 802.15.7 提出了 3 种网络拓扑场景，分别是点对点网络、星状网络和广播网络。根据 3 种网络拓扑和目前的研究现状，VLC 组网架构主要分为广播式组网、蜂窝式组网、D2D 混合组网 3 类方式，其中蜂窝式组网又可以进一步分为以基站为中心的规则蜂窝组网和以用户为中心的无定形蜂窝组网两种形式[2]。

可见光技术本身存在一些局限性，例如信号易被遮挡、通信距离短等，未来更多地会将 VLC 作为现有通信网络的一种补充，因此可见光与其余网络组成的异构网络设计显得尤为重要。异构网络设计包括室内异构组网、室内室外联合异构组网及互联互通等形式。可以预见的方式有：5G/4G/3G 与 VLC 混合异构组网、Wi-Fi/蓝牙等短距离传输技术与 VLC 混合异构组网、有线传输与 VLC 混合组网等。上行通信方式的设计也是混合组网需要考虑的一部分。

14.1.5　可见光通信的未来展望

从 2000 年到现在，经过二十余年的深入研究，VLC 的基础理论研究已基本完成。当前该项技术正处于理论研究向技术应用转化的关键时期。然而，VLC 是照明技术与通信技术的深度耦合，产业链长，技术问题纵横交错。VLC 在产业化过程中需要解决芯片、器件、组网设计等关键问题，其中光通信专用芯片的研究处于整个产业链的核心部分，应综合考虑可见光通信典型应用场景以及提供的主要功能。此外由于 LED 调制带宽限制的问题，继续拓展 LED 可调带宽及驱动电路是 VLC 未来的主要发展方向之一，VLC 系统的通信距离和覆盖范围主要由光学天线等器件决定。

随着智慧城市的建设与进程推进，教育、医疗、金融、安防、物流、政务等众多领域均对行业定制终端有着庞大的应用需求，其对更高数据流量的要求为 VLC 产业带来了巨大的机遇。未来的 VLC 有望在多个领域开花结果，成为现有通信系统强有力的补充。

| 14.2 太赫兹通信 |

太赫兹（Terahertz，THz）指的是 0.1～10THz 的频段（波长为 30～3 000μm）[3]，该频段存在大量未被开发利用的频谱，具有大容量、高速率、方向性好、保密性高、穿透性强等优势，是被给予厚望的 6G 候选频段之一。目前国内太赫兹研究尚处于起步阶段，对核心器件的研究还面临着一定的困难与挑战，如功放器、混频器性能还需进一步提升。太赫兹波源、信道传输、检测、调制解调、芯片集成化等方面均需要更深一步开展研究。未来太赫兹研究工作可针对频谱规划、信道建模、应用场景融合创新、开放平台建立、核心器件突破、推动标准化等方面进行。

太赫兹频谱介于红外和微波之间，如图 14-6 所示。太赫兹波具有以下独特的技术特点和优势[4-5]。

第一，大容量、高速率。频谱资源宽，太赫兹频段可利用的频率资源丰富。太赫兹频段大约是长波、中波、短波、微波总的带宽的 1 000 倍，具备 100Gbit/s 以上高速数据传输能力。与超大规模天线、高阶的编码调制技术相结合，可以实现大容量、高速率信息传输。

第二，方向性好、保密性高。太赫兹波束可以比微波更窄，能够有效地抑制背景辐射噪声的影响，信息传送精度高、保密性强。

第三，穿透性强。与可见光和红外线相比，太赫兹波具有较强的云雾穿透能力，不仅可以在烟雾、沙尘等恶劣环境下进行通信工作，还可以用于探测、成像；具有等离子体穿透能力，适合用于空间飞行器重返大气层时等离子体"黑障"盲区通信。

第四，安全无害。根据测量结果，频率为 1THz 的太赫兹波仅具有 4.1meV 的光子能量，不易对生物组织产生伤害。

第五，易被空气中水分吸收。这一特点大大限制了其通信距离，使得太赫兹适合大容量短距离无线传输。

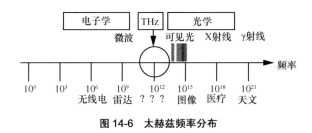

图 14-6　太赫兹频率分布

14.2.1　太赫兹通信发展现状

作为非常重要的交叉前沿技术领域，太赫兹科学技术是当今国际学术研究的前沿和热点。美国认为太赫兹科学是改变未来世界的十大科学技术之一，欧盟第 5～7 框架计划中启动了一系列跨国太赫兹研究项目，日本政府将太赫兹技术列为未来 10 年科技战略规划 10 项重大关键科学技术之首。

目前日本、德国、美国等发达国家太赫兹通信技术居于领先水平，如日本 NTT 的 0.125THz 和 0.3THz 通信系统[6]、德国 IAF 的 0.22THz 和 0.24THz 通信系统[7-10]、美国 Bell 实验室的 0.625THz 的通信系统[11]等。

我国太赫兹研究较国际上其他发达国家而言开始较晚，但在科技部、国家自然科学基金委员会等的支持下，经过十余年的发展，我国已经形成了一支以高校、科研院所为主体的太赫兹研发队伍，电子科技大学、南京大学、清华大学、上海交通大学、天津大学、中国科学院上海微系统与信息技术研究所等多家单位在太赫兹通信领域的理论和实验研究上取得了一些重要成果。

太赫兹通信系统按照太赫兹波的产生方式分为全电子学、光电子学、量子级联以及时域脉冲等。全电子学和光电子学太赫兹通信系统受环境因素限制较少，是目前较为合适的两种太赫兹波产生方式。

全电子学太赫兹通信系统工作频段由微波倍频搬移至太赫兹频段，其发射前端结构如图 14-7 所示。全电子学太赫兹通信系统的优点为：①信号源输出功率高；②频率偏移和相位噪声较低且稳定度高，有利于解调和基带处理；③体积小易集成。其劣势在于变频损耗大，生成的太赫兹波频率一般在 1THz 以下。

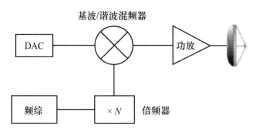

图 14-7　全电子学太赫兹通信系统发射前端结构

在国内，电子科技大学在 2016 年采用全电子方式，在 220GHz 频段实现了数据速率为 3.53Gbit/s、传输距离为 200m 的无线传输，误码率为 $1.92×10^{-6}$；中国工程物理研究院 2017 年搭建的 D 波段（75～110GHz）无线传输系统通过固态功率放大器和真空电子放大器级联，达到 26.3dBm 的输出功率，低噪声放大器将接收机噪声系数降低至约 1100K，调制方式为 16QAM，实现了 5Gbit/s 的实时传输速率和 21km 的传输距离。

光电子学太赫兹通信一般指通过光学外差法生成太赫兹信号并进行调制，其发射前端结构如图 14-8 所示。

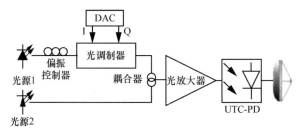

图 14-8　光电子学太赫兹通信系统发射前端结构

光电子学太赫兹通信系统的优点为：①可以利用光纤通信中的光学调制方法达到很高的传输速率，如偏振复用（PDM）和波分复用（WDM）技术；②生成的太赫兹波频率高；③光源的波长差实现太赫兹波频率的可调性。其缺点在于：功率低、传输距离受限、体积大、能耗较高。

2016 年，天津大学通过光频梳外差混频产生多路太赫兹波源，实现了 0.4THz 频段的 16QAM 信号传输，总数据速率为 80Gbit/s；2017 年，浙江大学通过 16QAM 调制方式，在 0.4THz 频段实现了 160Gbit/s 的通信速率，传输距离为 0.5m；2018 年，复旦大学采用 8QAM 调制方式，通过高增益功率放大器和高增益卡塞格伦天线，在 W 波段（75～110GHz）首次实现了 54Gbit/s 传输速率下 2km 以上的无线传输；2018 年，北京邮电大学研制了光电子学太赫兹通信系统样机，无线传输距离达到 1.2km，传输速率达到 7Gbit/s，同时演示了速率为 3Gbit/s 的 3D 视频信号的无线传输。

14.2.2　太赫兹通信应用场景

由于太赫兹波具有大容量、高速率的特性，太赫兹通信技术为需要超高数据速率的各种应用打开了大门，并在传统网络场景以及新的纳米通信范例中开发了大量新颖应用。

（1）地面高速通信与组网

随着无线通信网络对高传输速率的要求越来越迫切，将频率往更高频段延伸成为一种必然趋势。太赫兹波的传输频率显然可以满足高速率的需求。由于太赫兹波在空气中传播时很容易被水分吸收，更适合短距离通信。太赫兹在地面高速通信中的应用如图 14-9 所示。这些应用十分广泛且通信距离不是很远，但其对通信速率的要求很高（从 Gbit/s 到百 Gbit/s），无疑将会是太赫兹高速无线通信的主要的应用。

（2）数据中心

无线网络是解决数据服务器之间交互的一种可能的手段，然而如果所有有线被替换，无线传输可能遭受短距离和阻塞的问题，从而导致数据中心的能力耗尽。数据中心使用太赫兹链路可以在不影响交互吞吐量的情况下改进数据中心的性能，同时降低电缆的开销。在此应用中，太赫兹链路优于毫米波和红外技术，因为毫米波技术具有有限的带宽，而红外技术在相干检测方面具有巨大的复杂性且会受平方律检测器的局限性的影响。

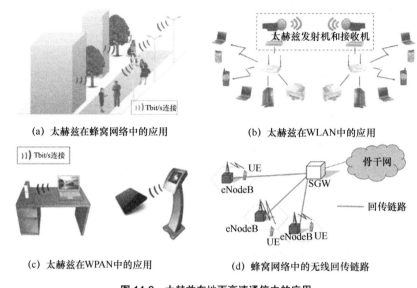

(a) 太赫兹在蜂窝网络中的应用　　　　(b) 太赫兹在WLAN中的应用

(c) 太赫兹在WPAN中的应用　　　　(d) 蜂窝网络中的无线回传链路

图 14-9　太赫兹在地面高速通信中的应用

（3）空间通信

太赫兹在 350μm、450μm、620μm、735μm 和 870μm 波长附近有相对透明的大气窗口，可以用于太赫兹空间通信[12]。太赫兹波虽然在大气中的传输很容易受到影响，但在外层空间可以无损耗地传输，用很小的功率即可实现远距离通信。与微波通信卫星相比，太赫兹天线可以处理更高的传输数据速率。太赫兹波束可以更窄，大气损耗更大，使得通信链路更加安全。相对于光学通信来说，其波束较宽、容易对准，量子噪声较低，天线系统可以实现小型化、平面化，因此预期空间通信将是太赫兹高速无线通信的主要应用之一。

（4）无线纳米网络

除了宏观尺度的经典领域，太赫兹波段在新的纳米尺度的通信场景中也有大量应用。纳米技术使器件的发展范围为一纳米到几百纳米。在这种规模下，纳米机器被认为是最基本的功能单元，只能执行非常简单的任务。纳米通信即在纳米机器之间传输信息，其将扩大单个设备在复杂性和操作范围方面的潜在应用。由此产生的纳米网络将使纳米技术在生物医学、环境和军事领域得到新的先进应用。

纳米器件之间主要有两种通信机制：分子通信和电磁（EM）通信。前者假设纳米器件可以编码或解码分子中的信息，而电磁通信基于电磁波的发送和接收。由于在纳米尺度上具有生物相容性和适用性，分子通信被认为是最有希望的候选者。另外，对电磁通信具有研究逐渐兴起，考虑到纳米设备中碳纳米管和石墨烯等新兴材料的特性，太赫兹波段可以用作未来电磁波纳米收发器的工作频率范围[13]。作为无线纳米网络通信的首选通信频段，太赫兹的发展也带动了无线纳米网应用的突破。纳米设备的应用范围包括先进的健康监测系统、化学攻击预防系统、芯片上的无线网络、纳米物联网等。

14.2.3　太赫兹通信关键问题

为了更好地利用太赫兹频段的优势，必须对支撑太赫兹通信的关键技术进行研究，包括太赫兹核心器件、太赫兹集成芯片、太赫兹调制技术、太赫兹大规模天线、太赫兹组网、太赫兹信道建模等。

（1）太赫兹核心器件

功率放大器：太赫兹频段的功率放大器要具有较高的增益和饱和输出功率，以解决传播路径损耗大的问题；要有较大的带宽，同时还要在整个频带内有较好的增益平坦度，以保证信号进行高阶调制时不发生畸变或失真，以降低接收端误码率。太赫兹频段的功率放大器主要分为两种：基于电真空器件和基于半导体器件。总体来说，目前国内太赫兹放大器的研究虽然奠定了一定的基础，并取得了一定的成果，但与国外相比还有很大差距。目前国内还没有集成化的芯片，放大器半导体材料设计、器件结构设计、性能指标等一系列关键技术也还需进一步突破。

分谐波混频器：分谐波混频器是高灵敏度太赫兹段接收机的核心部件，用于实现太赫兹信号的频谱搬移，大多采用肖特基二极管。与基波混频器相比，分谐波混频器的优势是可以利用本振频率的二倍频做混频，这降低了本振源的技术难度和成本。在超外差太赫兹接收机中，分谐波混频器的难点是兼顾宽带特性和高转换效率特性。要进一步对肖特基二极管进行精准建模，以准确表征太赫兹频段的物理特性；此外，还要提升加工精度，同时在电路设计过程中要充分考虑容差性能。

（2）太赫兹集成芯片

将基于 CMOS 的太赫兹系统集成电路芯片用于产生太赫兹信号是现在研究的重点方向之一，其具有工作效率高、稳定性强、噪声较低、频带宽、电源电压低、成本低等优点，但也受到了功率和器件非线性的限制。太赫兹通信技术逐步从元器件研制走向系统集成，但是目前国内还没有可以批量生产的太赫兹芯片，与欧美发达国家相比还有较大差距。

（3）太赫兹调制技术

太赫兹通信一般采用以下 3 种调制方式。

电混频调制：采用电混频技术来调制太赫兹波。低频射频信号经过倍频过渡到太赫兹频段，然后采用电混频器实现太赫兹波的调制。该方式的优势是设备体积小、易集成、功耗低，可实现高阶调制。劣势是本振源经过多次倍频后相噪恶化，且变频损耗大。

光载调制：借助光波作为间接的载体来实现对信号的调制和发射。其优势是传输速率高，带宽利用率高。劣势是发射功率仅为微瓦级别，通信距离短，设备体积大、能耗高、集成难。

直接调制：由太赫兹调制器在太赫兹源上直接加载基带信号进行调制，带宽极宽、功率效率高、灵活性强，且体积小、易集成，可搭配中高功率太赫兹源实现百毫瓦以上功率输出。劣势是目前高速直接调制器的处理速度较难满足需求。

（4）太赫兹大规模天线

大规模天线阵列能够形成高增益的窄波束来补偿太赫兹波的空间传播损耗，目前需要解决的问题是空间宽带效应以及波束斜视。对于空间宽带效应，需要对信道估计、信号检测、波束形成、预编码和用户调度等方面进行重新设计；对于波束斜视，可以对现有的混合波束成形阵列结构进行优化，比如添加频率选择性移相模块，通过延迟器来补偿波束斜视问题，或者通过设计码本来对抗波束斜视的影响。

（5）太赫兹组网

地面高速通信与组网将是太赫兹高速无线通信的主要应用之一。在太赫兹高速无线通信系统设计方面，需考虑多网融合问题和多场景融合问题，形成端到端的技术体系。其中多网融合包括太赫兹通信网络与低频段、毫米波、可见光等各个频段的通信网络融合组网，实现全频段接入，在提升用户体验速率的同时实现无缝覆盖。此外通过太赫兹频段按需开启技术，可实现网络节能。多场景融合包括基于太赫兹的无线回传、前传、接入链路等应用场景的融合，以及室内、室外、空天等不同通信环境下太赫兹通信系统的融合。

（6）太赫兹信道建模

相比低频段太赫兹频段具有传输损耗大、分子吸收严重的信道特性，存在多个大气吸收峰，形成多个大气窗口，水气吸收衰减严重。由于波长短，太赫兹传播过程中发生散射的概率大大增加，散射径能量占据主导地位。如何建立合适的传播模型来高精度、低复杂度地表征太赫兹信道传播特性是有待解决的问题。

14.2.4　太赫兹通信发展方向

为了推动太赫兹通信的发展，在以下方向上需进一步加强研究。

第一，开展太赫兹频谱研究，推动全球统一频谱规划。全球统一的太赫兹频谱规划有利于形成健康的产业链，降低成本。目前 ITU 尚没有开启将太赫兹主要频段（275～450GHz）用于 IMT 技术的研究工作。2019 年世界无线电通信大会（WRC-19）批准了 275～296GHz、306～313GHz、318～333GHz 和 356～450GHz 频段（共 137GHz 带宽资源）可无限制条件地用于陆地固定和移动业务应用。ITU-R 在 WRC-19 后启动了对 275～450GHz 范围内固定业务和陆地移动业务与射电天文业务之间的共存问题的研究。结合 WRC-19 大会的太赫兹频率研究规划，国内需开展太赫兹频谱研究，在 ITU 推动全球统一太赫兹频谱规划。

第二，加强多场景的太赫兹信道建模的研究。为了开展太赫兹频谱、传输技术与组网技术研究，必须首先建立一套能够准确描述太赫兹频谱特性的信道模型。建议整合国内信道建模的资源，分工合作，联合开展太赫兹波段传播建模和信道特征分析，形成统一的太赫兹信道模型。

第三，太赫兹应用场景及与多场景融合。太赫兹通信的应用场景在 ITU、IEEE 中已经有部分讨论。太赫兹通信的大尺度应用场景包括大容量无线前传/回传、无线数据中心、车联网、星间通信等；小尺度应用场景包括 6G 蜂窝网、WLAN、WPAN 等；纳米尺度应用场景主要包括高速近距离点对点通信、健康监测、纳米级物联网、芯片通信等。其中多网融合包括太赫兹通信网络与 5G、4G 及无线局域网等现有通信网络的融合，以及与可见光通信等未来通信网络的融合；多场景融合包括基于太赫兹的无线回传、无线前传、接入链路等应用场景的融合，以及室内、室外、空天等不同通信环境下太赫兹通信系统的融合。

第四，推动太赫兹通信系统技术试验平台建立。由于目前太赫兹相关设备的价格昂贵，太赫兹通信系统的集成和联调往往需要多台设备并行使用，单个研究单位难以搭建全面、高性能的太赫兹测试平台与试验环境，以开展对太赫兹系统全面的研究工作。因此应大力推动全国性的、开放的、高性能太赫兹通信系统技术试验平台的建成，为太赫兹通信的发展提供支持与保障。

第五，推进太赫兹通信核心器件研发。目前太赫兹通信技术中高性能核心器件的研究还面临着一定的困难与挑战，太赫兹波源、检测、调制解调、集成等方面均需要更深一步的研究。应通过高校合作，推动太赫兹通信技术核心器件的研究及开发，争取尽快取得突破，确保太赫兹高速无线通信系统元器件的自主可控。

第六，结合 6G 的进展，适时开展太赫兹技术标准化工作。目前太赫兹技术尚处于研究阶段，缺乏统一的标准体系。未来，形成全球统一的太赫兹技术标准是形成完整太赫兹产业链的关键，可避免恶性竞争，并能降低成本。为了抢占太赫兹通信技术全球制高点，前期必须进行足够的技术储备，并结合 6G 的进展，适时开展太赫兹技术标准化工作，积极在 3GPP 等国际标准组织中将由我国主导研发的太赫兹通信关键技术融入国际主流标准，联合国外企业共同推动发展全球统一的太赫兹通信技术标准，提高我国太赫兹通信国际标准的基本专利份额。

14.3 过采样虚拟 MIMO

14.3.1 过采样虚拟 MIMO 技术背景

随着无线通信技术的快速发展，频谱资源的严重不足已经日益成为无线通信网络进一步发展的瓶颈。如何充分开发利用有限的频谱资源，提高频谱利用率，是当前通信界研究的热点课题之一。MIMO 技术充分利用空间资源，在收发端都配置多根天线，在不增加带宽的条件下可以成倍地提高通信系统的容量和频谱利用率[14-15]。在目前的 5G 系统中，基站端天线数量进一步增加，已经形成了 64 通道的天线配置方案[16]。

进一步，正交频分复用（Orthogonal Frequency Division Multiplexing，OFDM）技术可以把频率选择性衰落信道转变成多个并行的平坦衰落信道，这样不但可以有效地对抗频率选择性衰落信道，还可以降低接收机的检测复杂度。作为移动通信系统的两大核心技术，MIMO 技术和 OFDM 技术的结合方案—— MIMO-OFDM 系统，在提高无线链路的传输速率和可靠性方面具有巨大的潜力[17]。

然而，对于通信链路另一侧的用户终端而言，因其体积和功率受限，一般只能在一个用户终端上安装 2 根或 4 根天线。在此场景下，虽然基站端的传输能力不断增强，但对于单个用户终端而言，其可以同时接收到的数据流个数是极其有限的。在实际测试环境中，单个用户终端一般只能同时接收两流数据。

面对未来 6G 网络中对用户体验速率的极致需求，如何在体积和功率受限的用户终端侧提升数据速率是一个关键问题。为了在不增加终端天线数量的前提下实现终端的多流传输，有研究提出在终端对接收信号进行过采样处理，每过采样一次就相当于增加一根虚接收天线，这可以被视为一种虚接收分集[18]。过采样技术将单入单出（SISO）信道模型转变成单入多出（SIMO）的信道模型。这些过采样得到的接收信号有着相关的信道衰落系数和相关的噪声分量，它们的相关系数由发送滤波器、天线间的衰落信道、接收滤波器共同决定。在接收端对接收信号进行过采样可以带来许多好处，如降低对定时相位的敏感性，增加抑制噪声能力，有效利用多径分集和虚接收分集等[19-20]。

14.3.2　过采样虚拟 MIMO 技术发展情况

Tepedelenlioglu C 等人[5]于 2004 年首次提出在单天线 OFDM 系统中使用过采样检测方案可以获得多径分集增益。基于过采样检测方案的单天线 OFDM 系统模型如图 14-10 所示。其中，为了进一步限制 OFDM 信号的带宽和便于过采样技术的使用，在收发两端分别添加了发送滤波器 $p(t)$ 和接收滤波器 $g(t)$。文献[5]中指出，在严重频率选择性衰落的信道中，过采样检测方案可以带来 2～4dB 的多径分集增益和虚接收分集增益。同时，文中还指出这些增益的获得依赖于发送滤波器和接收滤波器的设计，即发送滤波器和接收滤波器的带宽要大于奈奎斯特带宽。在文献[5]中，发送滤波器和接收滤波器的卷积是 sinc 函数的主瓣。

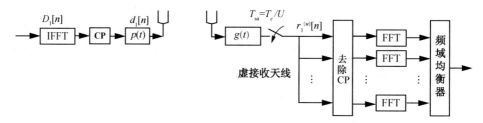

图 14-10　SISO-OFDM 系统中的过采样检测方案

在文献[5]的研究基础上，相关研究者将过采样技术进一步推广到 MIMO-OFDM 系统中，通过在接收端进行过采样，增加发送信号的信息量，充分利用频率选择性信道的多径分集，提高检测算法的性能[21]。

基于过采样检测方案的 MIMO-OFDM 系统模型如图 14-11 所示，考虑 n_t 根发送天线和 n_r 根接收天线。每根发送天线的信息数据流分别依次经过 IFFT 调制、加循环前缀（CP）单元、发送滤波器 $p(t)$ ，然后从各自的发送天线发送出去。

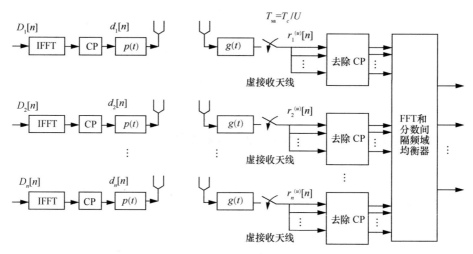

图 14-11　基于过采样检测方案的 MIMO-OFDM 系统

而在接收端，每个天线上的接收信号在经过接收滤波器 $g(t)$ 后，做一个 U 倍的过采样。每过采样一次，就相当于增加了一根虚接收天线，目标是获得一部分额外的虚分集增益。

在传统奈奎斯特采样速率下，各采样的噪声互不相关，是离散的白噪声；但在基于过采样检测方案的 **MIMO-OFDM** 系统中，当接收端对信号进行 U 倍过采样时，时间相隔不是奈奎斯特采样间隔整数倍的采样噪声就具有一定的相关性，因此采样噪声是有色的，而不再是离散的白噪声。

然而，在 **MIMO** 系统中，接收信号的波形是所有发送天线信号波形与各自信道卷积后的波形的叠加，即每个接收信号的采样值中包含所有发送天线的信号，所含信号的大小与发送天线信号波形和各自信道卷积后的波形有关。假设在接收端对接收信号进行 U 倍过采样，即一个符号周期内有 U 个采样值，这 U 个采样值都包含某根发送天线的信号，但它们所包含的这根发送天线的信号功率大小不同，信号功率大的那个采样被称为这根发送天线的强采样（采到来自这根发送天线信号波形的峰值），反之被称为这根发送天线的弱采样（采到来自这根发送天线信号波形的波谷）。

在传统的 **MIMO-OFDM** 系统中，所有发送天线发送信号的时间是同步的。对接收信号的采样将同时采到所有发送天线信号波形的峰值或波谷，即所有发送天线的强采样为同一个采样，弱采样也为同一个采样。例如第 u 个采样值虽然是发送天线 1 的强采样，但是它同时也是其他发送天线的强采样，所以对于发送天线 1 来说，其他发送天线的强采样就是它的强干扰。因此在同步发送的情况下，对于某根发送天线的信号来说，强信号和强干扰同处于一个采样中，弱信号和弱干扰也同处于一个采样中。

假设发送端有 4 根天线同步发送信号，并在每根接收天线上对接收信号进行 4 倍的过采样，则一个符号周期内就会有 4 个采样值，每个采样值都包含所有发送天线的信号。如图 14-12 所示，以接收天线 1 为例，在同步发送方案下，不同发送天线到接收天线 1 的每个采样的子信道具有相同的方差，即接收天线 1 的每个采样信号中所包含的所有发送天线的信号具有相同的平均功率。所有强子信道都集中在接收天线 1 的第 1 个采样中，所有弱子信道都集中在接收天线 1 的第 3 个采样中。第 1 个采样的信号虽然包含某根发送天线的强信号，但是同时它也包含其他天线的强干扰，即强信号跟强干扰同处于一个采样中，弱信号与弱干扰也同处于一个采样中。

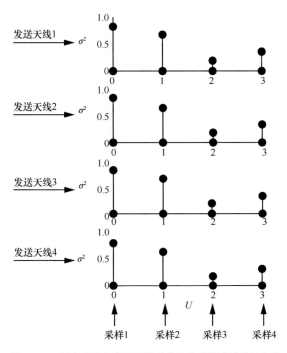

图 14-12　同步发送方案下不同采样子信道频域增益的方差

如果能够打乱这种次序，将所有发送天线的强信号尽量错开，避免其同处于一个采样之中，就可以有效地降低天线间的干扰。因此，相关研究者提出了基于多天线异步传输的过采样虚拟 MIMO 技术方案[22]。

在过采样虚拟 MIMO 技术方案中，发送天线的发送波形相互错开 1 个采样周期，使得每根虚接收天线的接收信号所包含的发送天线发送的信息符号具有不同的信道增益方差（不同的平均功率），从而将发送天线的强信号相互错开（即波峰相互错开），进而可以有效地降低天线间的干扰，有助于恢复各发送天线的信息符号。与传统的同步发送方案相比，基于异步传输的过采样虚拟 MIMO 方案可以更有效地获得多径分集增益和虚接收分集增益。此外，通过使用过采样虚拟 MIMO 方案，系统要求的接收天线数减少，这对于体积和功率受限的移动终端来说是非常重要的。

基于多天线异步传输的过采样虚拟 MIMO-OFDM 系统的发送–接收机结构如图 14-13 所示。考虑 n_t 根发送天线和 n_r 根接收天线。在接收端对信号进行过采样可以获得一定的虚接收分集，因此接收天线数 n_r 可以小于发送天线数 n_t。每根发送天线的信息子数据流分别依次经过 IFFT 的 OFDM 调制、加循环前缀（CP）单元、发送滤波器 $p(t)$、发送时延单元 λ_i，然后从各自的发送天线发射出去。

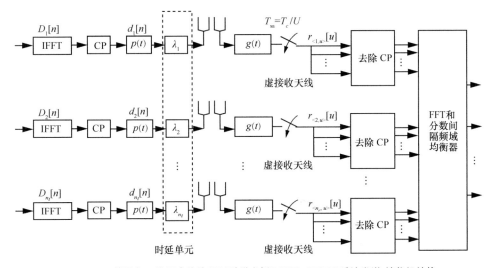

图 14-13　基于多天线异步传输的过采样虚拟 MIMO-OFDM 系统发送-接收机结构

其中，第 i 根发送天线的发送时延 λ_i 被定义为 $\lambda_i = (i-1)T_{sa} = (i-1)\cdot T_c/U$，即每根发送天线的信号相互时延一个采样周期，$T_c$ 表示符号周期。而在过采样虚拟 MIMO 系统的接收端，对每根接收天线上的信号以 $1/T_{sa}$ 的速率进行过采样，每过采样一次就相当于增加一根虚接收天线，从而获得虚接收分集增益。

以图 14-14 为例，在基于异步传输的过采样虚拟 MIMO 方案中，每根发送天线的发送波形相互错开 1 个采样周期。不同发送天线到接收天线 1 的每个采样的子信道具有不同的方差，每个采样都包含某根发送天线的强信号和另一根发送天线的弱信号。过采样虚拟 MIMO 技术的目标就是通过人为干预尽量避免强信号与强干扰同处于一个采样，而让强信号与弱干扰处于同一个采样，这样可以有效地减小天线间的干扰。通过时延错位，发送天线信号间的干扰可有效减小，从而提高系统的性能。

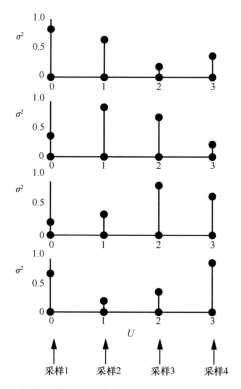

图 14-14　过采样虚拟 MIMO 方案中不同采样子信道的频域增益方差

14.3.3　过采样虚拟 MIMO 技术中的关键问题

过采样虚拟 MIMO 技术的核心是通过发送端不同天线间的时延，将强信号和强干扰错开，从而使信道矩阵的各行之间近似不成比例，令信道矩阵的秩达到最大化。以第 k 根接收天线为例，若发送端有 n_t 根天线，则第 k 根接收天线的信道子矩阵维度为 $\boldsymbol{H}_k[m] \in C^{1 \times n_t}$。若在每根接收天线上进行 U 倍过采样，则信道子矩阵维度扩大为 $\boldsymbol{H}_k[m] \in C^{U \times n_t}$。

对于信道子矩阵 $\boldsymbol{H}_k[m]$ 而言，矩阵中的每一行相当于一个约束方程。接收端正是利用这些约束方程来检测每根发送天线发送的符号。可见约束方程越多，且每个方程的系数不成比例，检测就越准确。在同步发送方案中，信道子矩阵 $\boldsymbol{H}_k[m]$ 的每一行近似成比例。在极限情况下：当信道是频率非选择性衰落时，信道子矩阵 $\boldsymbol{H}_k[m]$ 的每一行完全成比例。这时过采样得到的额外采样信号与第一个采样信号线性成比例，过采样不能获得更多的信息。因此，在传统同步发送的 MIMO 系统中，即使在接收端进行过采样处理，能够得到的性能增益也十分有限。

而在过采样虚拟 MIMO 方案中，由于不同发送端天线呈异步发送状态，信道子矩阵 $\boldsymbol{H}_k[m]$ 的每一行都很难成比例，避免了 $\boldsymbol{H}_k[m]$ 的秩变小。接收端每根天线上过采样一次就相当于增加了一个约束方程，这样就可以更好地利用子信道约束方程区分不同的发送天线发送的符号。

在文献[23]中，提出了一种基于终端天线高速旋转的过采样虚拟 MIMO 技术方案，如图 14-15 所示。在该技术方案中，作者考虑了多个终端的上行传输场景。在过采样虚拟 MIMO 的基站端，使用过采样的接收信号处理方法，同时基站端天线呈现高速旋转状态，以实现天线特性的周期性改变。通过周期性地从采样的接收信号中提取具有相同天线特性的接收信号，进行 MIMO 的解调译码处理。不同的采样点间存在微小的时延，因此过采样时提取的每个接收信号可以被认为是从不同的传输路径上来的信号，即信道子矩阵的每一行相关性都很低，信道子矩阵的秩增大。利用天线特性周期性变化的特性，可以从少数的接收天线上获得从多个不同的传播路径下接收到的信号，从而虚拟地增加接收天线的数量。

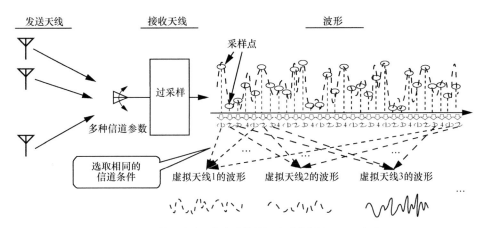

图 14-15　基于终端天线高速旋转的过采样虚拟 MIMO 方案

14.3.4 过采样虚拟 MIMO 技术未来展望

在过采样虚拟 MIMO 中，通过发送天线信号波形相互错开一个采样周期，并在接收端对信号进行过采样处理，将发送天线的强信号错开，降低发送天线信号间的干扰，有助于恢复各发送天线的信号。与传统 MIMO 系统中的同步发送方案相比，基于异步传输的过采样虚拟 MIMO 方案可以更有效地获得多径分集增益和虚接收分集增益。通过使用过采样虚拟 MIMO 技术，系统要求的接收天线数可以减少，甚至可以小于发送端天线数，从而在终端天线数较少时实现多流数据传输。过采样虚拟 MIMO 技术对于体积和功率受限的移动终端来说意义非常重大，它有助于减小终端设备功耗，简化终端的射频设计。

同时，未来 6G 移动通信网络将大量使用毫米波频段，考虑到高频段传输距离短、以直射径为主的实际情况，单个移动终端同时接收 2 流甚至多流数据将比较困难。但是，利用过采样虚拟 MIMO 技术，在毫米波频段可以在发端进行波束成形处理，将发送端波束等效于天线，在不同波束间添加时延，并在接收端进行过采样处理，从而在毫米波频段实现终端的多流传输。

此外，过采样虚拟 MIMO 技术也有望在 6G 移动通信网络中的高速移动场景下获得应用。当用户终端处于高速移动状态时，在相邻的采样时刻终端已经移动了一段距离，从而进一步降低了相邻采样点间的信道相关性，使终端获得更大的分集接收增益。

| 14.4 轨道角动量 |

电磁波具有角动量，角动量包括自旋角动量和轨道角动量两部分。其中，自旋角动量对应电磁波的极化，而轨道角动量对应电磁波的拓扑结构。轨道角动量的应用最早出现在光学研究领域。由于光波频段很高，波束发散角很小，光学涡旋首先应用到光纤传输。随着对光学轨道角动量研究的深入，人们开始将光学轨道角动量的研究方法逐步应用到无线电波领域，即电磁波射频频段（300GHz 以下）。

　　轨道角动量的研究分为统计态轨道角动量和量子态轨道角动量。统计态轨道角动量是指电磁波的宏观涡旋现象，量子态轨道角动量是对量子涡旋状态的研究。量子态轨道角动量需要依赖大型的量子辐射实验装置，尚处于理论研究初期阶段，技术应用并不成熟。因此，本节主要介绍和分析统计态轨道角动量。

14.4.1　轨道角动量技术背景

　　随着大数据时代的到来和物联网的迅猛发展，人们对无线通信的速率需求正在快速提升。与 4G 无线通信相比，5G 无线通信的预计总数据量将大致增加 1 000 倍。随着 5G 应用的商用落地、科学技术的新突破、新技术与通信技术的深度融合，6G 必将衍生出更高层次的新需求，催生全新的应用场景。未来的 6G 网络需要满足超高峰值速率需求，仅仅依靠现有的成熟技术手段是很难实现的，需要依赖新技术的突破性研究。

　　近期的研究显示，电磁波拥有一个人类之前从未利用过的全新维度：轨道角动量。电磁波可以复用多个携带轨道角动量的波束，而每个拥有不同轨道角动量模态的波束之间是彼此正交的。这种利用全新电磁波维度特性的技术可以在不依赖于传统的时间和频率资源的情况下，潜在地增加无线通信系统的容量和频谱效率，是目前比较热门的 6G 潜在关键技术之一。

　　（1）基本概念

　　轨道角动量的英文是 Orbital Angular Momentem，缩写为 OAM。统计态的电磁波轨道角动量在正常电磁波中添加一个相位旋转因子 $e^{il\theta}$，此时相位波前不再是平面结构，而是围绕波束传播方向旋转，如图 14-16 所示。

　　具有 OAM 的电磁波又称"涡旋电磁波"，其中 OAM 模态为 $l=0$ 的平面波，即传统电磁波辐射模式。而对于 $l\neq0$ 的情况，电磁波的相位分布沿着传播方向呈螺旋上升的形态。不同本征值 l 的电磁涡旋波是相互正交的，因此可以在同一带宽内并行传输不同本征值的 OAM 涡旋波，这提供了无线传输的新维度。涡旋电磁波的另一个重要特点是波束整体呈发散形态，波束中心存在凹陷，中心能量为零，整个波束呈现中空的倒锥形。

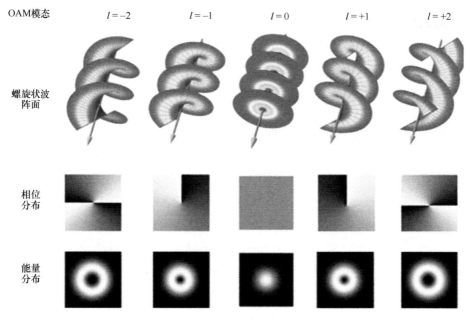

OAM模态　　　$l=-2$　　　$l=-1$　　　$l=0$　　　$l=+1$　　　$l=+2$

螺旋状波阵面

相位分布

能量分布

图 14-16　电磁波轨道角动量

（2）产生方法

OAM 射频电磁波可以由环形天线阵、螺旋相位板、抛物面天线和特殊的电磁结构产生。

- 环形天线阵：在圆环上等间距布满天线阵元，每个阵元的馈电相位依次时延 $\dfrac{2\pi l}{N}$（N 为天线阵元个数，l 为 OAM 模态数），从而等效出一个沿着传播方向呈螺旋分布的相位图。鉴于其简单的 OAM 电磁波产生原理，这种采用环形天线阵产生 OAM 电磁波的方式被大量应用在仿真和原理实验中。

- 螺旋相位板：电磁波透过螺旋相位板（或者经过螺旋相位面反射）之后，相位沿着传播方向依次时延，其产生的电磁波在空间叠加之后等效出一个螺旋相位面。

- 螺旋抛物面天线：把普通的抛物面天线一侧开一道口，将口的两边错开，将其扭曲成螺旋状，从物理上模拟波束相位的旋转，使得电磁波束的不同点相对其他点而言有了不同的相位波前，从而将普通电磁波扭曲成了涡旋电磁波。

除了天线阵、螺旋相位板和抛物面天线产生 OAM 电磁波的方式之外，电磁超材料法和谐振腔法也是较常用的产生方式。电磁超材料产生 OAM 电磁波的原理是在电磁波介质材料上构造特殊的金属结构，使得电磁波透过或者经其反射之后的波前相位依次时延，进而在空间叠加之后产生 OAM 电磁波。

（3）接收方法

OAM 射频电磁波接收方法包括全空域共轴接收、部分接收和单点接收 3 种方法。

- 全空域共轴接收：接收端需与发射端共轴对齐，采用与发射端 OAM 模态相反的接收天线从空间接收整个环形波束能量，发射的 OAM 电磁波被接收天线相位补偿后变为常规平面电磁波。由于 OAM 电磁波束发散，所需天线尺寸随着传输距离的增加而线性增大，全空域的接收方法只适用于短距离点对点接收。

- 部分接收：接收端需与发射端共轴对齐，在部分环形波束上均匀布置一个弧形天线阵列接收信号，对接收信号做傅里叶变换即可完成不同相位差的检测、不同 OAM 模态的检测和分离。这种方法分离的 OAM 模态数量受限于接收天线的个数和尺寸，且检测同一数量的 OAM 模态所需的天线阵弧段尺寸随传输距离的增大而增大。

- 单点接收：通过检测电场和磁场在 3 个坐标轴的幅度分量来完成 OAM 模态的检测。但是，由于该方法为远场近似的结果，只有当 OAM 电磁波波束的发散角很小，并且接收点的极化方向与 OAM 波的极化方向完全一致时，才能达到很好的近似效果，其检测性能受噪声影响很大。OAM 电磁波的发射、传播和接收如图 14-17 所示。

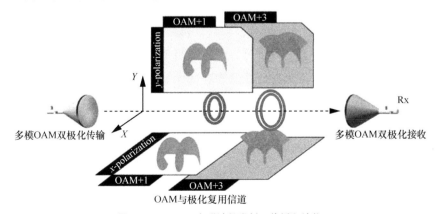

图 14-17　OAM 电磁波的发射、传播和接收

14.4.2　轨道角动量技术的发展情况

关于轨道角动量概念的提出，最早可以追溯到 1909 年。当时英国著名的物理学家 John Poynting 指出电磁波具有角动量，且角动量包括自旋角动量和轨道角动量两部分。轨道角动量的实际应用研究最早出现在光学领域。1992 年，Allen L 等人[24]证明携带有 $\exp(il\varphi)$ 相位因子的拉盖尔高斯光束（Laguerre-Gaussian，LG）携带有轨道角动量。从此，科学家们开始关注并致力于研究轨道角动量的应用。在光学方面，人们利用涡旋光的螺旋形空间相位特性，将携带有轨道角动量的涡旋光应用于成像、通信、微型加工和操纵等领域。2004 年，Gibson G 等人[25]提出将 OAM 应用于光通信，并验证了利用不同的 OAM 模态可以实现多信道独立调制同频传输。光通信中关于 OAM 的研究从自由空间发展到光纤通信。

由于轨道角动量在光通信领域的发展带来的巨大成功，科学家们开始尝试将轨道角动量的概念引入射频、微波和毫米波频段。2007 年，Thidé B 等人[26]通过均匀分布圆形阵列天线的方法产生携带不同轨道角动量模态的涡旋电磁波，并发表了第一篇微波频段的轨道角动量的文章，开启了涡旋电磁波束在微波和毫米波频段的研究。2010 年，Mohammadi S M 等人[27]开展了对无线电波频段内轨道角动量的理论研究，系统地对基于均匀圆形天线阵产生携带轨道角动量的涡旋电磁波的方法进行了研究。2012 年，Tamburini B 等人[28]在意大利威尼斯开展了一个引人注目的实验，分别采用反射型的螺旋抛物面天线（如图 14-18 所示）八木天线发送和接收涡旋电磁波，在同一频带内同时传输两路信号，实现了 442m 的无线传输，如图 14-19 所示，验证了涡旋电磁波无线传输技术的可行性，证明了利用电磁波的轨道角动量（即通过涡旋电磁波）可以大幅提升无线通信容量，首次实现了微波频段轨道角动量的复用。

随着涡旋电磁波性能在理论和实验中得到验证，越来越多的研究机构开始开展对射频轨道角动量的研究和性能突破。2014 年，Allen 在 28GHz、2.5m 的距离下实现了四路 OAM 信号传输。日本电气股份有限公司 NEC 和日本移动通信公司 NTT 等多家单位受到日本内政和通信部的委托，联合开展轨道角动量技术工程化的推进工作。2018 年 12 月，NEC 首次成功演示了在 80GHz 频段内超过 40m 的 OAM 模态复用实验（采用 256QAM 调制、8 个 OAM 模态复用），其主要面向于点对点的回传链路应用。NTT 在 2018 年和 2019 年成功演示了 OAM 模态的 11 路复用技术实验，并实现在 10m 的传输距离下达到 100Gbit/s 的传输速率[29]，未来计划实现 100m 传输距离 1Tbit/s 的传输速率。

图 14-18　反射型螺旋抛物面天线[27]

图 14-19　涡旋电磁波通信实验示意图[28]

在国内研究方面，近几年一些高校也进行了与轨道角动量相关的研究工作，并取得了一些成果，主要表现在涡旋电磁波天线的研究、涡旋电磁波通信研究以及将涡旋电磁波用于成像的研究等。

在天线设计方面，浙江大学章献民团队[30]自 2013 年开始发表了多篇关于涡旋电磁波天线的论文，研制了多种独创的小尺寸天线。同时，研究团队探讨并分析了

OAM 与 MIMO 之间的相关性，并提出了 OAM-MIMO 系统，为共轴多模式 OAM 传输提供了新的研究思路。2017 年到 2019 年之间，上海交通大学梁仙灵团队[31]在 OAM 共轴多模式发射天线领域做出了重大贡献。该团队提出了基于涡旋电磁波馈源的反射面天线的设计方法，产生 8 个 OAM 模态，实现高阶模态和低阶模态发散角的一致，为长距离共轴接收提供了巨大的帮助。

在涡旋电磁波通信研究方面，西安电子科技大学研究团队[32]针对轨道角动量的调制与编码技术以及长距离通信领域做了大量研究工作。同时，为了解决波束发散角随传输距离增大不断增大的问题，该团队提出了特殊的 OAM 序列设计方案来减小波束发散角。

在远距离传输实验方面，清华大学航天宇航电子系统实验室[33]于 2016 年 12 月完成世界首次 27.5km 长距离 OAM 电磁波传输实验。在 2018 年，相继实现了 30.6km 从十三陵水库到清华大学的长距离 4 模式索引调制 OAM 传输和 172km 长距离 OAM 部分相位面接收实验[34]。这为未来长距离 OAM 电磁波空间传输实验（100km 至 40 万 km）奠定了关键理论和技术基础。

14.4.3　轨道角动量技术中的关键问题

随着对轨道角动量技术领域的深入研究，人们对于涡旋电磁波的产生、传播特性和接收有了一定的理论和实验基础，同时也发现了该技术在实际应用落地时面临的一系列关键问题，主要包括 3 个方面：收发器件复杂度、应用场景和传播方式。

（1）收发器件复杂度

目前，对于轨道角动量的产生与发射方式主要有透射螺旋结构、透射光栅结构、螺旋反射面结构、天线阵列、行波天线、漏波天线、超材料表面等多种形式。其产生方式存在以下挑战：馈电结构复杂、整体复杂度高、设计难度大、系统总体造价高等，在今后的研究实验中需要进一步去克服。

（2）应用场景

轨道角动量技术要求收发天线严格对齐，而在移动场景中，终端的位置不固定，会发生移动和偏移。针对这种场景，目前轨道角动量技术无法满足移动性的要求，只能应用于收发端固定的回传链路或前传链路。

（3）传播方式

由于涡旋电磁波整个波束呈现中空的倒锥形，电磁波波束发散，能量集中在一个环上，且随着传输距离的增大，环形波束的半径越来越大，不适用于长距离传输。此外，OAM 模态值越大，电磁波波束发散得越严重，因此实际可用的 OAM 模式的数量相对较少。

此外，对于无线通信系统，由大气湍流、雨雾等传播环境造成的多径效应可能会对 OAM 多路复用系统产生重大影响。经过多径反射的能量不仅可以耦合到具有相同 OAM 值的相同数据信道中，还可以耦合到具有不同 OAM 值的另一个数据信道中，从而发生信道内和信道间串扰，破坏螺旋相位面，导致接收端无法对多模态数据解复用。

14.4.4　轨道角动量技术的展望

轨道角动量技术近年来受到了越来越多来自工业界和学术界的研究人员的关注，并被视为 6G 关键的潜在技术之一。究其原因，轨道角动量技术最吸引人的特点就是引入了新维度、新自由度，为增加无线通信系统的容量和频谱效率提供了新的思路。

然而，由于器件、传播特性等因素的限制，统计态的轨道角动量还有许多关键问题亟待解决，距离真正的落地还有较长的路要走。在未来的发展中，器件的简单化、小型化将是这项技术重要的发展方向；同时，研究如何使波束具有方向性，使其能在非天线对齐的移动场景中得到应用也是一个热门的研究方向。另外，面对大量的涡旋电磁波非理想状态，如何进行有效的分离和检测，也将是轨道角动量技术应用于无线通信面临的核心挑战之一。

除此之外，量子态轨道角动量的发展也非常值得期待。不同于统计态轨道角动量无法摆脱传统天线接收场强的限制，量子态轨道角动量的传感器可以直接检测粒子的角动量状态，理论上可以构建只用轨道角动量传输的"零带宽"传输系统，可以充分发挥新维度的作用。虽然量子态轨道角动量技术尚不成熟，主要研究还在围绕传感器等关键器件展开，但是理论上的正确性已经得到验证，一旦形成技术突破，将会成为带来颠覆性改变的技术。

| 14.5 本章小结 |

6G 需求指标的进一步提升、场景的进一步丰富都对无线传输技术提出了更高的要求。第一，基于基础理论研究，在扩展自由度、扩展频段、提高频谱效率等方面需要追求更高的理论极限，挖掘信道容量的潜力；第二，融合计算机科学、生命科学、材料科学等领域的新成果新突破，需要开展跨领域、跨学科研究，降低通信网络的成本、能耗，提升性能，扩展部署灵活性；第三，结合未来新的应用场景和业务特征，需要研究新的传输方案和组网方案，提高通信网络的拓展性、融合性。

众多 6G 候选技术从不同的方面对未来的需求和场景进行了增强，然而多个候选技术的组合与融合也是未来 6G 标准化与产业化需要考虑的问题。因此，在未来 6G 的标准化与产业化中，需要考虑标准、设备，以及网络的扩展性、融合性、兼容性。

| 参考文献 |

[1] IEEE Computer Society. IEEE standard for local and metropolitan area networks−Part 15.7: short-range optical wireless communications[S]. 2011.

[2] HOYDIS J, BRINK S, DEBBAH M. Massive MIMO in the UL/DL of cellular networks: how many antennas do we need?[J]. IEEE Journal on Selected Areas in Communications, 2013, 31(2): 160-171.

[3] LIU G Y, HOU X Y, JIN J, et al. 3D-MIMO with massive antennas paves the Way to 5G enhanced mobile broadband: from system design to field trials[J]. IEEE Journal on Selected Areas in Communications, 2017, 35(6): 1222-1233.

[4] YANG H W. A road to future broadband wireless access: MIMO-OFDM-Based air interface[J]. IEEE Communications Magazine, 2005, 43(1): 53-60.

[5] TEPEDELENLIOGLU C, CHALLAGULLA R. Low-complexity multipath diversity through fractional sampling in OFDM[J]. IEEE Transactions on Signal Processing, 2004, 52(11): 3104-3116.

[6] 曹雅丽. 基于 OFDM 的可见光通信调制技术研究[D]. 济南: 山东大学, 2018.

[7] ZENG L B, O'BRIEN D C, MINH H L, et al. High data rate multiple input multiple output (MIMO) optical wireless communications using white LED lighting[J]. IEEE Journal on Se-

lected Area in Communications, 2009, 27(9): 1654-1662.

[8] 毛海涛.基于 MIMO-OFDM 技术的室内可见光无线通信系统的研究[D].南京: 南京邮电大学, 2016.

[9] SONG H J, NAGATSUMA T. Present and future of terahertz communications[J]. IEEE Transactions on Terahertz Science and Technology, 2011, 1(1): 256-263.

[10] 顾立, 谭智勇, 曹俊诚. 太赫兹通信技术研究进展[J].物理, 2013, 42(10):695-707.

[11] 陈智, 张雅鑫, 李少谦. 发展中国太赫兹高速通信技术与应用的思考[J]. 中兴通讯技术, 2018, 24(3): 43-47.

[12] HIRATA A, TOSHIHIKO K, TAKAHASHI H, et al. 120-GHz-band millimeter-wave photonic wireless link for 10-Gb/s data transmission[J]. IEEE Transactions on Microwave Theory and Techniques, 2006, 54(5): 1937-1944.

[13] KALLFASS I, ANTES J, SCHNEIDER T, et al. All active MMIC-Based wireless communication at 220 GHz[J]. IEEE Transactions on Terahertz Science and Technology, 2011,1(2): 477-487.

[14] KALLFASS I, ANTES J, LOPEZ-DIAZ D, et al. Broadband active integrated circuits for terahertz communication[C]//2012 18th European Wireless Conference. Piscataway: IEEE Press, 2012.

[15] ANTES J, KÖNIG S, LEUTHER A, et al. 220 GHz wireless data transmission experiments up to 30Gbit/s[C]//2012 IEEE/MTT-S International Microwave Symposium Digest. Piscataway: IEEE Press, 2012.

[16] KOENIG S, LOPE-DIAZ D, ANTES J, et al. Wireless sub-THz communication system with high data rate[J]. Nature Photonics, 2013,7(12): 977-981.

[17] MOELLER L, FEDERICI J, SU K. 2.5Gbit/s duobinary signalling with narrow bandwidth 0.625 terahertz source[J]. Electronics Letters, 2011, 47(15): 856-858.

[18] 雷红文, 王虎, 杨旭, 等. 太赫兹技术空间应用进展分析与展望[J].空间电子技术, 2017, 14(2):1-7,12.

[19] YANG K, PELLEGRINI A, MUNOZ M O, et al. Numerical analysis and characterization of THz propagation channel for body-centric nano-communications[J]. IEEE Transactions on Terahertz Science and Technology, 2015, 5(3): 419-426.

[20] LARSSON E G, EDFORS O, TUFVESSON F, et al. Massive MIMO for next generation wireless systems[J]. IEEE Communications Magazine, 2014, 52(2): 186-195.

[21] HOYDIS J, BRINK S, DEBBAH M. Massive MIMO in the UL/DL of cellular networks: how many antennas do we need?[J]. IEEE Journal on Selected Areas in Communications, 2013, 31(2): 160-171.

[22] WANG Q X, CHANG Y Y, YANG D C. Deliberately designed asynchronous transmission scheme for MIMO systems[J]. IEEE Signal Processing Letters, 2007, 14(12): 920-923.

[23] LAN Y, SO D K C. MIMO OFDM system with virtual receive antennas[C]//IEEE Vehicular Technology Conference. Piscataway: IEEE Press, 2009.

[24] ALLE L N, BEIJERSBERGEN M, SPREEUW R J C, et al. Orbital angular momentum of light and the transformation of Laguerre-Gaussian laser modes[J]. Physical Review A Atomic Molecular & Optical Physics, 1992, 45 (11): 8185-8189.

[25] GIBSON G, COURTIAL J, PADGETT M, et al. Free-space information transfer using light beams carrying orbital angular momentum[J]. Optics Express, 2004, 12 (22): 5448.

[26] THIDÉ B, THEN H, SJÖHOLM J, et al. Utilization of photon orbital angular momentum in the low-frequency radio domain[J]. Physical Review Letters, 2007, 99(8): 087701.

[27] MOHAMMADI S M, DALDORFF L K S, BERGMAN J E S, et al. Orbital angular momentum in radio-a system study[J]. IEEE Transactions on Antennas and Propagation, 2010, 58(2): 565-572.

[28] TAMBURINI F, MARI E, SPONSELLI A, et al. Encoding many channels on the same frequency through radio vorticity: first experimental test[J]. New Journal of Physics, 2012, 14: 1-17.

[29] LEE D, SASAKI H, FUKUMOTO H, et al. An evaluation of orbital angular momentum multiplexing technology[J]. Applied Sciences, 2019, 9(9): 1729.

[30] HUI X N, ZHENG S L, CHEN Y L, et al. Multiplexed millimeter wave communication with dual orbital angular momentum (OAM) mode antennas[J]. Scientific Reports, 2015, 5: 10148.

[31] YAO Y, LIANG X L, ZHU M H, et al. Analysis and experiments on reflection and refraction of orbital angular momentum waves[J]. IEEE Transactions on Antennas and Propagation, 2019, 67(4): 2085-2094.

[32] YANG Y W, CHENG W C, ZHANG W, et al. Mode modulation for wireless communications with a twist[J]. IEEE Transactions on Vehicular Technology, 2018.

[33] ZHANG C, MA L. Detecting the orbital angular momentum of the electro-magnetic waves with orbital angular momentum[J].Scientific Reports,2017, 7(1):4585.

[34] ZHANG C, ZHAO Y F. Orbital angular momentum nondegenerate index mapping for long distance transmission[J]. IEEE Transactions on Wireless Communications, 2019, 18(11): 5027-5036.

ICDT 融合驱动的 6G 无线网络架构

随着 5G 的快速发展，全新的移动通信网络能力将进一步加快云计算、大数据、人工智能的发展，ICDT 深度融合已经成为未来网络发展的必然趋势。综合考虑面向 2030 年及以后的新场景、新应用和新能力需求，以及现有网络大规模建设面临的高成本、高功耗和维护难等问题，6G 移动通信网络需要结合 ICDT 融合发展的趋势，推动网络架构的变革，支持移动通信网络的可持续发展。

| 15.1 6G 网络架构变革的驱动力 |

从整个移动通信发展的历史来看，随着移动通信技术的发展，网络架构在不断变革。3G 网络基本采用了 3 层的架构，如图 15-1 所示[1]；4G 时代，移动通信网络采用了全 IP 的架构，网络结构缩减为两层[2]，包括基站和 EPC，如图 15-2 所示；5G 时代，网络架构设计引入 IT 技术，实现了 5G 核心网的 SBA 架构[3]，实现了 C 平面和 U 平面的进一步分离，以及网络切片的支持，同时在无线侧也引入了 CU、DU 分离，可以实现无线网功能的灵活部署，如图 15-3 所示。6G 网络架构应该如何变化是目前业界研究的热点方向。

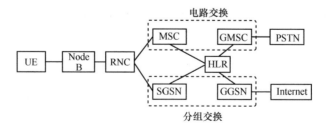

图 15-1 3G 网络架构

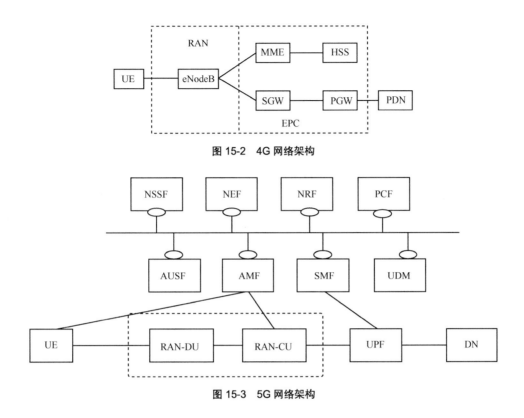

图 15-2　4G 网络架构

图 15-3　5G 网络架构

从 5G 技术研究的历史经验来看，6G 网络变革的驱动力将来自于 3 个方面[4]。第一，新的业务、新的应用、新的应用场景带来的新需求，包括更高的用户体验速率、更低的业务时延、更高的数据速率、更多的用户得到服务，以及空天地海一体化的覆盖。第二，ICDT 深度融合的技术发展趋势。随着云计算、大数据以及 AI 等技术的进步，更强大的计算能力、更多先进的功能和架构理念、更高效的软硬件解决方案将会推动 6G 网络架构朝着更加高效、更加低成本的方向发展。因此 6G 网络的设计需要考虑新型的网络架构、更强的网络功能，以及如何从硬件的专用走向通用。第三，5G 网络发展面临的问题和挑战。它将是未来 6G 网络架构设计非常重要的输入，特别是针对 5G 现网部署和应用中发现的问题，如 5G 网络相对于 4G 网络的 3 倍成本、3 倍能耗、运维效率低等都需要全新的思考，并且在未来 6G 网络的设计中解决。从 2019 年下半年开始的 5G 网络的大规模网络建设和运营可以看到，5G 网络一体化的结构导致网络的建设完全是按覆盖的要求进行规划和建设的，基站形态单一导致网络的高能耗、高成本，庞大的基站规模和传统的运维方式导致运维效率低下、成本高昂。

15.1.1　新业务和新场景的驱动

5G 的快速部署和应用必将加速云计算、大数据、AI 的应用与发展，加速整个社会的数字化，推动整个社会走向数字孪生，实现整个社会运行效率、生产和生活效率的极大提升，以及个人生命质量的极大提升。物理世界里的每一个物体都将可能在数字世界内有一个数字化的映射，这些数字化的映射共同构成一个数字世界，物理世界和数字世界共同构成孪生世界[5]，而数字世界则被称为物理世界的数字孪生世界。数字孪生世界可以对整个物理世界的运行轨迹、运行方向进行提前预测，也可进行提前干预，避免物理世界中意外事故、自然灾害等的发生。在数字孪生的大背景下，整个移动通信将会有很多全新的应用场景，包括通感互联、个人数字孪生、智能交互，以及智慧工业、智慧农业等。

从这些应用场景可以看到，未来 6G 业务和应用将朝着需求更加多样化、覆盖立体化、交互形式与内容多样化、业务开放化和定制化，以及通信计算、AI 和安全的融合化的方向发展。

结合对新的业务和应用的深入理解和分析，可以推导出 6G 网络所需满足的网络性能指标，包括 Tbit/s 峰值速率、Gbit/s 用户体验速率、更低的用户面时延（如 0.1ms）、接近百分之百的可靠性要求（99.999 999 9%）；在流量密度和连接数密度上，不同应用场景下的需求将会达到十倍乃至千倍的提升；在移动性支持方面，支持速率将突破 1000km/h，不仅可以支持高速火车的运行，还可以支持对飞机乘客的覆盖。同时在频谱效率方面，希望能够有两到三倍的提升。同时，也需要网络支持一些全新的能力，如达到亚米级甚至厘米级的定位精度、超低的时延抖动、超高的安全性以及全新的网络智慧等级等。

为了满足这些指标，6G 需要考虑空天地的一体化覆盖，在频谱的使用范围、频谱的使用效率、网络的架构、网络的功能以及安全和 AI 方面进行全新的变革，进而满足 6G 的业务和应用发展的需求。

15.1.2　ICDT 深度融合

信息技术（Information Technology，IT）的快速发展加速了互联网的普及，各种应用层出不穷，特别是云计算的出现和快速发展更加速了这一过程。大型的云计算公司可以通过便宜的 COTS 硬件快速地部署大型的计算和存储等 IT 服务能力，其他企业或者个人则可以根据业务的需要租赁云计算企业的 IT 服务能力，将自己的数据存储在云数据中心，并根据需求调用所需的计算能力，从而实现快速的互联网业务部署和应用。

在需求不断发展和技术不断进步的驱动下，通信技术（Communication Technology，CT）也以十年一代的速度快速地发展和迭代，使得通信网络的能力从 3G 的 Mbit/s 发展到 4G 的 100Mbit/s，时延则缩短到 10ms 量级。4G 的普及应用和智能终端的发展带来了移动互联网业务的空前繁荣，深刻地改变了人们的日常生活。智能手机成了人们日常生活的重要平台，出行、消费购物、娱乐等活动产生了海量的数据（位置、行动轨迹、个人偏好、娱乐数据、消费习惯等）。互联网应用提供商通过对这些用户行为数据进行收集和分析来得到用户画像，进而在很大程度上实现个性化的服务提供，包括精准内容推送、便捷服务获取等。随着物联网应用（包括 GSM、NB-IoT[6]和 eMTC[7]等）的快速兴起，通信网络连接的对象从传统的人拓展到物，其数量已经超越了传统的人的数量，如中国移动的个人用户数约为 9.5 亿，而物联网的用户数约为 20 亿。大量的连接带来了海量的数据，对海量数据的分析和应用正在推动整个社会走向信息化和数字化。特别是随着 5G 的部署和应用，空口传输速率达到了 Gbit/s 级甚至 10Gbit/s，同时空口传输时延缩短到 ms 级，数据传输的可靠性也从 99.999%提升到 99.999 99%，这些都将推动移动通信技术的应用进一步深入社会的各个角落，实现万物互联，通过赋能各行各业的数字化转型，将繁荣带给社会的各行各业，加速整个社会的数字化，实现 5G 改变社会的发展目标。

随着 4G 和 5G 的普及和应用，我们可以看到，整个移动通信网络及其应用每时每刻都在产生海量数据，这些数据将是整个社会的一项极大财富，而数据技术（Data Technology，DT）的快速发展正在使能将这些数据应用于人类的生活服务和社会的治理等，如智慧购物、智慧交通、智慧医疗、智慧校园、智慧城市等。

现在的社会是一个高速发展的社会，科技发达，信息流通，人们之间的交流越来越密切，生活也越来越方便，大数据就是这个高科技时代的产物。阿里巴巴集团创办人马云在演讲中提到[8]，未来的时代将不是 IT 时代，而是 DT 时代，大数据对于阿里巴巴集团来说举足轻重[9]。

有人把数据比喻为蕴藏能量的煤矿。煤炭按照性质可分为焦煤、无烟煤、肥煤、贫煤等，而露天煤矿、深山煤矿的挖掘成本又不一样。与此类似，大数据的价值并不在于"大"，而在于"有用"。价值含量、挖掘成本比数量更重要。对于很多行业而言，对大规模数据的有效利用成为赢得竞争的关键[10]。

大数据的应用具有如下几个发展趋势[11]。

趋势一：数据的资源化。

资源化是指大数据成为企业和社会关注的重要战略资源，并成为大家争相抢夺的新焦点。因而，企业必须要提前制定大数据营销战略计划，抢占市场先机。

趋势二：与云计算的深度结合。

大数据离不开云处理，云处理为大数据提供了弹性可拓展的基础设备，是产生大数据的平台之一。自 2013 年开始，大数据技术已开始和云计算技术紧密结合，预计未来两者关系将更加密切。除此之外，物联网、移动互联网等新兴计算形态也将助力大数据革命，让大数据营销发挥出更大的影响力。

趋势三：科学理论的突破。

就像计算机和互联网一样，随着大数据的快速发展，大数据很有可能催生新一轮的技术革命。随之兴起的数据挖掘、机器学习和人工智能等相关技术可能会改变数据世界里的很多算法和基础理论，实现科学技术上的突破。

趋势四：大数据管理和交易平台的出现。

社会中的每个元素都将产生大量的数据，包括个人、企业、基础设施等，这些数据的所有权属差异很大，如何存储、管理、共享、保证安全和隐私、实现数据交易等都是需要解决的问题。因此未来势必会出现系统的大数据立法，以明确数据的权属关系以及相应的利益产生的分配，同时也会出现一些大数据存储和管理平台，帮助大家实现数据的存储、管理和交易等。

大数据的大规模应用推动着人工智能的应用开始走向成熟。人工智能（Artificial

Intelligence，AI）是研究、开发用于模拟、延伸和扩展人的智能的理论、方法、技术及应用系统的一门新的技术科学。人工智能是计算机科学的一个分支，它企图了解智能的实质，并生产出一种新的能以与人类智能相似的方式做出反应的智能机器，该领域的研究包括机器人、语言识别、图像识别、自然语言处理和专家系统等。人工智能从诞生以来，其理论和技术日益成熟，应用领域也不断扩大，可以设想，未来人工智能带来的科技产品将会是人类智慧的"容器"。人工智能可以对人的意识、思维的信息过程进行模拟。人工智能学科研究的主要内容包括：知识表示、自动推理和搜索方法、机器学习和知识获取、知识处理系统、自然语言理解、计算机视觉、智能机器人、自动程序设计等方面。人工智能的应用主要有机器翻译、智能控制、专家系统、机器人学、语言和图像理解（如人脸识别、车牌识别）、遗传编程机器人工厂、自动程序设计、航天应用等。人工智能正深刻地影响着人们的日常生活和工作。

在 5G 网络的设计中，我们已经看到了 IT、CT 和 DT 融合的影子。5G 新核心网的设计就充分地引入了 IT 的先进理念，通过 SDN/NFV[12-13]和服务化的架构实现网络切片[14]，为 5G 网络赋能垂直行业应用提供了重要的支撑。另外，对于 5G 移动通信网络而言，其通常由数以百万计的基站、路由器、核心网等基础设施单元，以及所服务的数以十亿计的用户组成，它每时每刻都在产生海量的数据（包括各个网元的运行数据、通信过程中产生的信令数据、事件报告，以及用户在网络中移动的相关信息等）。如果给这些数据加上时间、位置等标签，必将给网络的运营和维护的自动化和智能化带来不可估量的价值。因此，基于网络中的用户位置信息，目前运营商已经开始研究基于大数据和人工智能的网络自动化，如大规模天线的广播权值优化、网络故障分析、用户体验分析和优化等[15]；同时，3GPP 也已经开始立项研究无线网络中的大数据采集[16]、网络运营维护的自动化和智能化[17]、人工智能在无线资源调度等的应用[18]等。可以看到，在 5G 标准发展的后期，DT 技术的应用必将与 CT 技术进一步融合，ICDT 融合正在成为发展的新趋势，其必将帮助 5G 网络进一步降低网络的运维成本，提升网络服务的能力和用户体验。正因为如此，我们相信 ICDT 的深度融合必将成为 6G 网络设计的重要驱动力，全面提升网络的服务能力和运行效率。

15.1.3 5G 网络发展面临的问题与挑战

从 2019 年开始，5G 网络已经在全球大规模部署，5G 与云计算、大数据和人工智能的结合必将催生大量全新的业务与应用，推动整个社会走向数字化。当然，随着 5G 网络的发展，以及新业务和新应用的不断出现，5G 网络的发展必将面临很多新的问题和挑战，而这些问题和挑战，有的可能会在 5G 的后续演进中被解决，有的则可能由于 5G 网络本身的局限性而难以解决。但无论如何，这些问题和挑战都将成为 6G 网络设计的重要驱动力和创新的源泉。

从 5G 网络本身的特点以及近期的发展来看，5G 网络的发展将面临以下几个方面的挑战[4]。第一，固化的无线协议结构会成为实现更低时延的瓶颈。对于 5G 无线网络来说，其协议结构是分层结构，包含物理层、MAC 层、RRC 层。所有的业务都需要经过一层一层的处理，而每一层的处理都会引入一个特定的时延，由此会构成一个业务传输时延的瓶颈。如果想要进一步缩短空口时延，势必要打破这样固化的分层结构。第二，网络切片的支持还需要进一步的演进。5G 支持了端到端的切片，但是在标准设计之初，切片的设计和优化在无线侧和核心网是分别考虑的。那么二者之间是否能够很好地衔接，有待于在未来的商用部署中逐步地验证和完善，这一点需要在 6G 网络的设计中充分考虑。第三，单一固化的网络结构可能导致高成本和高功耗。对于 5G 的基本部署来说，其都是以基站为单位全功能部署的。哪里需要覆盖，哪里就需要一个全功能的基站，这导致整个网络的建设完全以基站为单位进行。基站整机成本和功耗都很高，势必会导致整个 5G 网络的建设成本比较高，网络的功耗比较高。这些问题都需要在 6G 网络设计中去解决，我们要思考如何根治这些根本性的问题，实现网络的灵活、低成本部署。第四，大规模的基站部署导致运维难度不断提升。由于网络管理维护的手段和措施还相当传统，缺乏一些高效的手段，目前的网络运维能力和水平相当低级。目前，运营商已经开始研究利用 AI 和大数据实现网络运维的智能化。由于 5G 网络设计之初并没有完整地考虑对这些功能的支持，所以在智能化运维方面，5G 可以有一些突破，但是很难从整个网络结构上对其进行有效的支持，其效果有限或者网络改造成本高昂、效率低下。因此，面向 6G，网络运维的自动化必将是一个重要的发展方向，以实现 6G 网络运维的低成本和高效率。

|15.2　6G 网络架构总体特征 |

结合 6G 网络发展的驱动力进行分析,可以总结出 6G 网络将会具备的 6 个方面的特征,包括按需服务、至简网络、柔性网络、智慧内生、数字孪生和安全内生[4,19-20]。

15.2.1　按需服务

6G 网络的第一个特征就是按需服务。结合前面对数字孪生世界的应用场景的展望,可以看到,未来的 6G 社会将会带来更多的新业务、新场景,用户的需求将会更趋于多元化和个性化。为此,6G 网络需要进一步提升网络的感知能力,包括对用户行为、业务甚至意图等的感知。根据用户的业务需求,按需进行功能部署、参数配置以及资源配置,实现对用户的个性化服务,为用户提供优质的业务质量和体验的保障。

为此,6G 网络需要具备动态的细致颗粒度的服务供给能力,使得用户可以根据自身需求获取相应的服务种类、服务等级以及不同服务的自由组合。另外,6G 网络还需要实现服务能力与用户需求实时精准的匹配,当用户需求发生变化的时候,按需服务网络可以无缝地切换服务方式和服务内容。

15.2.2　至简网络

6G 网络的第二个特点就是至简网络。6G 网络需要考虑空、天、地、海的一体化覆盖。如何支持多种场景下的同质或异质网络的一体化连接和管理,进而实现用户的无缝切换和业务的一致性体验[21],是未来 6G 网络需要考虑的问题。

图 15-4 所示的网络结构是对未来网络架构的一种思考。至简网络的第一层含义是未来的网络有一个统一的核心网,通过融合的通信协议和融合的通信接入技术,实现多种接入制式网络的统一接入。即一个核心网服务不同的接入制式,而用户业务在网络的不同制式之间可以无缝地互通和连接,同时还能保证业务的无缝体验,由此实现网络的简化。基于这样的一种结构,可以实现接入网的即插即用、按

需部署，以及功能的动态开关和按需生成。通过融合的接入技术，可以实现全局统一的访问机制，满足各种接入需求。通过融合的通信协议，可以实现控制面、用户面协议数量与复杂度的极大降低。通过统一可编程的新型协议，可以实现端到端的网络可编程。

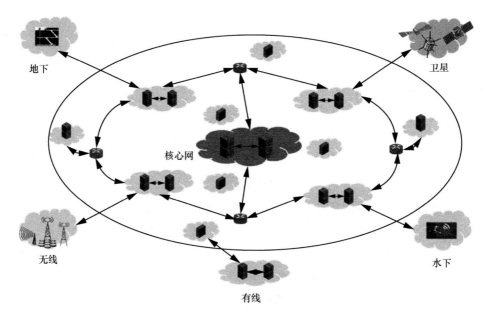

图 15-4　统一接入的核心网

至简网络的第二层含义就是希望通过架构的至简、功能的至强以及协议的至简，实现高效的数据传输、鲁棒的信令控制、按需网络功能的部署，以及网络精准的服务，有效地降低网络的能耗和规模的冗余，达到节省成本、功耗的目的。架构至简能实现云、管、边的一体化控制，实现即插即用。功能至强指通过 ICDT 深度融合的网络结构，实现 AI 的驱动，实现核心网和无线网之间按需的功能部署。更重要的方面是协议至简，其可以实现集中式、分布式的灵活协议功能，以及灵活、简单的层间映射和链路控制，实现在时延方面的进一步突破。

至简网络的第三层含义就是轻量级的无线网络，通过统一的信令覆盖，保证可靠的移动性管理和快速的业务接入，进而保证用户的业务体验和时延；通过动态的数据接入加载，降低小区间的干扰，降低整网能耗。未来的网络可能分为两层（如

图 15-5 所示），一层是广域的广覆盖信令层，另一层是按需开启的数据接入层。通过信令和数据之间的解耦，用低频段（如 700MHz）来部署信令层，用大带宽的更高频段（如 2.3GHz、3.5GHz、毫米波、太赫兹、可见光）来部署数据接入层，这样可以极大地降低基站部署的数量和同时服务的基站数量，同时大幅降低网络的成本和功耗。此外，基站的功能也可以分阶段地按需加载，而不是像现有的 4G、5G 实现的方式，每个基站都必须是全功能基站，一旦部署就开启所有功能。通过这种方式，也可以进一步地降低对硬件资源、网络资源以及电能的消耗。

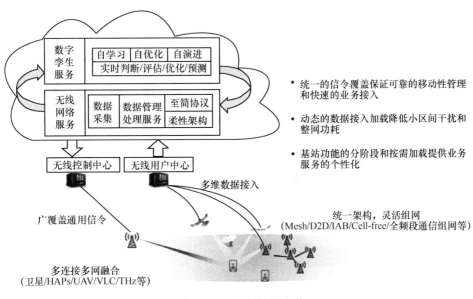

图 15-5 2 层无线网络架构

15.2.3 柔性网络

6G 网络的第三个特征是柔性网络（如图 15-6 所示）。未来的网络将是一个端到端软件可定义的网络，它可以实现业务的快速部署、功能软件版本的快速迭代和网络功能的自我演进。

柔性网络有 3 个方面需要考虑：第一，以用户为中心。网络的本质是为用户服务，所以网络的设计需要充分地考虑以用户为中心，实现按需的网络功能生成，以及"网随人动"。第二,网络资源去中心化的管理,实现多个系统、多个网元之间的功能和资源的动态共享;降低底层资源的开销,特别是硬件的开销,节省成本。第三,端到端微服务化,有助于 6G 网络支持独立网元和服务的容量弹性伸缩、功能和软件版本快速迭代和演进,以及灵活部署,进而可以实现产业的创新和基础设施的可持续发展,以及网络能量效率的极大提升,同时也有助于实现网络的自动化和智能化。

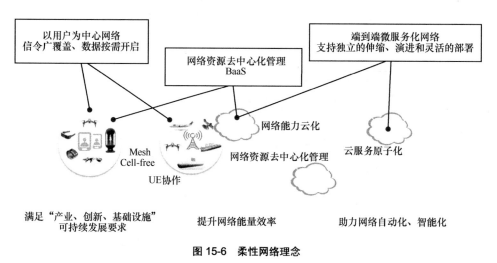

图 15-6　柔性网络理念

15.2.4　智慧内生

6G 网络的第四个特征是智慧内生。AI 技术在近些年有了长足的进步,它作为一种工具可以很好地帮助运营商提升网络的运维效率,以及为用户提供服务的效率和能力。在 5G 网络中,运营商已经在考虑如何利用 AI 实现网络的自动化运维和网络的智慧化。但是,因为 5G 网络架构设计之初并没有考虑好对 AI 的支持,所以 AI 应用不管是在 4G 还是在 5G 网络里中,都会是一种外挂式的或者嫁接式的应用,很难做到类似于人体神经网络与大脑的这种内在的工作模式。因此,6G 网络的设计应该把 AI 的能力做成网络的内在神经系统(内生 AI 如图 15-7 所示),而不是把 AI 仍然做成外挂的传感器。它可以实现按需的 AI 能力供给,可以实现分布式的或者集中式的 AI 支持，同时可以通过智慧平台，把外部的 AI 能力引入网络内部，提供相应的新服务和新能力，同时也可以把外部数据共享给网络，带来数据效率的进一步提升和网络数据的丰富。此外，网络内部的数据和能力也可以开放给外部的合作方，为他们提供服务和相应的支持。支持内生 AI 的逻辑网络架构如图 15-8 所示。

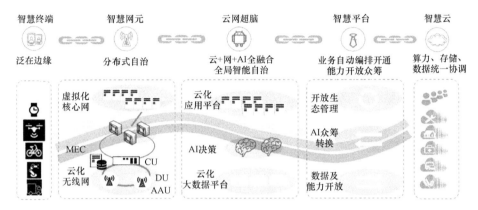

图 15-7　内生 AI

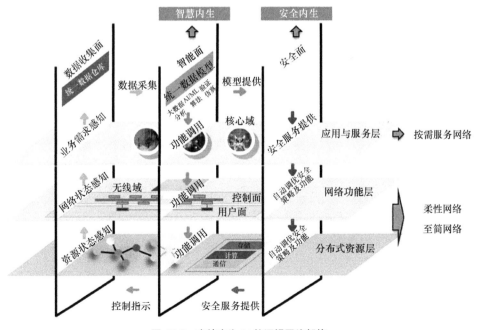

图 15-8　支持内生 AI 的逻辑网络架构

为了实现 6G 网络的智慧内生,在 6G 架构里需要引入一个数据收集面和一个智能面[21]。通过数据收集面,可以实现对 6G 网络端到端的全域数据的收集、处理和存储等。智能面则可以对这些数据进行按需调用和订阅,根据不同的 AI 应用场景,提供按需能力的支持,如此就可以实现更加高效、更加全面的 AI 能力利用和支持。

15.2.5 数字孪生

6G 网络的第五个特征就是数字孪生[4]。前文提到了未来的社会将会是一个数字孪生的社会,因此 6G 网络也将会实现全面的数字化,走向数字孪生。通过数字孪生,可以对每个网元、每个基站、每个用户的服务进行实时的信息采集,实现数字化,进而对其状态进行实时监控,并对其运行轨迹进行提前预测,对可能发生的故障、服务掉线等进行提前干预,避免事故的发生,进而达到提升整个网络运行效率和服务效率的目的;同时,利用数字孪生网络,可以对网络新功能的部署效果和可能出现的问题进行提前验证,加速新功能的完善和优化,实现新功能的快速和自动引入,从而实现网络的自我演进。

对于数字孪生网络来说[4],最重要的一点是得到全网的全域数据。基于对这些数据的处理以及对各个网元、功能的参数化建模,就可以在网络虚拟空间里实现对整个网络的数字化建模,也可以通过 AI 算法对物理网络的运行轨迹和发展趋势进行提前预测,并根据预测结果,对网络的网元、功能等进行自动化的管理和维护,形成管理和维护的方案和措施,并通过数字孪生网络进行模拟验证和迭代优化,基于优化后的方案直接对物理网络进行管理和维护,从而实现整个物理网络的运营维护的自动化,达到"治未病"和"0 维护"的目的。另外,基于数字孪生网络,还可以事前进行一些新功能、新业务的测试,如优化手段的提前验证、对实施方案进行迭代寻优,既可避免对现网的影响和干扰,又可以保证物理网络相关操作实施的最佳效果。数字孪生网络如图 15-9 所示。

15.2.6 安全内生

从未来社会发展的长远愿景来看,未来社会走向数字孪生是必然趋势,任何物理世界的物体都可以通过数字化实现数字孪生，从而带来生产、生活和社会治理等方式的巨大变革。但是在提升效率的同时，数字孪生也会带来更多的安全风险。由于在虚拟空间中对数字孪生体的改变和操作会直接作用于物理世界，如果虚拟空间的安全受到威胁，则物理世界的安全会受到直接影响。此前报道的美国对伊朗核设施的攻击就是一个前车之鉴。美国通过对伊朗核设施的相关网络进行攻击，直接导致其离心机损坏，达到了破坏伊朗核设施的目的。有人预测，未来的战争将不再是传统的对物理世界的攻击，而可能是对数字孪生世界的攻击，对数字孪生世界的攻击有可能直接导致物理世界的毁坏。因此，对于未来社会而言，安全变得尤为重要。对于 6G 网络来说，网络空间中将存在运营商网络的数字孪生体、客户（包括人、工厂、企业、政府基础设施等）的孪生体，网络的安全至亦关重要。

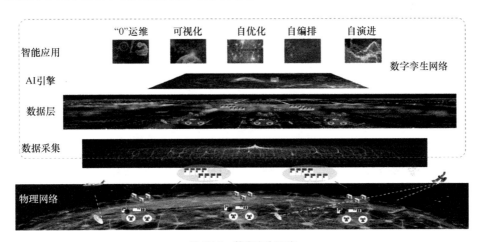

图 15-9　数字孪生网络

　　6G 网络的第六个重要特征就是安全内生[4-5,21]。从目前的网络设计来看，安全的设计基本属于外挂式，其独立于网络自身的架构设计，叠加在网络架构之上。网络的安全性和效率都有很大的提升空间。云计算、大数据和 AI 技术的快速发展和进步为 6G 网络的安全设计提供了新的手段和支撑。

　　6G 网络的安全系统设计可以借鉴人体的免疫系统，对风险和安全攻击进行主动防护。在遇到自身不能解决的问题时，网络可以通过外部的干预实现对安全的保障和控制，从而实现安全内生。

安全内生的网络实时监控安全状态，并预判潜在风险，其将抵御攻击和预测危险相结合，从而实现智能化的内生安全，即"风险预判，主动免疫"。

- 智能共识：通过联网的智能主体间的交互和协同形成共识，并基于共识排除干扰，为信息和数据提供高安全等级。

- 智能防御：基于 AI 和大数据技术，精准部署安全功能，并优化安全策略，实现主动的纵深安全防御。

- 可信增强：使用可信计算技术，为网络基础设施、软件等提供主动免疫功能，提升基础平台的安全水平。

- 泛在协同：通过端、边、管、云的泛在协同，准确感知整个系统的安全态势、敏捷处置安全风险，最大限度地保证 6G 网络的安全。网络将实现由互联网安全向网络空间安全的全面升级。

AI 将会成为未来 6G 安全的一个引擎。通过 AI 的驱动，6G 网络能够实现信息的智能共识、对攻击的智能主动防御、网络的自我免疫以及网络安全策略的自我进化。

| 15.3　6G 网络逻辑架构 |

结合 5G 网络发展面临的问题和挑战、ICDT 融合发展的趋势，以及未来数字孪生世界的新业务、新应用的发展趋势，6G 网络将在以下 5 个方面进行新的变革[4,20]：第一，引入数字孪生；第二，实现多方数据和资源的协同管理；第三，端到端的微服务化设计；第四，至简协议栈；第五，信令与数据的进一步分离。这 5 个变革将带来整个网络部署效率和成本效率的提升。

基于这些思考，我们提出了一个未来 6G 网络的逻辑架构（如图 15-10 所示）。未来的 6G 网络将会由"3 层+4 面"组成，实现 ICDT 的深度融合。未来的 6G 网络将包含 3 个层，包括资源层、功能层和服务层。资源层提供底层的无线、计算、存储等基础资源，为功能层的功能生成提供相应的支撑和服务。功能层通过调用资源层的资源形成特定的网络功能，通过一个或多个网络功能的组合实现服务层的业务传输，并保证其在网络中端到端的 QoS。服务层为用户的业务和应用提供相应的支撑，实现对业务的个性化定制和支持。

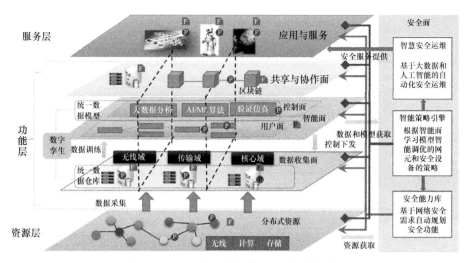

图 15-10　"3 层+4 面"的 6G 网络逻辑架构

同时，功能层引入全新的数据收集面、智能面和共享与协作面。数据收集面负责全网端到端的全域数据的收集、清洗、处理和存储等，并为其他层和面提供数据的订阅和更新服务等。智能面提供一个全域的 AI 引擎，结合网络中各域的 AI 功能需求，提供相应的大数据分析、AI 算法和模型的训练和迭代，以及相关问题解决方案的仿真验证服务等。智能面的相关功能可以是分布式的，分布于各个网元和终端以实现实时的 AI 能力支撑，也可以是集中式的，集中于云端以实现对海量数据的处理和训练，以及复杂算法的实现等。同时智能面也可以通过共享与协作面，对 AI 能力进行输出以及对外部 AI 能力和算法进行引入，实现 AI 能力的众筹。共享与协作面实现网络中全域数据的安全共享，以及网络内部和外部数据的众筹。

安全面则自成体系，实现安全内生。安全面通过数据收集面和智能面获得数据和模型，通过资源层获得所需的基础资源，为整个网络提供安全支撑，甚至可以通过共享与协作面及服务层对外提供安全业务，以及进行安全能力的外部输出和外部安全能力、算法等的众筹安全面包含三大模块：智慧安全运维功能基于人工智能和大数据实现自动化的安全运维；智能策略引擎根据智能面学习模型智能调优网元和安全设备的安全策略；安全能力库根据网络安全需求自动规划安全功能。

15.4 本章小结

本章从 5G 发展面临的问题和挑战、ICDT 融合发展趋势，以及未来数字孪生世界众多全新的场景及应用出发，揭示 6G 网络所需具备的特征，包括按需服务、至简网络、柔性网络、智慧内生、数字孪生和安全内生。最后提出"3 层+4 面"的 6G 网络的逻辑架构。

参考文献

[1] 董宏成，郑丹玲，王汝言. 超 3G 网络结构及超 3G 系统应用[J]. 移动通信，2004(S2): 26-28.

[2] 李正茂，王晓云，黄宇红，等. TD-LTE 技术与标准[M]. 北京: 人民邮电出版社，2013.

[3] 王晓云，刘光毅，丁海煜，等. 5G 技术与标准[M]. 北京: 电子工业出版社，2019.

[4] 刘光毅. 6G 至简无线网络架构体系[R]. 2020.

[5] 中国移动研究院. 2030+愿景与需求报告[R]. 2019.

[6] 解运洲. NB-IoT 标准体系演进与物联网行业发展[J]. 物联网学报，2018, 2(1): 76-87.

[7] 张力方，李福昌，胡泽妍，等. LTE-eMTC 关键技术及部署方案研究[J]. 邮电设计技术，2018 (7): 1-5.

[8] 维克托·迈尔-舍恩伯格，肯尼思·库克耶. 盛杨燕，周涛，译. 大数据时代: 生活、工作与思维的大变革[M]. 杭州: 浙江人民出版社，2013.

[9] 大数据，百度文库.

[10] 周涛，潘柱廷，程学旗. CCF 大专委 2019 年大数据发展趋势预测[J]. 大数据，2019, 5(1): 109-115.

[11] Software-defined detworking: the new norm for networks[Z]. 2012.

[12] ETSI. Network function virtualization (NFV) management and orchestration: GS NFV-MAN 001[S].2014.

[13] 刘光毅，方敏，关皓，等. 5G 移动通信系统: 面向全连接的世界[M]. 北京: 人民邮电出版社，2019.

[14] ITU. Framework for evaluating intelligence levels of future networks including: ITU-T Y.3173-2020[S]. 2020.

[15] 3GPP. Study on RAN-centric data collection and utilization for LTE and NR: 3GPP TR

37.816[S]. 2019.

[16] 3GPP. Study of enablers for network automation for 5G: 3GPP TR 23.791[S]. 2010.

[17] 3GPP. Study on RAN-centric data collection and utilization for LTE and NR: 3GPP TR 37.816[S]. 2018.

[18] 刘光毅, 金婧, 王启星, 等. 6G 愿景与需求: 数字孪生, 智慧泛在[J]. 移动通信, 2020, 44(6): 3-9.

[19] LIU G Y, HUANG Y H, LI N, et al. Vision, requirement and architecture of 6G mobile network beyond 2030[J]. China Communication, 2020, 17(9): 90-104.

[20] 刘超, 陆璐, 王硕, 等. 面向空天地一体多接入的融合 6G 网络架构展望[J]. 移动通信, 2020(6): 116-120.

[21] ITU-T. Requirements and architecture of digital twin network[Z]. 2017.

名词索引

5G 4, 13～25, 28～31, 33～41, 55, 58, 61, 73, 74, 76, 77, 79, 80, 83, 84, 86, 87, 96, 97, 101, 105, 108, 113, 115, 122, 129, 136, 137, 143, 162, 164, 165, 168～175, 190, 193, 215, 236, 237, 239, 243～247, 249, 250, 253, 259, 268, 269, 277, 284, 287～291, 293, 294, 297, 298, 302, 304, 305

6G 5, 18～23, 59, 61, 62, 68, 69, 71, 73～79, 83, 85～88, 101, 102, 113, 116～119, 121, 122, 124, 144, 149, 150, 171, 173, 215, 234, 239, 243, 245～247, 249, 260, 267～269, 276, 277, 283, 284, 287～290, 293～295, 297, 298, 300～305

eMBB 4, 14, 15, 28, 34, 41, 86, 246

mMTC 4, 14, 16, 17, 28, 30, 34, 41, 215

安全内生 5, 295, 300～304

按需服务 5, 295, 304

编解码 112, 113

超能交通 75, 82, 83, 86, 87, 153, 164～172, 240, 242

车联网 14, 40, 161, 162, 164～166, 171～173, 242, 252, 267

沉浸式 63, 70, 76, 86, 101, 105, 106, 108, 115～117, 121, 132, 146

垂直行业 18, 19, 25, 28～30, 33～37, 39～41, 73, 85, 115, 293

大数据 4, 12, 21, 26～30, 35, 39, 41, 43, 46, 48, 52～55, 58, 66, 71, 73, 75, 81, 108, 115, 118, 121, 124, 127, 143, 164～167, 169, 184, 186, 187, 197, 198, 201, 202,

205～210, 212, 215, 227, 277, 287, 289, 290, 292～294, 301～304

多感官　77, 144

多模态交通工具　82, 154, 159, 164

泛在覆盖　81～84, 168, 171, 173, 204, 208, 240, 246

飞行汽车　82, 155, 157

分子通信　76, 126, 128, 130, 131, 133, 134, 137, 139, 240, 246, 265

峰值速率　8, 10, 14, 29, 86, 87, 101, 118, 137, 139, 171, 214, 240, 241, 244～246, 249, 277, 290

服务化架构　31

感官协同　143

高速列车　82, 155, 171, 173, 242

工业 4.0　48, 88, 181～185, 187, 190, 191, 198

光电子学　262, 263

光学全息　90～92, 102

轨道角动量　21, 246, 249, 276～278, 280～283

过采样　268～276

海量数据　33, 86, 165, 166, 207, 221, 291, 303

混合现实　70, 86, 98, 106, 113, 224

计算全息　90, 92, 102

交互式全息　89

交通大脑　165, 169

可见光通信　246, 249～260, 268, 284

可见光通信网络　259

立体交通服务　82, 159, 164, 173

连接数密度　14, 16, 40, 86, 87, 215, 242～246, 290

量子态　277, 283

流量密度　14, 16, 40, 86, 87, 244～246, 249, 290

孪生工业　81, 175, 185, 186～190, 240, 241

孪生农业　81, 193, 206, 212, 214, 215, 240, 241～243

孪生医疗　123～125, 127, 134, 137, 138, 240, 241

纳米机器人　68, 81, 125, 126, 128, 131～133, 136, 139

脑机接口　79, 146, 205, 212, 219, 226, 230～234, 236, 241

能力开放　28, 33, 34, 36, 39

能量效率　298

农业 4.0　194, 198, 199, 215, 216

频谱　2, 3, 8, 10, 13, 14, 22, 23, 37, 38, 73, 162, 169, 171, 244, 245, 249, 250, 260, 265, 267, 268, 290

频谱效率　14～16, 28, 29, 86, 87, 168, 171, 244～246, 249, 277, 283, 284, 290

潜在使能技术　246, 247

情感互通　143

情感交互　77, 79, 145, 147, 150, 225, 226, 229, 230

情境感知　218, 223

区块链　21, 23, 55, 58, 69, 81, 206, 207, 213, 214, 215

全电子学　262

全息通信　64, 71, 72, 86, 87, 96, 97, 101, 134, 240

全息医疗　97

全自动驾驶　82, 155

人工智能　4, 23, 26, 28, 34, 35, 41, 43, 48, 55, 58, 73～75, 81, 85, 115, 118, 120, 121, 124, 127, 143, 144, 164～166, 186, 188, 191, 197, 198, 202, 205, 206, 209, 210, 212, 215, 218, 222, 223, 227, 233, 237, 238, 245, 246, 292～294, 303

人机协同　219, 226, 237

柔性网络　246, 295, 297, 298, 304

时延　4, 11, 14, 16, 18, 21, 25, 28～30, 32, 33, 35～38, 41, 83, 85, 86, 87, 96, 101, 102, 105, 108, 110, 112, 113, 115, 116, 118～121, 137, 139, 143, 148～150, 162, 167, 171, 187～189, 214, 234～236, 240～246, 249, 258, 273～276, 278, 279, 289, 290, 291, 294, 296

数据化　144

数字化　5, 13, 18, 25～28, 35, 40, 41, 43～50, 55～57, 61, 73～75, 81, 82, 85, 91, 108, 118, 121, 123～128, 131, 134, 139, 143, 154, 163, 175, 181～188, 190, 193, 197, 204, 206, 207, 209, 211, 212, 215, 219, 220, 225, 234, 245, 290, 291, 294, 300, 301

数字化表征　149, 150

数字化工厂　183, 184, 187

数字孪生　5, 22, 43～59, 61～63, 67, 68, 73～79, 81, 84, 85, 87, 88, 108, 118, 121, 123,

124, 126～128, 134, 137, 175, 189～191, 193, 206, 207, 209～212, 214, 215, 217, 219, 223, 225, 234, 241, 247, 290, 295, 300～302, 304, 305

数字器官　126, 128, 131, 134, 136

数字全息　90, 91, 102

数字人　67, 69, 78, 83, 123, 127～219, 223, 225

太赫兹　19, 20, 21, 23, 73, 136, 171, 246, 249, 250, 260～268, 285, 297

通感互联　67, 69, 71, 73, 75～78, 87, 131, 141～150, 213, 214, 240, 241, 243, 290

通信交互　143

统计态　277, 283

网络架构　11, 19, 23, 25, 38, 185, 201, 247, 259, 287～289, 295, 297～299, 301, 304, 305

网络切片　25, 28, 30～32, 35, 36～38, 41, 288, 293, 294

五纵三横　27, 28, 41

物联网　4, 13, 14, 17, 25, 26, 29, 30, 35, 40, 44, 54, 55, 58, 81, 108, 115, 119, 136, 142, 165, 183, 197, 198, 200～202, 209, 211, 215, 243, 265, 267, 277, 291, 292, 304

虚拟现实　13, 40, 44, 72, 105, 106, 108～113, 116, 118, 120, 121, 144, 148, 218

需求指标　15, 16, 61, 85～87, 239, 240, 249, 284

渲染　33, 95, 101, 106～108, 111～116, 118～120, 147

移动边缘计算　25, 28, 29, 32, 35

异步传输　272, 273, 276

用户体验速率　14, 15, 86, 236, 241, 244～246, 249, 267, 269, 289, 290

云计算　4, 12, 26, 28, 35, 41, 43, 55, 58, 73, 81, 112, 114～116, 118, 119, 121, 143, 144, 164, 165, 184, 189, 198, 209, 287, 289, 290～292, 294, 301

增强现实　13, 40, 105, 106, 108, 113, 114, 122, 165

至简网络　295, 296, 304

智慧工业新形态　187

智慧内生　5, 295, 298, 300, 304

智慧能力　234, 235

智慧农业　81, 197, 198, 200～204, 206, 208, 211, 215, 216, 290

智能泛在　4, 61, 75, 85, 88, 247

智能工厂　81, 182, 183, 184, 186, 187, 190, 191

智能工业控制　188

智能检测　188

智能交互　75, 76, 78, 79, 87, 131, 134, 205, 212, 217～219, 223, 225～230, 232, 234～
　　　　237, 240～242, 290

智能体　55, 63, 75, 78, 79, 80, 217～219, 223～231, 234～237, 241

自主认知　218, 223